“十二五”普通高等教育本科规划教材

线性代数

（第 2 版）

主　编　朱开永　王升瑞
副主编　于海波　张　伟　曹德欣

同濟大學出版社
TONGJI UNIVERSITY PRESS

内 容 提 要

本书是根据高等工程教育的办学定位和工程技术型人才培养的目标，参考“高等院校线性代数教学大纲与基本要求”，结合编者多年教学实践经验编写而成.

本书的主要内容包括行列式，矩阵，线性方程组，相似矩阵与二次型. 每章后有自测题，所有的习题和自测题均配有答案，并附有多媒体课件. 本书在编写过程中，坚持“理论体系完整，重在实际应用”的原则，注重培养学生分析问题和运算能力. 取材少而精，文字叙述通俗易懂；深入浅出，循序渐进；重点突出，难点分散；例题较多，典型性强；深广度合适，便于教与学.

本书可作为高等院校（尤其是独立学院、民办高校、应用技术学院、网络学院）理工类（或经管类）专业应用型人才培养的教材，也可以作为高等技术教育、成人教育的本科教材，以及自学者学习线性代数的参考书.

图书在版编目(CIP)数据

线性代数/朱开永，王升瑞主编. —2版. —上海：同济大学出版社，2014.1(2022.7重印)

ISBN 978-7-5608-5412-0

Ⅰ.①线… Ⅱ.①朱… ②王… Ⅲ.①线性代数—高等学校—教材 Ⅳ.①O151.2

中国版本图书馆CIP数据核字(2014)第015708号

“十二五”普通高等教育本科规划教材

线性代数(第2版)

主　编　朱开永　王升瑞　　**副主编**　于海波　张　伟　曹德欣

责任编辑　陈佳蔚　　**责任校对**　徐春莲　　**封面设计**　潘向蓁

出版发行　同济大学出版社　　www.tongjipress.com.cn

（地址：上海市四平路1239号　邮编：200092　电话：021-65985622）

经　销　全国各地新华书店

印　刷　江苏句容排印厂

开　本　787 mm×960 mm　1/16

印　张　14.25

印　数　19 701—21 800

字　数　285 000

版　次　2014年1月第2版　　2022年7月第8次印刷

书　号　ISBN 978-7-5608-5412-0

定　价　26.00元

前 言

随着社会对高素质应用型人才大量需求，目前我国对高等工程技术教育日益强化，迫切需要编写与这种教学层次特征相适应的优秀教材，其中包含针对高等院校（尤其是独立学院、民办高校、应用技术学院、网络学院）的数学教材.

本书在编写的过程中，根据“线性代数”教学大纲与基本要求，参考了兄弟院校的有关资料，结合编者多年教学实践经验，在适度注意本课程自身的系统性与逻辑性的同时，着重把握“理论体系完整，重在实际应用”的原则，侧重于学生完整全面地掌握基本概念、基本方法，强调培养和提高学生基本运算能力. 本书取材少而精，文字叙述通俗易懂，论述确切，对超出基本要求的内容一般不编入. 对一些理论性较强的内容尽量做好背景的铺垫，并通过典型的例题，简洁细腻的解题方法，帮助学生掌握本课程的知识.

本书由朱开永组织策划，制定编写计划和思路. 第一章由王升瑞编写，第二章由冯洁编写，第三章由张伟编写，第四章由于海波编写. 全书由王升瑞统稿、定稿及编写多媒体课件，由朱开永和曹德欣对本书进行了全面的审核. 本书的编者都是在教学第一线工作多年、教学经验丰富的教师，在编写和审定教材时，紧扣指导思想和编写原则，准确的定位，注重构建教材的体系和特色，并严谨细致地对内容进行排序，例题和习题的选择深入探讨、斟字酌句，倾注了大量的心血，为本书的质量提供了重要的保障. 当然，由于编者水平有限，书中难免有不足之处，欢迎批评指正.

编　者

2014 年 1 月

目　　录

第一章　行　列　式

在现实世界中，变量与变量之间的关系是多种多样的，但是可以把它们分成线性和非线性的两大类. 变量之间的关系中最简单的就是线性关系，线性关系主要是由加法和数乘来表现. 在解析几何中，直线和平面是比较简单的图形，其坐标变量之间就存在线性关系. 一些力学量之间也存在这种关系. 在研究非线性关系时，一个重要的方法就是把问题线性化，即把问题化为解线性代数方程之类的运算.

§1.1　行列式的概念

首先我们考察用消元法求解二元一次方程组和三元一次方程组，从中引出二阶和三阶行列式的概念，然后把这些概念推广，得到高阶（n 阶，$n\geqslant 4$）行列式的概念.

一、二阶行列式

考察两个未知量 x_1，x_2 的线性方程组：

$$\begin{cases} a_{11}x_1+a_{12}x_2=b_1, \\ a_{21}x_1+a_{22}x_2=b_2. \end{cases} \tag{1}$$

其中，a_{11}，a_{12}，a_{21}，a_{22}是未知量的系数，可简记为 a_{ij}（i，$j=1$，2）. a_{ij} 有两个下标 i，j. a_{ij} 表明是第 i 个方程中第 j 个未知量 x_j 的系数. 例如，a_{21}就是第二个方程中第一个未知量 x_1 的系数. b_1，b_2 是常数项.

现在采用消元法求解方程组(1)，为了消去 x_2，用 a_{22}乘第一个方程，a_{12}乘第二个方程，即

$$\begin{cases} a_{11}a_{22}x_1+a_{12}a_{22}x_2=b_1a_{22}, \\ a_{12}a_{21}x_1+a_{12}a_{22}x_2=a_{12}b_2. \end{cases}$$

然后相减，得到只含 x_1 的方程

$$(a_{11}a_{22}-a_{12}a_{21})x_1=b_1a_{22}-a_{12}b_2. \tag{2}$$

为消去 x_1，用 a_{21} 乘第一个方程，a_{11} 乘第二个方程，即

$$\begin{cases} a_{11}a_{21}x_1+a_{12}a_{21}x_2=b_1a_{21}, \\ a_{11}a_{21}x_1+a_{11}a_{22}x_2=a_{11}b_2. \end{cases}$$

然后相减，得到只含 x_2 的方程

$$(a_{11}a_{22}-a_{12}a_{21})x_2=a_{11}b_2-b_1a_{21}. \tag{3}$$

由式(2)和式(3)可知，若

$$D=a_{11}a_{22}-a_{12}a_{21}\neq 0, \tag{4}$$

则方程组(1)有唯一解为

$$x_1=\frac{b_1a_{22}-a_{12}b_2}{a_{11}a_{22}-a_{12}a_{21}}, \quad x_2=\frac{a_{11}b_2-b_1a_{21}}{a_{11}a_{22}-a_{12}a_{21}}. \tag{5}$$

由式(5)给出的 x_1 与 x_2 的表达式，分母都是 D，它只依赖于方程组(1)的四个系数. 为了便于记住 D 的表达式，我们引进二阶行列式的概念.

定义 1 称

$$\begin{vmatrix} a_{11} & a_{12} \\ a_{21} & a_{22} \end{vmatrix}=a_{11}a_{22}-a_{12}a_{21} \tag{6}$$

为**二阶行列式**.

它含有两行，两列. 横写的叫做**行**，竖写的叫做**列**. 行列式中的数 a_{ij} (i, $j=1, 2$)称为行列式的**元素**，i 表示 a_{ij} 所在的**行数**，j 表示 a_{ij} 所在的**列数**. a_{ij} 表示位于行列式第 i 行第 j 列的元素，如 a_{12} 表示位于第 1 行第 2 列的元素.

二阶行列式表示一个**数**，此数为 2! 项的代数和：一个是在从左上角到右下角的对角线(又称为行列式的主对角线)上两个元素的乘积，取正号；另一个是从右上角到左下角的对角线上两个元素的乘积，取负号. 例如，

$$\begin{vmatrix} 1 & -2 \\ 3 & 5 \end{vmatrix}=1\times 5-(-2)\times 3=11,$$

其中，$a_{11}=1$, $a_{12}=-2$, $a_{21}=3$, $a_{22}=5$. 又如，

$$\begin{vmatrix} a+b & a \\ a & a-b \end{vmatrix}=(a+b)(a-b)-a\cdot a=-b^2,$$

其中，$a_{11}=a+b$, $a_{12}=a$, $a_{21}=a$, $a_{22}=a-b$.

根据定义，我们容易得知式(5)中两个分子可以分别写成

$$b_1a_{22}-a_{12}b_2=\begin{vmatrix} b_1 & a_{12} \\ b_2 & a_{22} \end{vmatrix},\quad a_{11}b_2-b_1a_{21}=\begin{vmatrix} a_{11} & b_1 \\ a_{21} & b_2 \end{vmatrix}.$$

如果我们记

$$D=\begin{vmatrix} a_{11} & a_{12} \\ a_{21} & a_{22} \end{vmatrix},\quad D_1=\begin{vmatrix} b_1 & a_{12} \\ b_2 & a_{22} \end{vmatrix},\quad D_2=\begin{vmatrix} a_{11} & b_1 \\ a_{21} & b_2 \end{vmatrix}. \tag{7}$$

那么，方程组(1)的唯一解可以表示为

$$x_1=\frac{D_1}{D}=\frac{\begin{vmatrix} b_1 & a_{12} \\ b_2 & a_{22} \end{vmatrix}}{\begin{vmatrix} a_{11} & a_{12} \\ a_{21} & a_{22} \end{vmatrix}},\quad x_2=\frac{D_2}{D}=\frac{\begin{vmatrix} a_{11} & b_1 \\ a_{21} & b_2 \end{vmatrix}}{\begin{vmatrix} a_{11} & a_{12} \\ a_{21} & a_{22} \end{vmatrix}}. \tag{8}$$

其中，D 是由方程组(1)的系数确定的二阶行列式，与右端常数项无关，故称 D 为方程组(1)的**系数行列式**.

D_1 是把 D 中第 1 列(x_1 的系数)a_{11}，a_{21} 换成了常数项 b_1，b_2，D_2 是把 D 的第 2 列(x_2 的系数)a_{12}，a_{22} 换成了常数项 b_1，b_2. 这样求解二元一次方程组就归结为求 3 个二阶行列式的值. 像这样用行列式来表示解的形式简便，容易记忆.

例 1 解线性方程组

$$\begin{cases} 2x_1+x_2=7, \\ x_1-3x_2=-2. \end{cases}$$

解 这里 $$D=\begin{vmatrix} 2 & 1 \\ 1 & -3 \end{vmatrix}=-7,$$

$$D_1=\begin{vmatrix} 7 & 1 \\ -2 & -3 \end{vmatrix}=-19,\quad D_2=\begin{vmatrix} 2 & 7 \\ 1 & -2 \end{vmatrix}=-11.$$

因此，所给方程组的唯一解是

$$x_1=\frac{D_1}{D}=\frac{-19}{-7}=\frac{19}{7},\quad x_2=\frac{D_2}{D}=\frac{-11}{-7}=\frac{11}{7}.$$

二、三阶行列式

对于含有 3 个未知量 x_1，x_2，x_3 的线性方程组

$$\begin{cases}a_{11}x_1+a_{12}x_2+a_{13}x_3=b_1,\\a_{21}x_1+a_{22}x_2+a_{23}x_3=b_2,\\a_{31}x_1+a_{32}x_2+a_{33}x_3=b_3.\end{cases}\tag{9}$$

也可以用消元法求解.为了求得 x_1,需要消去 x_3 和 x_2.消元过程可以分两步进行:

第一步,从方程组(9)的前两个方程和后两个方程中消去 x_3,得到含有 x_1 和 x_2 的线性方程;第二步,再消去 x_2,由第一步(第一个方程乘 a_{23},减去第二个方程乘 a_{13};第二个方程乘 a_{33},减去第三个方程乘 a_{23}),得到

$$\begin{cases}(a_{11}a_{23}-a_{13}a_{21})x_1+(a_{12}a_{23}-a_{13}a_{22})x_2=b_1a_{23}-a_{13}b_2,\\(a_{21}a_{33}-a_{23}a_{31})x_1+(a_{22}a_{33}-a_{23}a_{32})x_2=b_2a_{33}-a_{23}b_3.\end{cases}$$

再由第二步[第一个方程乘 $(a_{22}a_{33}-a_{23}a_{32})$ 减去第二个方程乘 $(a_{12}a_{23}-a_{13}a_{22})$]整理得到

$$\begin{aligned}&(a_{11}a_{22}a_{33}-a_{11}a_{32}a_{23}+a_{21}a_{32}a_{13}-a_{21}a_{12}a_{33}+a_{31}a_{12}a_{23}-a_{31}a_{22}a_{13})x_1\\&=b_1a_{22}a_{33}-b_1a_{32}a_{23}+b_2a_{32}a_{13}-b_2a_{12}a_{33}+b_3a_{12}a_{23}-b_3a_{22}a_{13}.\end{aligned}$$

若 x_1 的系数不为零,于是得到

$$x_1=\frac{D_1}{D}.$$

其中

$$\begin{aligned}D&=a_{11}a_{22}a_{33}-a_{11}a_{32}a_{23}+a_{21}a_{32}a_{13}-a_{21}a_{12}a_{33}+a_{31}a_{12}a_{23}-a_{31}a_{22}a_{13}\\&=\begin{vmatrix}a_{11}&a_{12}&a_{13}\\a_{21}&a_{22}&a_{23}\\a_{31}&a_{32}&a_{33}\end{vmatrix},\end{aligned}$$

$$\begin{aligned}D_1&=b_1a_{22}a_{33}-b_1a_{32}a_{23}+b_2a_{32}a_{13}-b_2a_{12}a_{33}+b_3a_{12}a_{23}-b_3a_{22}a_{13}\\&=\begin{vmatrix}b_1&a_{12}&a_{13}\\b_2&a_{22}&a_{23}\\b_3&a_{32}&a_{33}\end{vmatrix}.\end{aligned}\tag{10}$$

同理可得

$$x_2=\frac{D_2}{D},\quad x_3=\frac{D_3}{D}.$$

其中

$$D_2=\begin{vmatrix} a_{11} & b_1 & a_{13} \\ a_{21} & b_2 & a_{23} \\ a_{31} & b_3 & a_{33} \end{vmatrix},\quad D_3=\begin{vmatrix} a_{11} & a_{12} & b_1 \\ a_{21} & a_{22} & b_2 \\ a_{31} & a_{32} & b_3 \end{vmatrix}. \tag{11}$$

与解二元线性方程组一样，称 D 为方程组(9)的系数行列式，D_1，D_2，D_3 分别是用常数项来替换 D 中的第 1 列(x_1 的系数)，第 2 列(x_2 的系数)，第 3 列(x_3 的系数)得到的.

我们把形如 $\begin{vmatrix} a_{11} & a_{12} & a_{13} \\ a_{21} & a_{22} & a_{23} \\ a_{31} & a_{32} & a_{33} \end{vmatrix}$ 的表示式称为**三阶行列式**. 根据二阶行列式的定义，系数行列式 D 可写成

$$\begin{vmatrix} a_{11} & a_{12} & a_{13} \\ a_{21} & a_{22} & a_{23} \\ a_{31} & a_{32} & a_{33} \end{vmatrix}=a_{11}\begin{vmatrix} a_{22} & a_{23} \\ a_{32} & a_{33} \end{vmatrix}-a_{21}\begin{vmatrix} a_{12} & a_{13} \\ a_{32} & a_{33} \end{vmatrix}+a_{31}\begin{vmatrix} a_{12} & a_{13} \\ a_{22} & a_{23} \end{vmatrix}$$

的形式. 这样我们便可以用二阶行列式来定义三阶行列式了.

定义 2 三阶行列式为

$$D=\begin{vmatrix} a_{11} & a_{12} & a_{13} \\ a_{21} & a_{22} & a_{23} \\ a_{31} & a_{32} & a_{33} \end{vmatrix}$$
$$=a_{11}a_{22}a_{33}+a_{21}a_{32}a_{13}+a_{31}a_{12}a_{23}-a_{11}a_{32}a_{23}-a_{21}a_{12}a_{33}-a_{31}a_{22}a_{13}.$$

按第 1 行的展开式

$$D=a_{11}\begin{vmatrix} a_{22} & a_{23} \\ a_{32} & a_{33} \end{vmatrix}-a_{12}\begin{vmatrix} a_{21} & a_{23} \\ a_{31} & a_{33} \end{vmatrix}+a_{13}\begin{vmatrix} a_{21} & a_{22} \\ a_{31} & a_{32} \end{vmatrix};$$

按第 1 列的展开式

$$D=a_{11}\begin{vmatrix} a_{22} & a_{23} \\ a_{32} & a_{33} \end{vmatrix}-a_{21}\begin{vmatrix} a_{12} & a_{13} \\ a_{32} & a_{33} \end{vmatrix}+a_{31}\begin{vmatrix} a_{12} & a_{13} \\ a_{22} & a_{23} \end{vmatrix}. \tag{12}$$

说明 三阶行列式表示一个数，它是由 3 个二阶行列式来表示的. 若把 3 个二阶行列式展开，得到的三阶行列式则由 $3\times2=3!$ 项的代数和组成.

例 2 利用三阶行列式的定义可以计算出三阶行列式的值. 如

$$D=\begin{vmatrix}2&1&2\\-4&3&1\\-2&3&5\end{vmatrix}=2\begin{vmatrix}3&1\\3&5\end{vmatrix}+4\begin{vmatrix}1&2\\3&5\end{vmatrix}-2\begin{vmatrix}1&2\\3&1\end{vmatrix}$$

$$=2\times12+4\times(-1)-2\times(-5)=30.$$

例 3 用行列式解线性方程组

$$\begin{cases}2x_1-\ x_2+\ x_3=0,\\3x_1+2x_2-5x_3=1,\\\ \ x_1+3x_2-2x_3=4.\end{cases}$$

解 因为

$$D=\begin{vmatrix}2&-1&1\\3&2&-5\\1&3&-2\end{vmatrix}=2\begin{vmatrix}2&-5\\3&-2\end{vmatrix}-3\begin{vmatrix}-1&1\\3&-2\end{vmatrix}+\begin{vmatrix}-1&1\\2&-5\end{vmatrix}$$

$$=2\times11-3\times(-1)+3=28,$$

$$D_1=\begin{vmatrix}0&-1&1\\1&2&-5\\4&3&-2\end{vmatrix}=13,\quad D_2=\begin{vmatrix}2&0&1\\3&1&-5\\1&4&-2\end{vmatrix}=47,\quad D_3=\begin{vmatrix}2&-1&0\\3&2&1\\1&3&4\end{vmatrix}=21.$$

因此，方程组的唯一解为

$$x_1=\frac{13}{28},\quad x_2=\frac{47}{28},\quad x_3=\frac{21}{28}=\frac{3}{4}.$$

三、n 阶行列式

比较 2 个未知量和 3 个未知量的线性方程组解的表达式可以看出，当方程的个数等于未知数的个数时，虽然方程组所含未知量的个数不同，但当引进二阶和三阶行列式后，只要系数行列式 $D\neq0$，它们的解可以表示成相同的形式，即都可以表示成两个行列式之商. 这样我们自然会问，对于更多个未知量（如 n 个未知量）的线性方程组来说，是否也有类似的结果呢？下面我们首先定义 n 阶行列式.

仿照用二阶行列式来定义三阶行列式的方法. 我们可以利用三阶行列式来定义四阶行列式

$$D=\begin{vmatrix} a_{11} & a_{12} & a_{13} & a_{14} \\ a_{21} & a_{22} & a_{23} & a_{24} \\ a_{31} & a_{32} & a_{33} & a_{34} \\ a_{41} & a_{42} & a_{43} & a_{44} \end{vmatrix}=a_{11}\begin{vmatrix} a_{22} & a_{23} & a_{24} \\ a_{32} & a_{33} & a_{34} \\ a_{42} & a_{43} & a_{44} \end{vmatrix}-a_{21}\begin{vmatrix} a_{12} & a_{13} & a_{14} \\ a_{32} & a_{33} & a_{34} \\ a_{42} & a_{43} & a_{44} \end{vmatrix}+$$

$$a_{31}\begin{vmatrix} a_{12} & a_{13} & a_{14} \\ a_{22} & a_{23} & a_{24} \\ a_{42} & a_{43} & a_{44} \end{vmatrix}-a_{41}\begin{vmatrix} a_{12} & a_{13} & a_{14} \\ a_{22} & a_{23} & a_{24} \\ a_{32} & a_{33} & a_{34} \end{vmatrix}.$$

在定义了四阶行列式之后，同样可用递推式定义五阶，六阶，…，n 阶行列式，在 $n-1$ 阶行列式已经定义的情况下，n 阶行列式可以定义如下：

$$\begin{vmatrix} a_{11} & a_{12} & \cdots & a_{1n} \\ a_{21} & a_{22} & \cdots & a_{2n} \\ \vdots & \vdots & & \vdots \\ a_{n1} & a_{n2} & \cdots & a_{nn} \end{vmatrix}=a_{11}\begin{vmatrix} a_{22} & a_{23} & \cdots & a_{2n} \\ a_{32} & a_{33} & \cdots & a_{3n} \\ \vdots & \vdots & & \vdots \\ a_{n2} & a_{n3} & \cdots & a_{nn} \end{vmatrix}-a_{21}\begin{vmatrix} a_{12} & a_{13} & \cdots & a_{1n} \\ a_{32} & a_{33} & \cdots & a_{3n} \\ \vdots & \vdots & & \vdots \\ a_{n2} & a_{n3} & \cdots & a_{nn} \end{vmatrix}+\cdots+$$

$$(-1)^{n+1}a_{n1}\begin{vmatrix} a_{12} & a_{13} & \cdots & a_{1n} \\ a_{22} & a_{23} & \cdots & a_{2n} \\ \vdots & \vdots & & \vdots \\ a_{n-1,\,2} & a_{n-1,\,3} & \cdots & a_{n-1,\,n} \end{vmatrix}. \tag{13}$$

说明 (1) n 阶行列式是由 n^2 个数 $a_{ij}(i,\ j=1,\ 2,\ \cdots,\ n)$ 排成 n 行 n 列的表构成，横写的称为行，竖写的称为列. a_{ij} 表示位于行列式第 i 行第 j 列的元素.

(2) n 阶行列式表示一个数，它是由 n 个 $n-1$ 阶行列式表示.

(3) 式(13)右端的书写规律是：$n-1$ 阶行列式前面的系数是 n 阶行列式的第一列元素 a_{11}，a_{21}，…，a_{n1}，其符号是正号与负号相间. 第一个 $n-1$ 阶行列式是原 n 阶行列式中划去 a_{11} 所在的行（第一行）和所在的列（第一列）后剩下的行列式，……，第 i 个 $n-1$ 阶行列式是原 n 阶行列式中划去 a_{i1} 所在的行（第 i 行）和所在的列（第一列）后剩下的行列式，$i=1,\ 2,\ \cdots,\ n$.

(4) 特定阶行列式 $|a|=a$，这里 $|a|$ 不是 a 的绝对值，如 $|-3|=-3$.

例 4 计算行列式

$$D=\begin{vmatrix} a & 0 & 0 & 0 \\ 0 & b & 0 & 0 \\ 0 & 0 & c & 0 \\ 0 & 0 & 0 & d \end{vmatrix}.$$

解 $D=\begin{vmatrix} a & 0 & 0 & 0 \\ 0 & b & 0 & 0 \\ 0 & 0 & c & 0 \\ 0 & 0 & 0 & d \end{vmatrix}=a\begin{vmatrix} b & 0 & 0 \\ 0 & c & 0 \\ 0 & 0 & d \end{vmatrix}=ab\begin{vmatrix} c & 0 \\ 0 & d \end{vmatrix}=abcd.$

说明 此行列式 D 的特点是，主对角线（即自左上角到右下角的那条对角线）的元素不完全为零，其他元素均为零. 这种形式的行列式称为对角形行列式.

习 题 1.1

1. 计算行列式.

(1) $\begin{vmatrix} 1 & 2 \\ -1 & 3 \end{vmatrix}$；　　(2) $\begin{vmatrix} 2 & 0 & 1 \\ 4 & 2 & -3 \\ 5 & 3 & 1 \end{vmatrix}$；

(3) $\begin{vmatrix} 1 & 0 & 2 & 0 \\ 0 & -2 & 3 & 1 \\ 0 & 0 & 4 & 5 \\ 0 & 0 & 0 & -1 \end{vmatrix}$；　　(4) $\begin{vmatrix} x & y & 0 & 0 \\ 0 & x & y & 0 \\ 0 & 0 & x & y \\ y & 0 & 0 & x \end{vmatrix}$.

2. 用行列式解线性方程组.

(1) $\begin{cases} ax_1-2bx_2=c, \\ 3ax_1-5bx_2=2c \end{cases}$ $(a, b\neq 0)$；　　(2) $\begin{cases} 2x_1+3x_2-x_3=1, \\ 3x_1+5x_2+2x_3=8, \\ x_1-2x_2-3x_3=-1. \end{cases}$

§1.2 行列式的性质

根据行列式的定义可以计算行列式，但是这样对计算高阶行列式是很困难的. 如计算五阶行列式就要计算 5 个四阶行列式，即要计算 20 个三阶行列式，计算量很大. 所以一般不采用行列式的定义计算行列式. 为了解决行列式的计算问题，就要先讨论行列式的性质，利用这些性质简化行列式的计算.

定义 设 n 阶行列式 $D=\begin{vmatrix} a_{11} & a_{12} & \cdots & a_{1n} \\ a_{21} & a_{22} & \cdots & a_{2n} \\ \vdots & \vdots & \ddots & \vdots \\ a_{n1} & a_{n2} & \cdots & a_{nn} \end{vmatrix}$，则称 D 行列依次互换得到的

n 阶行列式为转置行列式，记为 D^{T}，即 $D^{\mathrm{T}}=\begin{vmatrix} a_{11} & a_{21} & \cdots & a_{n1} \\ a_{12} & a_{22} & \cdots & a_{n2} \\ \vdots & \vdots & \ddots & \vdots \\ a_{1n} & a_{2n} & \cdots & a_{nn} \end{vmatrix}$.

一、三阶行列式的性质

性质 1 行列式和它的转置行列式相等.

例如，设

$$D=\begin{vmatrix} 3 & 2 & -1 \\ 1 & 0 & 5 \\ 2 & -3 & 4 \end{vmatrix},$$

则 D 的转置行列式为

$$D^{\mathrm{T}}=\begin{vmatrix} 3 & 1 & 2 \\ 2 & 0 & -3 \\ -1 & 5 & 4 \end{vmatrix}.$$

利用§1.1 中定义 2 可以算出 $D=D^{\mathrm{T}}=60$.

说明 (1) $(D^{\mathrm{T}})^{\mathrm{T}}=D$，因此 D 与 D^{T} 互为转置行列式.

(2) 由性质 1 可知，在行列式中行与列所处地位相同，因此凡是对行成立的性质对列也成立，反之亦然. 故下面我们只讨论行列式关于行的性质，至于对列的性质就不再赘述.

例 1 计算行列式

$$D=\begin{vmatrix} a & 0 & 0 & 0 \\ e & b & 0 & 0 \\ f & g & c & 0 \\ h & i & j & d \end{vmatrix}.$$

解 $D=D^{\mathrm{T}}=\begin{vmatrix} a & e & f & h \\ 0 & b & g & i \\ 0 & 0 & c & j \\ 0 & 0 & 0 & d \end{vmatrix}=a\begin{vmatrix} b & g & i \\ 0 & c & j \\ 0 & 0 & d \end{vmatrix}=ab\begin{vmatrix} c & j \\ 0 & d \end{vmatrix}=abcd.$

说明 (1) 上式中 D 为下三角形行列式，其主对角线右上方的元素全为零. D^{T} 为上三角形行列式，其主对角线左下方的元素全为零. 上、下三角形行列式统称为**三角形行列式**.

(2) 三角形行列式的值等于其主对角线上诸元素的乘积. 即

$$\begin{vmatrix} a_{11} & 0 & 0 & \cdots & 0 \\ a_{21} & a_{22} & 0 & \cdots & 0 \\ \vdots & \vdots & \vdots & & \vdots \\ a_{n1} & a_{n2} & a_{n3} & \cdots & a_{nn} \end{vmatrix} = a_{11}a_{22}\cdots a_{nn}$$

或

$$\begin{vmatrix} a_{11} & a_{12} & \cdots & a_{1n} \\ 0 & a_{22} & \cdots & a_{2n} \\ \vdots & \vdots & & \vdots \\ 0 & 0 & \cdots & a_{nn} \end{vmatrix} = a_{11}a_{22}\cdots a_{nn}.$$

性质 2 行列式任意两行互换后行列式反号.

证明 设将行列式的第 1 行与第 2 行互换(记为 $r_1 \leftrightarrow r_2$), 则得到新行列式并按第 1 列展开

$$\begin{vmatrix} a_{21} & a_{22} & a_{23} \\ a_{11} & a_{12} & a_{13} \\ a_{31} & a_{32} & a_{33} \end{vmatrix} = a_{21}\begin{vmatrix} a_{12} & a_{13} \\ a_{32} & a_{33} \end{vmatrix} - a_{11}\begin{vmatrix} a_{22} & a_{23} \\ a_{32} & a_{33} \end{vmatrix} + a_{31}\begin{vmatrix} a_{22} & a_{23} \\ a_{12} & a_{13} \end{vmatrix}$$

$$= a_{21}a_{12}a_{33} - a_{21}a_{13}a_{32} - a_{11}a_{22}a_{33} + a_{11}a_{23}a_{32} + a_{31}a_{22}a_{13} - a_{31}a_{23}a_{12}$$

$$= -\begin{vmatrix} a_{11} & a_{12} & a_{13} \\ a_{21} & a_{22} & a_{23} \\ a_{31} & a_{32} & a_{33} \end{vmatrix}.$$

说明 (1) 为了以后运算方便, 我们以 $r_i \leftrightarrow r_j$ 表示行列式中第 i 行与第 j 行互换, 以 $c_i \leftrightarrow c_j$ 表示行列式中第 i 列与第 j 列互换.

(2) 在计算时要注意每互换一次则变一次正负号.

练习 互换行列式

$$D = \begin{vmatrix} 3 & 2 & -1 \\ 2 & -3 & 4 \\ 1 & 0 & 5 \end{vmatrix}$$

第 2 行与第 3 行, 验证性质 2 成立.

推论 行列式 D 两行(列)对应元素相等, 则 $D=0$.

因为对换相同的两行(列)的对应元素的位置后, 出现 $D=-D$, 则 $D=0$.

下面的性质 3 至性质 7 由学生自证.

性质 3 行列式某一行的所有元素同乘以常数 k，其结果等于用 k 乘这个行列式. 或者说，如果行列式某一行的所有元素具有公因数 k，那么可以把 k 提到行列式的前面.

设
$$D=\begin{vmatrix} a_{11} & a_{12} & a_{13} \\ a_{21} & a_{22} & a_{23} \\ a_{31} & a_{32} & a_{33} \end{vmatrix},$$

则
$$\begin{vmatrix} a_{11} & a_{12} & a_{13} \\ ka_{21} & ka_{22} & ka_{23} \\ a_{31} & a_{32} & a_{33} \end{vmatrix}=k\begin{vmatrix} a_{11} & a_{12} & a_{13} \\ a_{21} & a_{22} & a_{23} \\ a_{31} & a_{32} & a_{33} \end{vmatrix}=kD.$$

练习 用行列式
$$D_1=\begin{vmatrix} 3 & 2 & -1 \\ 1 & 0 & 1 \\ -3 & 5 & 2 \end{vmatrix},\quad D_2=\begin{vmatrix} 6 & 4 & -2 \\ 1 & 0 & 1 \\ -3 & 5 & 2 \end{vmatrix},$$
验证性质 3 成立.

由性质 3 可得到下面的性质 4.

性质 4 行列式中如果有两行的对应元素成比例，则行列式的值等于零.

例如，
$$\begin{vmatrix} a_{11} & a_{12} & a_{13} \\ ka_{11} & ka_{12} & ka_{13} \\ a_{31} & a_{32} & a_{33} \end{vmatrix}=0.$$

练习 用性质 4 计算行列式
$$D=\begin{vmatrix} 1 & 2 & 3 \\ 5 & 1 & 5 \\ 5 & 10 & 15 \end{vmatrix}.$$

性质 5 如果行列式的某行的各元素是两项之和，那么这个行列式等于两个行列式的和.

例如，
$$\begin{vmatrix} a_{11} & a_{12} & a_{13} \\ a_{21} & a_{22} & a_{23} \\ a_{31}+b_{31} & a_{32}+b_{32} & a_{33}+b_{33} \end{vmatrix}=\begin{vmatrix} a_{11} & a_{12} & a_{13} \\ a_{21} & a_{22} & a_{23} \\ a_{31} & a_{32} & a_{33} \end{vmatrix}+\begin{vmatrix} a_{11} & a_{12} & a_{13} \\ a_{21} & a_{22} & a_{23} \\ b_{31} & b_{32} & b_{33} \end{vmatrix}.$$

练习 用行列式

$$D=\begin{vmatrix} 2 & 1 & 2 \\ -4 & 3 & 1 \\ 1+1 & 1+2 & 1+3 \end{vmatrix}$$

验证性质 5 成立.

说明 $\begin{vmatrix} a_{11}+b_{11} & a_{12}+b_{12} \\ a_{21}+b_{21} & a_{22}+b_{22} \end{vmatrix}=\begin{vmatrix} a_{11} & a_{12} \\ a_{21}+b_{21} & a_{22}+b_{22} \end{vmatrix}+\begin{vmatrix} b_{11} & b_{12} \\ a_{21}+b_{21} & a_{22}+b_{22} \end{vmatrix}$

$=\begin{vmatrix} a_{11} & a_{12} \\ a_{21} & a_{22} \end{vmatrix}+\begin{vmatrix} a_{11} & a_{12} \\ b_{21} & b_{22} \end{vmatrix}+\begin{vmatrix} b_{11} & b_{12} \\ a_{21} & a_{22} \end{vmatrix}+\begin{vmatrix} b_{11} & b_{12} \\ b_{21} & b_{22} \end{vmatrix}.$

性质 6 把行列式的任一行的元素乘以同一个数后，加到另一行的对应元素上去，行列式的值不变.

例如，

$$D=\begin{vmatrix} a_{11} & a_{12} & a_{13} \\ a_{21} & a_{22} & a_{23} \\ a_{31} & a_{32} & a_{33} \end{vmatrix}$$

的第 2 行各元素乘以数 k 加到第 1 行中的对应元素上去(记为 r_1+kr_2)其值不变. 即

$$D\xlongequal{r_1+kr_2}\begin{vmatrix} a_{11}+ka_{21} & a_{12}+ka_{22} & a_{13}+ka_{23} \\ a_{21} & a_{22} & a_{23} \\ a_{31} & a_{32} & a_{33} \end{vmatrix}.$$

说明 这个性质特别重要. 在运用此性质时，要彻底弄清哪一行不变，哪一行变. 即 r_i+kr_j 表示第 j 行各元素乘以 k 加到第 i 行的对应元素上去. 变化以后的行列式中第 j 行不变，第 i 行变. 例如，

$$\begin{vmatrix} 1 & 2 & 3 \\ 3 & 4 & 5 \\ 5 & 6 & 7 \end{vmatrix}\xlongequal{r_2-3r_1}\begin{vmatrix} 1 & 2 & 3 \\ 3+(-3)\times 1 & 4+(-3)\times 2 & 5+(-3)\times 3 \\ 5 & 6 & 7 \end{vmatrix}$$

$$=\begin{vmatrix} 1 & 2 & 3 \\ 0 & -2 & -4 \\ 5 & 6 & 7 \end{vmatrix}$$

$$\xlongequal{r_3-5r_1}\begin{vmatrix}1 & 2 & 3\\0 & -2 & -4\\5+(-5)\times 1 & 6+(-5)\times 2 & 7+(-5)\times 3\end{vmatrix}$$

$$=\begin{vmatrix}1 & 2 & 3\\0 & -2 & -4\\0 & -4 & -8\end{vmatrix}=0.$$

二、n 阶行列式的性质

可以一字不差地将三阶行列式的 6 条性质推广到 n 阶行列式中去，所以上面的 6 条性质对 n 阶行列式完全适用.

性质 7 $D=\begin{vmatrix}a_{11} & \cdots & a_{1n} & 0 & \cdots & 0\\\vdots & & \vdots & \vdots & & \vdots\\a_{n1} & \cdots & a_{nn} & 0 & \cdots & 0\\c_{11} & \cdots & c_{1n} & b_{11} & \cdots & b_{1m}\\\vdots & & \vdots & \vdots & & \vdots\\c_{m1} & \cdots & c_{mn} & b_{m1} & \cdots & b_{mm}\end{vmatrix}=\begin{vmatrix}a_{11} & \cdots & a_{1n}\\\vdots & & \vdots\\a_{n1} & \cdots & a_{nn}\end{vmatrix}\begin{vmatrix}b_{11} & \cdots & b_{1m}\\\vdots & & \vdots\\b_{m1} & \cdots & b_{mm}\end{vmatrix}$.

（证明略.）

例 2 讨论：当 k 为何值时 $D=\begin{vmatrix}1 & 2 & 0 & 0\\1 & k & 0 & 0\\3 & 5 & k & 3\\7k & 4 & 3 & k\end{vmatrix}\neq 0$.

解
$$D=\begin{vmatrix}1 & 2 & 0 & 0\\1 & k & 0 & 0\\3 & 5 & k & 3\\7k & 4 & 3 & k\end{vmatrix}=\begin{vmatrix}1 & 2\\1 & k\end{vmatrix}\begin{vmatrix}k & 3\\3 & k\end{vmatrix}$$

$$=(k-2)(k^2-9)=(k-2)(k-3)(k+3).$$

所以，当 $k\neq 2$，$k\neq 3$，$k\neq -3$ 时，$D\neq 0$.

三、利用行列式的性质计算行列式的值

由于三角形行列式的值可直接得出. 对一般行列式则利用性质化为三角形行列式即可求得其值. 即

$$\begin{vmatrix} a_{11} & a_{12} & \cdots & a_{1n} \\ a_{21} & a_{22} & \cdots & a_{2n} \\ \vdots & \vdots & & \vdots \\ a_{n1} & a_{n2} & \cdots & a_{nn} \end{vmatrix} \xlongequal{\text{利用性质}} \begin{vmatrix} c_{11} & c_{12} & \cdots & c_{1n} \\ 0 & c_{22} & \cdots & c_{2n} \\ \vdots & \vdots & & \vdots \\ 0 & 0 & \cdots & c_{nn} \end{vmatrix} = c_{11}c_{22}\cdots c_{nn}.$$

这个方法极其重要.不仅是计算行列式的一个重要方法,而且对以后各章的学习带有普遍意义.

例 3 求下列行列式的值.

(1) $D=\begin{vmatrix} 1 & 2 & 0 & 1 \\ 1 & 3 & 5 & 0 \\ 0 & 1 & 5 & 6 \\ 1 & 2 & 3 & 4 \end{vmatrix}$; (2) $D=\begin{vmatrix} 4 & 1 & 1 & 1 \\ 1 & 4 & 1 & 1 \\ 1 & 1 & 4 & 1 \\ 1 & 1 & 1 & 4 \end{vmatrix}$;

(3) $D=\begin{vmatrix} 1 & 1 & -1 & -1 \\ 1 & -1 & -1 & 1 \\ 1 & -1 & 1 & -1 \\ 2 & 3 & 4 & 5 \end{vmatrix}$; (4) $D=\begin{vmatrix} c & a & d & b \\ a & c & d & b \\ a & c & b & d \\ c & a & b & d \end{vmatrix}$;

(5) $D=\begin{vmatrix} 1 & 1 & 1 & 1 \\ a_1 & a & a_2 & a_2 \\ a_2 & a_2 & a & a_3 \\ a_3 & a_3 & a_3 & a \end{vmatrix}$.

解 (1) 将其化为上三角形行列式

$$D \xlongequal[r_4-r_1]{r_2-r_1} \begin{vmatrix} 1 & 2 & 0 & 1 \\ 0 & 1 & 5 & -1 \\ 0 & 1 & 5 & 6 \\ 0 & 0 & 3 & 3 \end{vmatrix} \xlongequal{r_3-r_2} 3\begin{vmatrix} 1 & 2 & 0 & 1 \\ 0 & 1 & 5 & -1 \\ 0 & 0 & 0 & 7 \\ 0 & 0 & 1 & 1 \end{vmatrix}$$

$$\xlongequal{r_3\leftrightarrow r_4} -3\begin{vmatrix} 1 & 2 & 0 & 1 \\ 0 & 1 & 5 & -1 \\ 0 & 0 & 1 & 1 \\ 0 & 0 & 0 & 7 \end{vmatrix} = -21.$$

(2) 分析 此行列式的特点是各行四个元素之和均为 7,把第 2、3、4 列元素都加到第 1 列对应元素上去,那么第 1 列元素均变为 7,提出公因数 7 以后,不难把对角线以下的元素全化为零,即

$$D\xlongequal{c_1+c_2+c_3+c_4}\begin{vmatrix}7&1&1&1\\7&4&1&1\\7&1&4&1\\7&1&1&4\end{vmatrix}=7\begin{vmatrix}1&1&1&1\\1&4&1&1\\1&1&4&1\\1&1&1&4\end{vmatrix}\xlongequal[\substack{r_3-r_1\\r_4-r_1}]{r_2-r_1}7\begin{vmatrix}1&1&1&1\\0&3&0&0\\0&0&3&0\\0&0&0&3\end{vmatrix}$$

$$=7\times27=189.$$

(3) $$D\xlongequal{c_1+c_2+c_3+c_4}\begin{vmatrix}0&1&-1&-1\\0&-1&-1&1\\0&-1&1&-1\\14&3&4&5\end{vmatrix}=-14\begin{vmatrix}1&-1&-1\\-1&-1&1\\-1&1&-1\end{vmatrix}$$

$$\xlongequal[r_3+r_1]{r_2+r_1}-14\begin{vmatrix}1&-1&-1\\0&-2&0\\0&0&-2\end{vmatrix}=-56.$$

(4) $$D\xlongequal{c_1+c_2+c_3+c_4}\begin{vmatrix}a+b+c+d&a&d&b\\a+b+c+d&c&d&b\\a+b+c+d&c&b&d\\a+b+c+d&a&b&d\end{vmatrix}=(a+b+c+d)\begin{vmatrix}1&a&d&b\\1&c&d&b\\1&c&b&d\\1&a&b&d\end{vmatrix}$$

$$\xlongequal[\substack{r_2-r_1\\r_4-r_1}]{r_3-r_2}(a+b+c+d)\begin{vmatrix}1&a&d&b\\0&c-a&0&0\\0&0&b-d&d-b\\0&0&b-d&d-b\end{vmatrix}$$

$$\xlongequal{\text{性质 4}}(a+b+c+d)\times0=0.$$

(5) 根据性质 6，用 $-a_1$，$-a_2$，$-a_3$ 分别乘第 1 行后加到第 2、3、4 各行上，得

$$D=\begin{vmatrix}1&1&1&1\\0&a-a_1&a_2-a_1&a_2-a_1\\0&0&a-a_2&a_3-a_2\\0&0&0&a-a_3\end{vmatrix}=(a-a_1)(a-a_2)(a-a_3).$$

小结 (1) 从上面几个例子看出，一个行列式一般习惯于利用性质化为上三角形行列式求解.

(2) 行列式化为上三角形行列式的步骤：首先，将第 1 列的第 2、3、…行的元素（即 a_{21}，a_{31}，…，a_{n1}）化为零；其次，再将新行列式中的第 2 列的第 3、4、…行的

元素化为零,依次进行下去就可化为上三角形行列式了.

下面再举例说明利用行列式的性质可以将行列式化简.

例 4 试证

$$D=\begin{vmatrix} a^2 & (a+1)^2 & (a+2)^2 & (a+3)^2 \\ b^2 & (b+1)^2 & (b+2)^2 & (b+3)^2 \\ c^2 & (c+1)^2 & (c+2)^2 & (c+3)^2 \\ d^2 & (d+1)^2 & (d+2)^2 & (d+3)^2 \end{vmatrix}=0.$$

证明 设法化简行列式,使其两列成比例. 把平方项展开,得到

$$D=\begin{vmatrix} a^2 & a^2+2a+1 & a^2+4a+4 & a^2+6a+9 \\ b^2 & b^2+2b+1 & b^2+4b+4 & b^2+6b+9 \\ c^2 & c^2+2c+1 & c^2+4c+4 & c^2+6c+9 \\ d^2 & d^2+2d+1 & d^2+4d+4 & d^2+6d+9 \end{vmatrix}$$

$$\xlongequal[c_2-c_1]{\substack{c_4-c_3 \\ c_3-c_2}}\begin{vmatrix} a^2 & 2a+1 & 2a+3 & 2a+5 \\ b^2 & 2b+1 & 2b+3 & 2b+5 \\ c^2 & 2c+1 & 2c+3 & 2c+5 \\ d^2 & 2d+1 & 2d+3 & 2d+5 \end{vmatrix}$$

$$\xlongequal[c_3-c_2]{c_4-c_3}\begin{vmatrix} a^2 & 2a+1 & 2 & 2 \\ b^2 & 2b+1 & 2 & 2 \\ c^2 & 2c+1 & 2 & 2 \\ d^2 & 2d+1 & 2 & 2 \end{vmatrix}\xlongequal{\text{性质 4}}0.$$

例 5 求证

$$\begin{vmatrix} b+c & c+a & a+b \\ q+r & r+p & p+q \\ y+z & z+x & x+y \end{vmatrix}=2\begin{vmatrix} a & b & c \\ p & q & r \\ x & y & z \end{vmatrix}.$$

证明 利用性质 5、性质 6,有

$$\text{左边}=\begin{vmatrix} b & c+a & a+b \\ q & r+p & p+q \\ y & z+x & x+y \end{vmatrix}+\begin{vmatrix} c & c+a & a+b \\ r & r+p & p+q \\ z & z+x & x+y \end{vmatrix}$$

$$=\begin{vmatrix} b & c+a & a \\ q & r+p & p \\ y & z+x & x \end{vmatrix}+\begin{vmatrix} c & a & a+b \\ r & p & p+q \\ z & x & x+y \end{vmatrix}$$

$$=\begin{vmatrix} b & c & a \\ q & r & p \\ y & z & x \end{vmatrix}+\begin{vmatrix} c & a & b \\ r & p & q \\ z & x & y \end{vmatrix}=2\begin{vmatrix} a & b & c \\ p & q & r \\ x & y & z \end{vmatrix}.$$

习　题　1.2

1. 利用行列式的性质计算.

(1) $\begin{vmatrix} 1 & 1 & 1 & 1 \\ 1 & 1 & -1 & 1 \\ 1 & -1 & 1 & 1 \\ -1 & 1 & 1 & 1 \end{vmatrix}$；　(2) $\begin{vmatrix} 0 & 1 & 1 & 1 \\ 1 & 0 & 1 & 1 \\ 1 & 1 & 0 & 1 \\ 1 & 1 & 1 & 0 \end{vmatrix}$；

(3) $\begin{vmatrix} 1 & 1 & -1 & 3 \\ -1 & -1 & 2 & 1 \\ 2 & 5 & 2 & 4 \\ 1 & 2 & 3 & 2 \end{vmatrix}$；　(4) $\begin{vmatrix} a & b & b & b \\ a & b & a & b \\ a & a & b & a \\ b & b & b & a \end{vmatrix}$；

(5) $\begin{vmatrix} a-b-c & 2a & 2a \\ 2b & b-c-a & 2b \\ 2c & 2c & c-a-b \end{vmatrix}$；　(6) $\begin{vmatrix} -ab & ac & ae \\ bd & -cd & de \\ bf & cf & -ef \end{vmatrix}$；

(7) $\begin{vmatrix} 2 & 1 & 4 \\ -4 & 3 & 8 \\ 7 & 0 & 9 \end{vmatrix}$；　(8) $\begin{vmatrix} 4 & 2 & -4 \\ 502 & 201 & 298 \\ 5 & 2 & 3 \end{vmatrix}$；

(9) $\begin{vmatrix} 3 & 7 & 0 & 0 & 0 \\ 5 & 5 & 0 & 0 & 0 \\ 3 & 4 & 1 & 1 & 2 \\ 7 & -5 & 3 & 0 & 1 \\ 6 & 2 & 4 & 7 & 5 \end{vmatrix}$；　(10) $\begin{vmatrix} 1 & 2 & 2 & 2 & 2 \\ 2 & 2 & 2 & 2 & 2 \\ 2 & 2 & 3 & 2 & 2 \\ 2 & 2 & 2 & 4 & 2 \\ 2 & 2 & 2 & 2 & 5 \end{vmatrix}$.

2. 不通过计算三阶行列式，利用行列式的性质证明：

$$\begin{vmatrix} 2 & 5 & 4 \\ -1 & 3 & 1 \\ 3 & 2 & 3 \end{vmatrix}+\begin{vmatrix} -1 & 2 & 3 \\ 3 & 5 & 2 \\ 1 & 4 & 3 \end{vmatrix}=0.$$

3. 证明等式.

(1) $\begin{vmatrix} a & b & c \\ a & a+b & a+b+c \\ a & 2a+b & 3a+2b+c \end{vmatrix}=a^3$；

(2) $\begin{vmatrix} by+az & bz+ax & bx+ay \\ bx+ay & by+az & bz+ax \\ bz+ax & bx+ay & by+az \end{vmatrix} = (a^3+b^3) \begin{vmatrix} x & y & z \\ z & x & y \\ y & z & x \end{vmatrix}$.

4. 设 $f(x) = \begin{vmatrix} 1 & 1 & 1 & 1 \\ 1 & 2 & 4 & 8 \\ 1 & 1 & 4 & 15 \\ 1 & x & x^2 & x^3 \end{vmatrix} + \begin{vmatrix} 1 & 1 & 1 & 1 \\ 1 & 2 & 4 & 8 \\ 0 & 2 & 5 & 12 \\ 1 & x & x^2 & x^3 \end{vmatrix}$,求 $f(x)=0$ 的根.

§1.3 行列式的计算

我们知道行列式的阶数越低越容易计算,下面主要通过将行列式展开为低一阶的行列式来进行计算.为此,首先引入余子式和代数余子式的概念.

一、余子式和代数余子式

定义 1 在 n 阶行列式

$$D=\begin{vmatrix} a_{11} & a_{12} & \cdots & a_{1j-1} & a_{1j} & a_{1j+1} & \cdots & a_{1n} \\ \vdots & \vdots & & \vdots & \vdots & \vdots & & \vdots \\ a_{i-1,1} & a_{i-1,2} & \cdots & a_{i-1,j-1} & a_{i,j} & a_{i-1,j+1} & \cdots & a_{i-1,n} \\ a_{i1} & a_{i2} & \cdots & a_{i,j-1} & a_{ij} & a_{i,j+1} & \cdots & a_{in} \\ a_{i+1,1} & a_{i+1,2} & \cdots & a_{i+1,j-1} & a_{i+1,j} & a_{i+1,j+1} & \cdots & a_{i+1,n} \\ \vdots & \vdots & & \vdots & \vdots & \vdots & & \vdots \\ a_{n1} & a_{n2} & \cdots & a_{n,j-1} & a_{n,j} & a_{n,j+1} & \cdots & a_{nn} \end{vmatrix}.$$

中把元素 a_{ij} 所在的第 i 行和第 j 列划去,剩下的 $(n-1)^2$ 个元素按原来的排法构成一个 $n-1$ 阶行列式称为元素 a_{ij} 的**余子式**,记为 M_{ij},即

$$M_{ij}=\begin{vmatrix} a_{11} & a_{12} & \cdots & a_{1j-1} & a_{1j+1} & \cdots & a_{1n} \\ \vdots & \vdots & & \vdots & \vdots & & \vdots \\ a_{i-1,1} & a_{i-1,2} & \cdots & a_{i-1,j-1} & a_{i-1,j+1} & \cdots & a_{i-1,n} \\ a_{i+1,1} & a_{i+1,2} & \cdots & a_{i+1,j-1} & a_{i+1,j+1} & \cdots & a_{i+1,n} \\ \vdots & \vdots & & \vdots & \vdots & & \vdots \\ a_{n1} & a_{n2} & \cdots & a_{n,j-1} & a_{n,j+1} & \cdots & a_{nn} \end{vmatrix}.$$

定义 2 在 n 阶行列式 D 中,元素 a_{ij} 的余子式 M_{ij} 乘以 $(-1)^{i+j}$ 得

$(-1)^{i+j}M_{ij}$，称为元素 a_{ij} 的**代数余子式**，记为 A_{ij}，即

$$A_{ij}=(-1)^{i+j}M_{ij}.$$

例 1 设四阶行列式

$$D=\begin{vmatrix} a_{11} & a_{12} & a_{13} & a_{14} \\ a_{21} & a_{22} & a_{23} & a_{24} \\ a_{31} & a_{32} & a_{33} & a_{34} \\ a_{41} & a_{42} & a_{43} & a_{44} \end{vmatrix},$$

求 a_{23}，a_{42} 的余子式和代数余子式.

解 $M_{23}=\begin{vmatrix} a_{11} & a_{12} & a_{14} \\ a_{31} & a_{32} & a_{34} \\ a_{41} & a_{42} & a_{44} \end{vmatrix}$， $A_{23}=(-1)^{2+3}M_{23}=-\begin{vmatrix} a_{11} & a_{12} & a_{14} \\ a_{31} & a_{32} & a_{34} \\ a_{41} & a_{42} & a_{44} \end{vmatrix}$；

$$M_{42}=\begin{vmatrix} a_{11} & a_{13} & a_{14} \\ a_{21} & a_{23} & a_{24} \\ a_{31} & a_{33} & a_{34} \end{vmatrix},\quad A_{42}=(-1)^{4+2}M_{42}=\begin{vmatrix} a_{11} & a_{13} & a_{14} \\ a_{21} & a_{23} & a_{24} \\ a_{31} & a_{33} & a_{34} \end{vmatrix},$$

可见 $A_{23}=-M_{23}$，$A_{42}=M_{42}$.

下面我们讨论行列式按某一行(列)的展开问题.

二、行列式按某一行(列)展开

由三阶行列式的定义有

$$\begin{vmatrix} a_{11} & a_{12} & a_{13} \\ a_{21} & a_{22} & a_{23} \\ a_{31} & a_{32} & a_{33} \end{vmatrix}=a_{11}\begin{vmatrix} a_{22} & a_{23} \\ a_{32} & a_{33} \end{vmatrix}-a_{21}\begin{vmatrix} a_{12} & a_{13} \\ a_{32} & a_{33} \end{vmatrix}+a_{31}\begin{vmatrix} a_{12} & a_{13} \\ a_{22} & a_{23} \end{vmatrix}$$

$$=a_{11}M_{11}-a_{21}M_{21}+a_{31}M_{31}=a_{11}A_{11}+a_{21}A_{21}+a_{31}A_{31}.$$

这就是三阶行列式按第一列展开，按此种思想再进一步推广. 先看下面例子.

例 2 简化下列行列式.

(1) $\begin{vmatrix} a_{11} & a_{12} & a_{13} \\ 0 & a_{22} & a_{23} \\ 0 & a_{32} & a_{33} \end{vmatrix}$； (2) $\begin{vmatrix} a_{11} & 0 & a_{13} \\ a_{21} & a_{22} & a_{23} \\ a_{31} & 0 & a_{33} \end{vmatrix}$； (3) $\begin{vmatrix} a_{11} & a_{12} & a_{13} \\ 0 & a_{22} & 0 \\ a_{31} & a_{32} & a_{33} \end{vmatrix}$.

解 (1) $\begin{vmatrix} a_{11} & a_{12} & a_{13} \\ 0 & a_{22} & a_{23} \\ 0 & a_{32} & a_{33} \end{vmatrix} = a_{11}\begin{vmatrix} a_{22} & a_{23} \\ a_{32} & a_{33} \end{vmatrix} = a_{11}A_{11}.$

(2) $\begin{vmatrix} a_{11} & 0 & a_{13} \\ a_{21} & a_{22} & a_{23} \\ a_{31} & 0 & a_{33} \end{vmatrix} \xlongequal{r_1 \leftrightarrow r_2} -\begin{vmatrix} a_{21} & a_{22} & a_{23} \\ a_{11} & 0 & a_{13} \\ a_{31} & 0 & a_{33} \end{vmatrix} \xlongequal{c_1 \leftrightarrow c_2} \begin{vmatrix} a_{22} & a_{21} & a_{23} \\ 0 & a_{11} & a_{13} \\ 0 & a_{31} & a_{33} \end{vmatrix} = a_{22}A_{22}.$

(3) $\begin{vmatrix} a_{11} & a_{12} & a_{13} \\ 0 & a_{22} & 0 \\ a_{31} & a_{32} & a_{33} \end{vmatrix} \xlongequal{\text{转置}} \begin{vmatrix} a_{11} & 0 & a_{31} \\ a_{12} & a_{22} & a_{32} \\ a_{13} & 0 & a_{33} \end{vmatrix} = a_{22}\begin{vmatrix} a_{11} & a_{31} \\ a_{13} & a_{33} \end{vmatrix}$

$$\xlongequal{\text{转置}} a_{22}\begin{vmatrix} a_{11} & a_{13} \\ a_{31} & a_{33} \end{vmatrix} = a_{22}A_{22}.$$

现将行列式按某一行(列)展开推广到 n 阶行列式情形,当行列式 D 中第 i 行的元素除 $a_{ij} \neq 0$ 外,其余元素均为零,则有

$$D = \begin{vmatrix} a_{11} & \cdots & a_{1,\,j-1} & a_{1,\,j} & a_{1,\,j+1} & \cdots & a_{1n} \\ \vdots & & \vdots & \vdots & \vdots & & \vdots \\ a_{i+1} & \cdots & a_{i-1,\,j-1} & a_{i-1,\,j} & a_{i-1,\,j+1} & \cdots & a_{i-1n} \\ 0 & \cdots & 0 & a_{ij} & 0 & \cdots & 0 \\ a_{i+1,\,1} & \cdots & a_{i+1,\,j-1} & a_{i+1,\,j} & a_{i+1,\,j+1} & \cdots & a_{i+1,\,n} \\ \vdots & & \vdots & \vdots & \vdots & & \vdots \\ a_{n1} & \cdots & a_{n,\,j-1} & a_{n,\,j} & a_{n,\,j+1} & \cdots & a_{n,\,n} \end{vmatrix} = a_{ij}A_{ij}. \tag{1}$$

当行列式 D 中第 j 列的元素除 $a_{ij} \neq 0$ 外,其余元素均为零,则有

$$D = \begin{vmatrix} a_{11} & \cdots & a_{1j-1} & 0 & a_{1j+1} & \cdots & a_{1n} \\ \vdots & & \vdots & \vdots & \vdots & & \vdots \\ a_{i-1,\,1} & \cdots & a_{i-1,\,j-1} & 0 & a_{i-1,\,j+1} & \cdots & a_{i-1,\,n} \\ a_{i1} & \cdots & a_{i,\,j-1} & a_{ij} & a_{i,\,j+1} & \cdots & a_{in} \\ a_{i+1,\,1} & \cdots & a_{i+1,\,j-1} & 0 & a_{i+1,\,j+1} & \cdots & a_{i+1,\,n} \\ \vdots & & \vdots & \vdots & \vdots & & \vdots \\ a_{n1} & \cdots & a_{n,\,j-1} & 0 & a_{n,\,j+1} & \cdots & a_{n,\,n} \end{vmatrix} = a_{ij}A_{ij}. \tag{2}$$

定理 1 若 n 阶行列式 D 中,第 i 行(列)除去第 j 列(行)的元素 a_{ij}(a_{ji})外,其余元素全为零,那么

$$D=a_{ij}A_{ij}(=a_{ji}A_{ji}),$$

其中 $A_{ij}(A_{ji})$是元素 $a_{ij}(a_{ji})$的代数余子式.

例 3 计算行列式

$$D=\begin{vmatrix} 1 & 4 & 3 & 0 \\ -1 & 2 & 0 & 4 \\ 0 & 2 & 0 & 0 \\ 3 & 1 & 6 & -5 \end{vmatrix}.$$

解 行列式 D 中第 3 行中除了第 2 列元素为 2 外,其余元素全为零,根据定理 1 得到

$$D=(-1)^{3+2}2\begin{vmatrix} 1 & 3 & 0 \\ -1 & 0 & 4 \\ 3 & 6 & -5 \end{vmatrix}=-2\begin{vmatrix} 1 & 3 & 0 \\ -1 & 0 & 4 \\ 3 & 6 & -5 \end{vmatrix}\xlongequal{c_2-3c_1}-2\begin{vmatrix} 1 & 0 & 0 \\ -1 & 3 & 4 \\ 3 & -3 & -5 \end{vmatrix}$$

$$=-2\begin{vmatrix} 3 & 4 \\ -3 & -5 \end{vmatrix}=6\begin{vmatrix} 1 & 4 \\ 1 & 5 \end{vmatrix}=6(5-4)=6.$$

例 4 求证一副对角线行列式

$$\begin{vmatrix} & & & a_1 \\ & & a_2 & \\ & \iddots & & \\ a_n & & & \end{vmatrix}=(-1)^{\frac{n(n-1)}{2}}a_1a_2\cdots a_n.$$

证明 对行列式的阶数用数学归纳法证明:

当 $k=1$ 时,$D=a_1$;

当 $k=n-1$ 时,结论成立,即设

$$\begin{vmatrix} & & & a_1 \\ & & a_2 & \\ & \iddots & & \\ a_{n-1} & & & \end{vmatrix}=(-1)^{\frac{(n-2)(n-1)}{2}}a_1a_2\cdots a_{n-1};$$

当 $k=n$ 时,按最后一行展开 n 阶行列式,得

$$\begin{vmatrix} & & & a_1 \\ & & a_2 & \\ & \iddots & & \\ a_n & & & \end{vmatrix}=(-1)^{n+1}a_n\begin{vmatrix} & & & a_1 \\ & & a_2 & \\ & \iddots & & \\ a_{n-1} & & & \end{vmatrix}$$

$$=(-1)^{n+1}\cdot a_n\cdot(-1)^{\frac{(n-2)(n-1)}{2}}a_1a_2\cdots a_{n-1}$$
$$=(-1)^{\frac{n(n-1)}{2}+2}a_1a_2\cdots a_n=(-1)^{\frac{n(n-1)}{2}}a_1a_2\cdots a_n.$$

对于一般的 n 阶行列式能不能进行降阶计算呢？由下面的定理推广了定理 1 的结论.

定理 2 n 阶行列式

$$D=\begin{vmatrix} a_{11} & a_{12} & \cdots & a_{1j} & \cdots & a_{1n} \\ a_{21} & a_{22} & \cdots & a_{2j} & \cdots & a_{2n} \\ \vdots & \vdots & & \vdots & & \vdots \\ a_{i1} & a_{i2} & \cdots & a_{ij} & \cdots & a_{in} \\ \vdots & \vdots & & \vdots & & \vdots \\ a_{n1} & a_{n2} & \cdots & a_{nj} & \cdots & a_{nn} \end{vmatrix}$$

等于它的任意一行(列)的所有元素和它们各自对应的代数余子式的乘积之和，即行列式 D 可按第 i 行展开为

$$D=a_{i1}A_{i1}+a_{i2}A_{i2}+\cdots+a_{in}A_{in},\quad i=1,2,\cdots,n. \tag{3}$$

其中，$a_{i1},a_{i2},\cdots,a_{in}$ 与 $A_{i1},A_{i2},\cdots,A_{in}$ 分别是行列式 D 中第 i 行的各元素及其对应的代数余子式.

行列式 D 也可按第 j 列展开为

$$D=a_{1j}A_{1j}+a_{2j}A_{2j}+\cdots+a_{nj}A_{nj},\quad j=1,2,\cdots,n. \tag{4}$$

其中，$a_{1j},a_{2j},\cdots,a_{nj}$ 与 $A_{1j},A_{2j},\cdots,A_{nj}$ 分别是行列式 D 中第 j 列的各元素及其对应的代数余子式.

证明 首先把 D 改写成

$$D=\begin{vmatrix} a_{11} & a_{12} & \cdots & a_{1n} \\ \vdots & \vdots & & \vdots \\ a_{i1}+0+\cdots+0 & 0+a_{i2}+0+\cdots+0 & \cdots & 0+0+\cdots+0+a_{in} \\ \vdots & \vdots & & \vdots \\ a_{n1} & a_{n2} & \cdots & a_{nn} \end{vmatrix}.$$

由行列式的性质 5，有

$$D=\begin{vmatrix} a_{11} & a_{12} & \cdots & a_{1n} \\ \vdots & \vdots & & \vdots \\ a_{i1} & 0 & \cdots & 0 \\ \vdots & \vdots & & \vdots \\ a_{n1} & a_{n2} & \cdots & a_{nn} \end{vmatrix}+\begin{vmatrix} a_{11} & a_{12} & \cdots & a_{1n} \\ \vdots & \vdots & & \vdots \\ 0 & a_{i2} & \cdots & 0 \\ \vdots & \vdots & & \vdots \\ a_{n1} & a_{n2} & \cdots & a_{nn} \end{vmatrix}+\cdots+\begin{vmatrix} a_{11} & a_{12} & \cdots & a_{1n-1} & a_{1n} \\ \vdots & \vdots & & \vdots & \vdots \\ 0 & 0 & \cdots & 0 & a_{in} \\ \vdots & \vdots & & \vdots & \vdots \\ a_{11} & a_{n2} & \cdots & a_{n,\,n-1} & a_{nn} \end{vmatrix}$$

$$=a_{i1}A_{i1}+a_{i2}A_{i2}+\cdots+a_{in}A_{in},\quad i=1,\ 2,\ \cdots,\ n.$$

推论 若行列式某行(列)元素为零,则 $D=0$.

证明 按这个全为零的行展开即得推论.

定理 3 n 阶行列式 D 的某一行(列)的元素与另一行(列)对应元素的代数余子式乘积的和等于零,即

$$a_{i1}A_{s1}+a_{i2}A_{s2}+\cdots+a_{in}A_{sn}=0 \qquad (i\neq s)$$

或

$$a_{1j}A_{1l}+a_{2j}A_{2l}+\cdots+a_{nj}A_{nl}=0 \qquad (j\neq l).$$

证明 设将行列式 D 中第 s 行的元素换为第 i 行($i\neq s$)的对应元素,得到有两行相同的行列式 D_1,则 $D_1=0$,再将 D_1 按 s 行展开,则

$$D_1=a_{i1}A_{s1}+a_{i2}A_{s2}+\cdots+a_{in}A_{sn}=0 \qquad (i\neq s).$$

同理,可证 D_1 按列展开的情形.

综合上面两个定理的结论,得到

$$\sum_{j=1}^{n}a_{ij}A_{sj}=\begin{cases} D, & i=s, \\ 0, & i\neq s, \end{cases} \quad i=1,\ 2,\ \cdots,\ n;$$

$$\sum_{i=1}^{n}a_{ij}A_{il}=\begin{cases} D, & j=l, \\ 0, & j\neq l, \end{cases} \quad j=1,\ 2,\ \cdots,\ n.$$

在实际计算行列式时,我们总是按照含零最多的行或列展开,因为零的代数余子式不用计算.

例 5 计算行列式

$$D=\begin{vmatrix} 1 & 0 & -2 \\ 1 & 1 & 3 \\ -2 & 3 & 1 \end{vmatrix}.$$

解 **方法 1** 按第 1 行展开行列式

$$D=1\times\begin{vmatrix} 1 & 3 \\ 3 & 1 \end{vmatrix}+(-2)\times\begin{vmatrix} 1 & 1 \\ -2 & 3 \end{vmatrix}=1\times(-8)-2\times5=-18.$$

方法 2 按第 2 列展开行列式

$$D=1\times\begin{vmatrix}1 & -2\\ -2 & 1\end{vmatrix}-3\begin{vmatrix}1 & -2\\ 1 & 3\end{vmatrix}=-3-15=-18.$$

例 6 计算行列式

$$D=\begin{vmatrix}1 & 2 & 3 & 4\\ 1 & 0 & 1 & 2\\ 3 & -1 & -1 & 0\\ 1 & 2 & 0 & -5\end{vmatrix}.$$

解 **方法 1** 将 D 按第 2 行展开，应有

$$D=a_{21}A_{21}+a_{22}A_{22}+a_{23}A_{23}+a_{24}A_{24},$$

其中 $$a_{21}=1,\quad a_{22}=0,\quad a_{23}=1,\quad a_{24}=2.$$

$$A_{21}=(-1)^{2+1}\begin{vmatrix}2 & 3 & 4\\ -1 & -1 & 0\\ 2 & 0 & -5\end{vmatrix}\xlongequal{c_2-c_1}-\begin{vmatrix}2 & 1 & 4\\ -1 & 0 & 0\\ 2 & -2 & -5\end{vmatrix}$$

$$=-\begin{vmatrix}1 & 4\\ -2 & -5\end{vmatrix}=-3.$$

因为 $a_{22}=0$，则对 A_{22} 不需要求值.

$$A_{23}=(-1)^{2+3}\begin{vmatrix}1 & 2 & 4\\ 3 & -1 & 0\\ 1 & 2 & -5\end{vmatrix}\xlongequal{c_1+3c_2}-\begin{vmatrix}7 & 2 & 4\\ 0 & -1 & 0\\ 7 & 2 & -5\end{vmatrix}$$

$$=\begin{vmatrix}7 & 4\\ 7 & -5\end{vmatrix}=7\begin{vmatrix}1 & 4\\ 1 & -5\end{vmatrix}=7\times(-9)=-63.$$

$$A_{24}=(-1)^{2+4}\begin{vmatrix}1 & 2 & 3\\ 3 & -1 & -1\\ 1 & 2 & 0\end{vmatrix}\xlongequal{r_1+3r_2}\begin{vmatrix}10 & -1 & 0\\ 3 & -1 & -1\\ 1 & 2 & 0\end{vmatrix}$$

$$=(-1)\times(-1)^{2+3}\begin{vmatrix}10 & -1\\ 1 & 2\end{vmatrix}=21.$$

所以 $$D=-3-63+2\times21=-24.$$

方法 2 计算行列式时,可以先用行列式的性质将行列式中某一行(列)化为仅含有一个非零元素,再按此行(列)展开,变为低一阶的行列式.

$$D=\begin{vmatrix}1&2&3&4\\1&0&1&2\\3&-1&-1&0\\1&2&0&-5\end{vmatrix}\xlongequal[c_4-2c_1]{c_3-c_1}\begin{vmatrix}1&2&2&2\\1&0&0&0\\3&-1&-4&-6\\1&2&-1&-7\end{vmatrix}$$

$$=-\begin{vmatrix}2&2&2\\-1&-4&-6\\2&-1&-7\end{vmatrix}=2\begin{vmatrix}1&1&1\\1&4&6\\2&-1&-7\end{vmatrix}$$

$$\xlongequal[r_3-2r_1]{r_2-r_1}2\begin{vmatrix}1&1&1\\0&3&5\\0&-3&-9\end{vmatrix}=-6\begin{vmatrix}1&5\\1&9\end{vmatrix}=-24.$$

例 7 设 $D=\begin{vmatrix}1&-5&1&3\\1&1&3&4\\1&1&2&3\\2&2&3&4\end{vmatrix}$,计算 $A_{41}+A_{42}+A_{43}+A_{44}$,其中 A_{4j} 是 $|A|$ 中元素 a_{4j}, $j=1, 2, 3, 4$ 的代数余子式.

解 因为 D 中第 4 行元素的代数余子式均与 D 的第 4 行的元素无关,将 D 中第 4 行的元素换为 1, 1, 1, 1 后得到的行列式按第 4 行展开,得

$$A_{41}+A_{42}+A_{43}+A_{44}=\begin{vmatrix}1&-5&1&3\\1&1&3&4\\1&1&2&3\\1&1&1&1\end{vmatrix}=\begin{vmatrix}1&-6&0&2\\1&0&2&3\\1&0&1&2\\1&0&0&0\end{vmatrix}$$

$$=6\begin{vmatrix}1&2&3\\1&1&2\\1&0&0\end{vmatrix}=6\begin{vmatrix}2&3\\1&2\end{vmatrix}=6.$$

例 8 已知行列式

$$D=\begin{vmatrix}2&2&2&1&1\\7&5&4&3&8\\3&2&5&4&2\\5&5&5&3&3\\4&6&5&2&3\end{vmatrix}=2,$$

分别求 $A_{41}+A_{42}+A_{43}$，$A_{44}+A_{45}$ 的值.

解 将 D 按第 1 行各元素分别与第 4 行元素的代数余子式相乘后相加得

$$2(A_{41}+A_{42}+A_{43})+(A_{44}+A_{45})=0,$$

将 D 按第 4 行展开为

$$5(A_{41}+A_{42}+A_{43})+3(A_{44}+A_{45})=2,$$

联立求解得

$$A_{41}+A_{42}+A_{43}=-2,\quad A_{44}+A_{45}=4.$$

三、范德蒙行列式的计算

称行列式

$$D=\begin{vmatrix} 1 & 1 & \cdots & 1 \\ a_1 & a_2 & \cdots & a_n \\ a_1^2 & a_2^2 & \cdots & a_n^2 \\ \vdots & \vdots & & \vdots \\ a_1^{n-1} & a_2^{n-1} & \cdots & a_n^{n-1} \end{vmatrix}$$

为 **n 阶范德蒙行列式.**

例 9 证明四阶范德蒙行列式

$$D=\begin{vmatrix} 1 & 1 & 1 & 1 \\ a_1 & a_2 & a_3 & a_4 \\ a_1^2 & a_2^2 & a_3^2 & a_4^2 \\ a_1^3 & a_2^3 & a_3^3 & a_4^3 \end{vmatrix}$$

$$=(a_2-a_1)(a_3-a_1)(a_4-a_1)(a_3-a_2)(a_4-a_2)(a_4-a_3).$$

证明 先把行列式第 1 列中第 2、3、4 行中的元素化为零,然后按第 1 列展开,再重复上述过程直至得到所要的结论.

$$D=\begin{vmatrix} 1 & 1 & 1 & 1 \\ a_1 & a_2 & a_3 & a_4 \\ a_1^2 & a_2^2 & a_3^2 & a_4^2 \\ a_1^3 & a_2^3 & a_3^3 & a_4^3 \end{vmatrix} \xlongequal[r_2-a_1r_1]{\substack{r_4-a_1r_3 \\ r_3-a_1r_2}} \begin{vmatrix} 1 & 1 & 1 & 1 \\ 0 & a_2-a_1 & a_3-a_1 & a_4-a_1 \\ 0 & a_2(a_2-a_1) & a_3(a_3-a_1) & a_4(a_4-a_1) \\ 0 & a_2^2(a_2-a_1) & a_3^2(a_3-a_1) & a_4^2(a_4-a_1) \end{vmatrix}$$

$$\xlongequal{\text{按 } c_1 \text{ 展开}} \begin{vmatrix} a_2-a_1 & a_3-a_1 & a_4-a_1 \\ a_2(a_2-a_1) & a_3(a_3-a_1) & a_4(a_4-a_1) \\ a_2^2(a_2-a_1) & a_3^2(a_3-a_1) & a_4^2(a_4-a_1) \end{vmatrix}$$

$$\xlongequal{\text{提公因子}}(a_2-a_1)(a_3-a_1)(a_4-a_1)\begin{vmatrix} 1 & 1 & 1 \\ a_2 & a_3 & a_4 \\ a_2^2 & a_3^2 & a_4^2 \end{vmatrix}$$

$$\xlongequal[r_2-a_2r_1]{r_3-a_2r_2}(a_2-a_1)(a_3-a_1)(a_4-a_1)\begin{vmatrix} 1 & 1 & 1 \\ 0 & a_3-a_2 & a_4-a_2 \\ 0 & a_3(a_3-a_2) & a_4(a_4-a_2) \end{vmatrix}$$

$$\xlongequal{\text{按 } c_1 \text{ 展开}}(a_2-a_1)(a_3-a_1)(a_4-a_1)\begin{vmatrix} a_3-a_2 & a_4-a_2 \\ a_3(a_3-a_2) & a_4(a_4-a_2) \end{vmatrix}$$

$$\xlongequal{\text{提公因子}}(a_2-a_1)(a_3-a_1)(a_4-a_1)(a_3-a_2)(a_4-a_2)\begin{vmatrix} 1 & 1 \\ a_3 & a_4 \end{vmatrix}$$

$$=(a_2-a_1)(a_3-a_1)(a_4-a_1)(a_3-a_2)(a_4-a_2)(a_4-a_3)$$

$$=\prod_{1\leqslant j<i\leqslant 4}(a_i-a_j).$$

其中,$1\leqslant j<i\leqslant 4$ 表示:①$j<i$, ②j 可取 1, 2, 3; i 可取 2, 3, 4. 于是有:

当 j 取 1 时,则 i 可从 2 取到 4,故有因子(a_2-a_1),(a_3-a_1), (a_4-a_1);

当 j 取 2 时,则 i 可取 3, 4,故有因子(a_3-a_2), (a_4-a_2);

当 j 取 3 时,则 i 只能取 4,故只有(a_4-a_3). 符号 $\prod$ 表示连乘号,即将上面的 6 个因子连乘.

这个结论可推广到 n 阶范德蒙行列式中去. 则

$$\begin{vmatrix} 1 & 1 & \cdots & 1 \\ a_1 & a_2 & \cdots & a_n \\ a_1^2 & a_2^2 & \cdots & a_n^2 \\ \vdots & \vdots & & \vdots \\ a_1^{n-1} & a_2^{n-1} & \cdots & a_n^{n-1} \end{vmatrix} = \prod_{1\leqslant j<i\leqslant n}(a_i-a_j).$$

例 10 计算行列式.

(1) $D=\begin{vmatrix} 1 & 1 & 1 & 1 \\ 2 & 5 & 4 & 3 \\ 4 & 25 & 16 & 9 \\ 8 & 125 & 64 & 27 \end{vmatrix}$; (2) $D=\begin{vmatrix} a^3 & (a-1)^3 & (a-2)^3 & (a-3)^3 \\ a^2 & (a-1)^2 & (a-2)^2 & (a-3)^2 \\ a & a-1 & a-2 & a-3 \\ 1 & 1 & 1 & 1 \end{vmatrix}$.

解 (1) 此行列式为四阶范德蒙行列式，其中 $a_1=2$，$a_2=5$，$a_3=4$，$a_4=3$. 于是有

$$\begin{aligned}D&=\prod_{1\leqslant j<i\leqslant 4}(a_i-a_j)\\&=(5-2)(4-2)(3-2)(4-5)(3-5)(3-4)=-12.\end{aligned}$$

(2) 观察可见若 $r_1\leftrightarrow r_4$，$r_2\leftrightarrow r_3$ 后，此行列式就为范德蒙行列式，则

$$\begin{aligned}D&\xlongequal[r_2\leftrightarrow r_3]{r_1\leftrightarrow r_4}\begin{vmatrix}1&1&1&1\\a&a-1&a-2&a-3\\a^2&(a-1)^2&(a-2)^2&(a-3)^2\\a^3&(a-1)^3&(a-2)^3&(a-3)^3\end{vmatrix}\\&=[(a-1)-a][(a-2)-a][(a-3)-a][(a-2)-(a-1)]\cdot\\&\quad[(a-3)-(a-1)][(a-3)-(a-2)]\\&=(-1)(-2)(-3)(-1)(-2)(-1)=12.\end{aligned}$$

习 题 1.3

1. 计算行列式.

(1) $\begin{vmatrix}1&-2&0&4\\2&-5&1&-3\\4&1&-2&6\\-3&2&7&1\end{vmatrix}$；　(2) $\begin{vmatrix}6&-1&3&32\\5&-3&3&27\\3&-1&-1&17\\4&-1&3&19\end{vmatrix}$；

(3) $\begin{vmatrix}1&1&1&1\\5&8&6&2\\5^2&8^2&6^2&2^2\\5^3&8^3&6^3&2^3\end{vmatrix}$；　(4) $\begin{vmatrix}1&2&3&4\\2&3&4&1\\3&4&1&2\\4&1&2&3\end{vmatrix}$；

(5) $\begin{vmatrix}1&2&1&1\\0&2&1&11\\-2&-1&4&4\\-2&-1&1&10\end{vmatrix}$；　(6) $\begin{vmatrix}1+x&1&1&1\\1&1-x&1&1\\1&1&1+y&1\\1&1&1&1-y\end{vmatrix}$.

2. 解方程.

(1) $\begin{vmatrix}1&1&1&1\\x&1&2&3\\x^2&1&4&9\\x^3&1&8&27\end{vmatrix}=0$；　(2) $\begin{vmatrix}1&1&2&3\\1&2-x^2&2&3\\2&2&6&0\\2&2&6&9-x^2\end{vmatrix}=0$.

3. 已知四阶行列式 D 的第 1 行元素分别为 $-1, 1, 0, 2$,第 4 行元素对应的代数余子式依次为 $5, x, 7, 4$,求 x.

4. 设 $D=\begin{vmatrix} 1 & 2 & -3 & 6 \\ 2 & 2 & 2 & 2 \\ 2 & 1 & 0 & 7 \\ 3 & 4 & 1 & 8 \end{vmatrix}$,求(1) $A_{31}+A_{32}+A_{33}+A_{34}$;(2) $M_{41}+M_{42}+M_{43}+M_{44}$.

§1.4 克莱姆法则

含有 n 个未知量的 n 个线性方程组成的方程组的解是否可以用两个 n 阶行列式之比来表示?下面的定理对此问题给出了肯定的答案.

一、克莱姆法则

含有 n 个方程的 n 元线性方程组的一般形式为

$$\begin{cases} a_{11}x_1+a_{12}x_2+\cdots+a_{1n}x_n=b_1, \\ a_{21}x_1+a_{22}x_2+\cdots+a_{2n}x_n=b_2, \\ \qquad\qquad\vdots \\ a_{n1}x_1+a_{n2}x_2+\cdots+a_{nn}x_n=b_n. \end{cases} \tag{1}$$

它的系数 a_{ij} $(i, j=1, 2, \cdots, n)$构成的行列式

$$D=\begin{vmatrix} a_{11} & a_{12} & \cdots & a_{1n} \\ a_{21} & a_{22} & \cdots & a_{2n} \\ \vdots & \vdots & & \vdots \\ a_{n1} & a_{n2} & \cdots & a_{nn} \end{vmatrix} \tag{2}$$

称为方程组(1)的**系数行列式**.

定理 1(克莱姆法则) 线性方程组(1)当系数行列式 $D\neq0$ 时,有且仅有唯一解为

$$x_j=\frac{D_j}{D} \qquad (j=1, 2, \cdots, n). \tag{3}$$

其中,D_j $(j=1, 2, \cdots, n)$是将系数行列式中第 j 列元素 $a_{1j}, a_{2j}, \cdots, a_{nj}$ 对应地换为方程组的常数项 $b_1, b_2, \cdots, b_n$ 后得到的行列式.

证明 以行列式 D 的第 j $(j=1, 2, \cdots, n)$列的代数余子式 $A_{1j}, A_{2j}, \cdots, A_{nj}$ 分别乘方程组(1)的第 1,第 2,……,第 n 个方程,然后相加,得

$$
\begin{aligned}
&(a_{11}A_{1j}+a_{21}A_{2j}+\cdots+a_{n1}A_{nj})x_1+\cdots+\\
&(a_{1j}A_{1j}+a_{2j}A_{2j}+\cdots+a_{nj}A_{nj})x_j+\cdots+\\
&(a_{1n}A_{1j}+a_{2n}A_{2j}+\cdots+a_{nn}A_{nj})x_n\\
&=b_1A_{1j}+b_2A_{2j}+\cdots+b_nA_{nj}.
\end{aligned}
$$

可见，x_j 的系数等于 D，$x_s(s\neq j)$的系数等于零.

等号右端等于 D 中第 j 列元素以常数 $b_1, b_2, \cdots, b_n$ 替换后所得的行列式，即

$$
Dx_j=D_j \qquad (j=1, 2, \cdots, n). \tag{4}
$$

如果方程组(1)有解，则其解必满足方程组(4)，而当 $D\neq 0$ 时，方程组(4)只有形式为方程组(3)的解.

另一方面，将式(3)代入方程组(1)，容易验证它满足方程组(1)，所以式(3)是方程组(1)的解.

综上所述，当方程组(1)的系数行列式 $D\neq 0$ 时，有且仅有唯一解为

$$
x_j=\frac{D_j}{D} \qquad (j=1, 2, \cdots, n).
$$

注意 用克莱姆法则解线性方程组要有两个前提条件：一是未知量个数等于方程的个数；二是系数行列式 $D\neq 0$.

说明 用克莱姆法则解 n 元线性方程组，需要计算 $n+1$ 个 n 阶行列式，计算量很大，实际使用中一般不用克莱姆法则求解线性方程组. 但是克莱姆法则在理论上相当重要，因为它告诉我们，当方程组(1)的系数行列式 $D\neq 0$ 时，方程组存在唯一解，这表明可以直接从原方程组的系数来讨论解的情况；又从式(3)可直接看到，方程组(1)的唯一解与它们系数、常数项的依赖关系；此外，克莱姆法则还可以用于一般线性方程组的讨论.

例 1 解线性方程组

$$
\begin{cases}
x_1+x_2+x_3=5,\\
2x_1+x_2-x_3+x_4=1,\\
x_1+2x_2-x_3+x_4=2,\\
x_2+2x_3+3x_4=3.
\end{cases}
$$

解 因为

$$
D=\begin{vmatrix}1&1&1&0\\2&1&-1&1\\1&2&-1&1\\0&1&2&3\end{vmatrix}=\begin{vmatrix}1&1&1&0\\0&-1&-3&1\\0&1&-2&1\\0&0&4&2\end{vmatrix}
$$

$$=2\begin{vmatrix}1&1&1&0\\0&-1&-3&1\\0&0&-5&2\\0&0&2&1\end{vmatrix}=2\begin{vmatrix}1&1\\0&-1\end{vmatrix}\begin{vmatrix}-5&2\\2&1\end{vmatrix}=18\neq0,$$

所以方程组有唯一解.又因为

$$D_1=\begin{vmatrix}5&1&1&0\\1&1&-1&1\\2&2&-1&1\\3&1&2&3\end{vmatrix}=18,\quad D_2=\begin{vmatrix}1&5&1&0\\2&1&-1&1\\1&2&-1&1\\0&3&2&3\end{vmatrix}=36,$$

$$D_3=\begin{vmatrix}1&1&5&0\\2&1&1&1\\1&2&2&1\\0&1&3&3\end{vmatrix}=36,\quad D_4=\begin{vmatrix}1&1&1&5\\2&1&-1&1\\1&2&-1&2\\0&1&2&3\end{vmatrix}=-18,$$

则 $$x_1=\frac{D_1}{D}=1,\quad x_2=\frac{D_2}{D}=2,\quad x_3=\frac{D_3}{D}=2,\quad x_4=\frac{D_4}{D}=-1.$$

二、齐次线性方程组有非零解的充要条件

如果线性方程组(1)的常数项均为零,即

$$\begin{cases}a_{11}x_1+a_{12}x_2+\cdots+a_{1n}x_n=0,\\a_{21}x_1+a_{22}x_2+\cdots+a_{2n}x_n=0,\\\qquad\vdots\\a_{n1}x_1+a_{n2}x_2+\cdots+a_{nn}x_n=0\end{cases}\tag{5}$$

称为**齐次线性方程组**.

定理 2 如果齐次线性方程组(5)的系数行列式 $D\neq0$,则它仅有零解.

证明 因为 $D\neq0$,根据克莱姆法则,方程组(5)有唯一解为

$$x_j=\frac{D_j}{D}\quad(j=1,\ 2,\ \cdots,\ n).$$

又由于行列式 $D_j(j=1,\ 2,\ \cdots,\ n)$中有一列的元素全为零,即 $D_j=0(j=1,\ 2,\ \cdots,\ n)$,所以齐次线性方程组(5)仅有零解,即

$$x_j=0\quad(j=1,\ 2,\ \cdots,\ n).$$

显然,齐次线性方程组(5)一定有零解 $x_j=0(j=1,\ 2,\ \cdots,\ n)$. 对于齐次线性

方程组除零解外是否还有非零解,可由以下定理判定.

定理3 如果齐次线性方程组(5)有非零解,则其系数行列式 $D=0$.

定理4 如果齐次线性方程组(5)的系数行列式 $D=0$,则方程组(5)有非零解.

于是得到**重要结论**:齐次线性方程组(5)有非零解的充要条件是其系数行列式 $D=0$.

例2 解齐次线性方程组

$$\begin{cases} x_1+3x_2+2x_3=0, \\ 2x_1-x_2+3x_3=0, \\ 3x_1+2x_2-x_3=0. \end{cases}$$

解 因为系数行列式 $D=\begin{vmatrix} 1 & 3 & 2 \\ 2 & -1 & 3 \\ 3 & 2 & -1 \end{vmatrix}=42\neq 0$,所以方程组只有零解,即 $x_1=x_2=x_3=0$.

例3 如果下列齐次线性方程组有非零解,k 应取何值?

$$\begin{cases} kx_1+x_4=0, \\ x_1+2x_2-x_4=0, \\ (k+2)x_1-x_2+4x_4=0, \\ 2x_1+x_2+3x_3+kx_4=0. \end{cases}$$

解
$$D=\begin{vmatrix} k & 0 & 0 & 1 \\ 1 & 2 & 0 & -1 \\ k+2 & -1 & 0 & 4 \\ 2 & 1 & 3 & k \end{vmatrix}=-3\begin{vmatrix} k & 0 & 1 \\ 1 & 2 & -1 \\ k+2 & -1 & 4 \end{vmatrix}$$
$$=-3\begin{vmatrix} k & 0 & 1 \\ 2k+5 & 0 & 7 \\ k+2 & -1 & 4 \end{vmatrix}=-3\begin{vmatrix} k & 1 \\ 2k+5 & 7 \end{vmatrix}$$
$$=-3(7k-2k-5)=15(1-k).$$

如果方程组有非零解,则 $D=0$,即 $k=1$.

例4 求过三点$(1,1)$,$(-1,9)$,$(2,3)$且对称轴平行于 y 轴的抛物线方程.

解 设所求抛物线方程为 $y=ax^2+bx+c$.

将三点坐标分别代入所设方程，得三元一次方程组

$$\begin{cases} a+b+c=1, \\ a-b+c=9, \\ 4a+2b+c=3. \end{cases}$$

解之，因 $D=\begin{vmatrix} 1 & 1 & 1 \\ 1 & -1 & 1 \\ 4 & 2 & 1 \end{vmatrix}=\begin{vmatrix} 1 & 1 & 1 \\ 0 & -2 & 0 \\ 0 & -2 & -3 \end{vmatrix}=6\neq 0$. 用克莱姆法则得

$$D_1=\begin{vmatrix} 1 & 1 & 1 \\ 9 & -1 & 1 \\ 3 & 2 & 1 \end{vmatrix}=\begin{vmatrix} 1 & 1 & 1 \\ 0 & -7 & -2 \\ 0 & -1 & -2 \end{vmatrix}=12,$$

$$D_2=\begin{vmatrix} 1 & 1 & 1 \\ 1 & 9 & 1 \\ 4 & 3 & 1 \end{vmatrix}=\begin{vmatrix} 1 & 1 & 1 \\ 0 & 8 & 0 \\ 0 & -1 & -3 \end{vmatrix}=-24,$$

$$D_3=\begin{vmatrix} 1 & 1 & 1 \\ 1 & -1 & 9 \\ 4 & 2 & 3 \end{vmatrix}=\begin{vmatrix} 1 & 1 & 1 \\ 0 & -2 & 8 \\ 0 & -2 & -1 \end{vmatrix}=18.$$

所以
$$a=\frac{D_1}{D}=2, \quad b=\frac{D_2}{D}=-4, \quad c=\frac{D_3}{D}=3.$$

所求抛物线方程为 $y=2x^2-4x+3$.

习　题　1.4

1. 解线性方程组.

(1) $\begin{cases} -2x_1+3x_2-x_3=1, \\ x_1+2x_2-x_3=4, \\ -2x_1-x_2+x_3=-3; \end{cases}$　　(2) $\begin{cases} x_1+ax_2+a^2x_3=1, \\ x_1+bx_2+b^2x_3=1, \\ x_1+cx_2+c^2x_3=1; \end{cases}$

(3) $\begin{cases} x_1+x_2+2x_3+3x_4=1, \\ 3x_1-x_2-x_3-2x_4=-4, \\ 2x_1+3x_2-x_3-x_4=-6, \\ x_1+2x_2+3x_3-x_4=-4. \end{cases}$

2. 下列方程组均有非零解，求 λ 的值.

(1) $\begin{cases}\lambda x_1+x_2+x_3=0,\\ x_1+\lambda x_2+x_3=0,\\ x_1+x_2+\lambda x_3=0;\end{cases}$ (2) $\begin{cases}(1-\lambda)x_1-2x_2+4x_3=0,\\ 2x_1+(3-\lambda)x_2+x_3=0,\\ x_1+x_2+(1-\lambda)x_3=0.\end{cases}$

自 测 题 一

1. 计算行列式.

(1) $\begin{vmatrix}1 & -2 & 5 & 0\\ -2 & 3 & -8 & -1\\ 3 & 1 & -2 & 4\\ 1 & 4 & 2 & -5\end{vmatrix}$； (2) $\begin{vmatrix}0 & a & b & a\\ a & 0 & a & b\\ b & a & 0 & a\\ a & b & a & 0\end{vmatrix}$；

(3) $\begin{vmatrix}3 & 4 & 5 & 6\\ 2 & 5 & 5 & 6\\ 2 & 4 & 6 & 6\\ 2 & 4 & 5 & 7\end{vmatrix}$； (4) $\begin{vmatrix}7 & 6 & 3 & 7\\ 3 & 5 & 7 & 2\\ 5 & 4 & 3 & 5\\ 5 & 6 & 5 & 4\end{vmatrix}$.

2. 已知函数 $f(x)=\begin{vmatrix}2x & 1 & 1\\ -x & -x & x\\ 1 & 2 & x\end{vmatrix}$，求 x^3 的系数.

3. 用克莱姆法则求解方程组.

(1) $\begin{cases}x+y+z=a+b+c,\\ ax+by+cz=a^2+b^2+c^2,\\ bcx+cay+abz=3abc;\end{cases}$ (2) $\begin{cases}x_1+x_2+x_3+x_4=5,\\ x_1+2x_2-x_3+x_4=-2,\\ 2x_1-3x_2-x_3-5x_4=-2,\\ 3x_1+x_2+2x_3+11x_4=0.\end{cases}$

4. 如果 $\begin{cases}3x_1+kx_2+x_3=0,\\ \qquad 4x_2+x_3=0,\\ kx_1-5x_2-x_3=0\end{cases}$ 有非零解，求 k 的值.

5. 如果 $\begin{cases}kx_1 \qquad +x_3=0,\\ 2x_1+kx_2+x_3=0,\\ kx_1-2x_2+x_3=0\end{cases}$ 只有零解，求 k 的值.

第二章 矩　　阵

在第一章可以看到，一个 n 元线性方程组的解是由其中的系数和常数项所确定. 对于方程的个数等于未知量的个数的线性方程组，当系数行列式 $D \neq 0$ 时，可利用行列式来解线性方程组. 对于方程个数不等于未知量个数的一般线性方程，或系数行列式 $D = 0$ 的线性方程组，只有行列式这个工具就不够了，为此要引进矩阵的概念.

矩阵在线性代数中既是重要的研究对象，又是重要的计算工具，它贯穿于线性代数的各个方面.

§2.1 矩阵的概念

为了进一步研究线性方程组的结构，我们把 n 元线性方程组

$$\begin{cases} a_{11}x_1 + a_{12}x_2 + \cdots + a_{1n}x_n = b_1, \\ a_{21}x_1 + a_{22}x_2 + \cdots + a_{2n}x_n = b_2, \\ \qquad\qquad\qquad\qquad\qquad\qquad \vdots \\ a_{m1}x_1 + a_{m2}x_2 + \cdots + a_{mn}x_n = b_m \end{cases}$$

的系数写成如下形式的一个 m 行 n 列的数表：

$$\begin{pmatrix} a_{11} & a_{12} & \cdots & a_{1n} \\ a_{21} & a_{22} & \cdots & a_{2n} \\ \vdots & \vdots & & \vdots \\ a_{m1} & a_{m2} & \cdots & a_{mn} \end{pmatrix}. \tag{1}$$

注意　数表两边是圆括号，与行列式的竖线不同，以后会看到，这是很方便的.

同样也可把方程组的右端的常数项写成如下的形式：

$$\begin{pmatrix} b_1 \\ b_2 \\ \vdots \\ b_m \end{pmatrix}, \tag{2}$$

这是一个 m 行一列的数表.

我们再看下表记录着某公司 1—3 月各项物品的库存量(单位:t).

品名 / 库存量 / 月份	#1	#2	#3	#4	#5
1	201	0	24	72	14
2	316	41	26	65	3
3	224	31	23	49	0

上表中库存量的数也写成如下形式:

$$\begin{pmatrix} 201 & 0 & 24 & 72 & 14 \\ 316 & 41 & 26 & 65 & 3 \\ 224 & 31 & 23 & 49 & 0 \end{pmatrix}. \tag{3}$$

显然,上面所举的三个数表,其中各个元素或数是不能互换位置的,因为每个位置具有不同的内涵. 我们抛开数表的具体含义,抽象成数学概念,称这种数表为矩阵.

一、矩阵的概念

定义 1 由 $m \times n$ 个数 a_{ij} $(i = 1, 2, \cdots, m;\ j = 1, 2, \cdots, n)$ 按一定的次序排成 m 行 n 列的数表:

$$\begin{pmatrix} a_{11} & a_{12} & \cdots & a_{1n} \\ a_{21} & a_{22} & \cdots & a_{2n} \\ \vdots & \vdots & & \vdots \\ a_{m1} & a_{m2} & \cdots & a_{mn} \end{pmatrix}$$

称为 ***m* 行 *n* 列矩阵**,或称为 **$m \times n$ 矩阵(简称矩阵)**. 其中 a_{ij} $(i = 1, 2, \cdots, m;\ j = 1, 2, \cdots, n)$ 称为矩阵的**元素**,第一个下标 i 表示元素所在的行,第二个下标 j 表示元素所在的列. 一般用大写字母 $\boldsymbol{A}, \boldsymbol{B}, \boldsymbol{C}, \cdots$ 表示矩阵. 为了标明矩阵行和列的个数,可把矩阵表示为 $\boldsymbol{A}_{m \times n}$, $\boldsymbol{B}_{m \times n}$, $\cdots$,或者 $(a_{ij})_{m \times n}$, $(b_{ij})_{m \times n}$, $\cdots$.

当 $m=n$ 时，则 $\boldsymbol{A}=(a_{ij})_{n\times n}$ 称为 n 阶**方阵**，并且，其从左上角到右下角那条对角线上的元素 $a_{11}, a_{22}, \cdots, a_{ii}, \cdots, a_{nn}$ 称为**主对角线元素**.

如果 $\boldsymbol{A}, \boldsymbol{B}$ 都是 $m\times n$ 矩阵或同是 n 阶方阵，则称 $\boldsymbol{A}$ 与 $\boldsymbol{B}$ 是**同型**的.

从外表上看，行列式似乎也是一个“数表”，可是按行列式的定义，它仅仅是将元素按一定规则相乘相加而为一个数，并不是数表. 行列式与矩阵是两个不同的概念，应严加区别.

当 $n=1$ 时，$\boldsymbol{A}=\begin{pmatrix} a_1 \\ a_2 \\ \vdots \\ a_m \end{pmatrix}$ 称为**列矩阵**，或称为**列矢量**（m **维列矢量**）；

当 $m=1$ 时，$\boldsymbol{A}=(a_1, a_2, \cdots, a_n)$ 称为**行矩阵**或称为**行矢量**（n **维行矢量**）.

它们中的元素 $a_i(i=1, 2, \cdots, n)$ 有时又称为**分量**. 后者就是空间解析几何中以坐标原点为起点的矢量(a_x, a_y, a_z)的推广.

二、几种特殊形式的矩阵

在一个矩阵中出现零元素，常常能简化对矩阵的处理和研究. 具有某些特定的零元素分布的矩阵是十分重要的，有必要给它们一些专门的名称.

1. 零矩阵

元素全为零，即 $a_{ij}=0\ (i=1, 2, \cdots, m;\ j=1, 2, \cdots, n)$ 的矩阵称为**零矩阵**，记作 $\boldsymbol{O}$.

2. 对角形矩阵

如果一个 n 阶方阵的非主对角线元素全部为零，即

$$a_{ij}=0, \quad i\neq j,$$

则称这个 n 阶方阵为**对角形矩阵**，简称**对角阵**，记为 $\boldsymbol{\Lambda}$. 对角阵一般表示为

$$\boldsymbol{\Lambda}=\begin{pmatrix} a_{11} & & & \\ & a_{22} & & \\ & & \ddots & \\ & & & a_{nn} \end{pmatrix},$$

简记为 $\boldsymbol{\Lambda}=\mathrm{diag}(a_{11}, a_{22}, \cdots, a_{nn})$. 例如，

$$\boldsymbol{\Lambda}=\begin{pmatrix}3&0&0\\0&-5&0\\0&0&2\end{pmatrix},\quad \text{记为}\quad \boldsymbol{\Lambda}=\operatorname{diag}(3,-5,2);$$

$$\boldsymbol{\Lambda}=\begin{pmatrix}a&0&0\\0&0&0\\0&0&b\end{pmatrix},\quad \text{记为}\quad \boldsymbol{\Lambda}=\operatorname{diag}(a,0,b).$$

注意 记号 diag(　　)是一对角方阵,切勿看做矢量.

3. 单位阵

对角形矩阵中最重要的一种是其主对角线元素都是 1 的**单位阵**,记为 $\boldsymbol{E}$(也有的书上记为 $\boldsymbol{I}$),即

$$\boldsymbol{E}=\begin{pmatrix}1&0&\cdots&0\\0&1&\cdots&0\\\vdots&\vdots&&\vdots\\0&0&\cdots&1\end{pmatrix}.$$

有时为了说明其阶数,把 n 阶单位阵记作 $\boldsymbol{E}_n$. 例如,

$$\boldsymbol{E}_2=\begin{pmatrix}1&0\\0&1\end{pmatrix},\quad \boldsymbol{E}_3=\begin{pmatrix}1&0&0\\0&1&0\\0&0&1\end{pmatrix},\quad \boldsymbol{E}_4=\begin{pmatrix}1&0&0&0\\0&1&0&0\\0&0&1&0\\0&0&0&1\end{pmatrix}$$

分别为二阶、三阶和四阶单位阵. 单位阵在矩阵运算中的作用相当于数 1 在数的运算中的作用.

4. 三角矩阵

在 n 阶方阵中,如果主对角阵左下方元素全为零,即

$$a_{ij}=0\quad(i>j,\ j=1,2,\cdots,n-1),$$

则称此方阵为**上三角形矩阵**,简称**上三角阵**,其一般形式为

$$\begin{pmatrix}a_{11}&a_{12}&\cdots&a_{1n}\\0&a_{22}&\cdots&a_{2n}\\\vdots&\vdots&&\vdots\\0&0&\cdots&a_{nn}\end{pmatrix},\quad \text{如}\quad \begin{pmatrix}2&5&1&0\\0&4&2&1\\0&0&0&3\\0&0&0&-1\end{pmatrix}.$$

若主对角线右上方元素全为零，即

$$a_{ij}=0\quad(j>i,\ i=1,\ 2,\ \cdots,\ n-1),$$

则称此矩阵为**下三角形矩阵**，简称**下三角阵**，其一般形式为

$$\begin{pmatrix} a_{11} & 0 & \cdots & 0 \\ a_{21} & a_{22} & \cdots & 0 \\ \vdots & \vdots & & \vdots \\ a_{n1} & a_{n2} & \cdots & a_{nn} \end{pmatrix},\quad \text{如}\quad \begin{pmatrix} 5 & 0 & 0 & 0 \\ 3 & 7 & 0 & 0 \\ -1 & 0 & 2 & 0 \\ 4 & 6 & -5 & 8 \end{pmatrix}.$$

上三角阵和下三角阵统称为**三角阵**.

5. 阶梯形矩阵

如果在 m 行 n 列矩阵中，其左下方的元素全为零，则称此矩阵为 m 行 n 列上阶梯形矩阵，简称**上阶梯形阵**. 其一般形式为

$$\begin{pmatrix} a_{11} & a_{12} & \cdots & a_{1m} & \cdots & a_{1n} \\ & a_{22} & \cdots & a_{2m} & \cdots & a_{2n} \\ & & \ddots & \vdots & & \vdots \\ & & & a_{mm} & \cdots & a_{mn} \end{pmatrix},\quad \begin{pmatrix} a_{11} & a_{12} & \cdots & a_{1j} & \cdots & a_{1n} \\ 0 & a_{22} & \cdots & a_{2j} & \cdots & a_{2n} \\ \vdots & \vdots & & \vdots & & \vdots \\ 0 & 0 & \cdots & a_{rj} & \cdots & a_{rn} \\ 0 & 0 & \cdots & 0 & \cdots & 0 \\ \vdots & \vdots & & \vdots & & \vdots \\ 0 & 0 & \cdots & 0 & \cdots & 0 \end{pmatrix}.$$

上阶梯形阵中的非零元素在矩阵的上方形成一个梯形.

上阶梯形矩阵基本上都具有下列特点.

(1) 每个“阶梯”上仅有一行；

(2) 它的任一行从第一个元素起到该行的第一个非零元素的左下方的每个元素都为零；

(3) 如果某行的元素全为零，则该行以下每行的元素也全为零.

例如，$\boldsymbol{A}=\begin{pmatrix} 1 & -2 & -1 & 3 & 2 \\ 0 & 3 & 5 & 7 & 6 \\ 0 & 0 & 4 & 2 & 1 \\ 0 & 0 & 0 & 5 & 3 \end{pmatrix}$，$\boldsymbol{B}=\begin{pmatrix} 2 & 3 & 4 & 2 & 5 \\ 0 & 7 & 6 & 5 & 2 \\ 0 & 0 & 0 & 4 & 3 \\ 0 & 0 & 0 & 0 & 0 \end{pmatrix}$ 均为上阶梯形矩阵.

显然,上三角阵是阶梯形矩阵的特殊情形.

注意 阶梯形矩阵中特别有

$$\begin{pmatrix} 1 & 0 & 0 & \cdots & 0 & a_{1r+1} & \cdots & a_{1n} \\ 0 & 1 & 0 & \cdots & 0 & a_{2r+1} & \cdots & a_{2n} \\ & & \ddots & & & \vdots & & \vdots \\ 0 & 0 & 0 & \cdots & 1 & a_{rr+1} & \cdots & a_{rn} \\ 0 & 0 & 0 & \cdots & 0 & \cdots & 0 & 0 \\ 0 & \cdots & 0 & & 0 & \cdots & \cdots & \cdots \\ 0 & 0 & 0 & \cdots & 0 & \cdots & 0 & 0 \end{pmatrix}$$

称为**最简行阶梯形矩阵**.

最简阶梯形矩阵的特点除了是上阶梯形矩阵的特点外,还有一个特点是:每个非零行上至少有一个元素为1,并且这个1所在列的其他元素均为零.例如,

$$\boldsymbol{A} = \begin{pmatrix} 1 & 0 & 3 & 0 & 7 \\ 0 & 1 & 4 & 0 & 5 \\ 0 & 0 & 0 & 1 & 2 \\ 0 & 0 & 0 & 0 & 0 \end{pmatrix}, \quad \boldsymbol{B} = \begin{pmatrix} 1 & 0 & 5 & 0 & 4 \\ 0 & 1 & 2 & 0 & 1 \\ 0 & 0 & 3 & 1 & 5 \\ 0 & 0 & 0 & 0 & 0 \end{pmatrix}$$

均为最简阶梯形矩阵.

三、负矩阵

定义 2 若

$$\boldsymbol{A} = \begin{pmatrix} a_{11} & a_{12} & \cdots & a_{1n} \\ a_{21} & a_{22} & \cdots & a_{2n} \\ \vdots & \vdots & & \vdots \\ a_{m1} & a_{m2} & \cdots & a_{mn} \end{pmatrix},$$

则称矩阵

$$\begin{pmatrix} -a_{11} & -a_{12} & \cdots & -a_{1n} \\ -a_{21} & -a_{22} & \cdots & -a_{2n} \\ \vdots & \vdots & & \vdots \\ -a_{m1} & -a_{m2} & \cdots & -a_{mn} \end{pmatrix}$$

为 $\boldsymbol{A}$ 的**负矩阵**,记为 $-\boldsymbol{A}$,即 $-\boldsymbol{A} = (-a_{ij})_{m\times n}$.

注意 $\boldsymbol{A}$ 的每一个元素均变号才得到 $-\boldsymbol{A}$.

四、矩阵相等

定义 3 若两个同型矩阵 $\boldsymbol{A}=(a_{ij})_{m\times n}$，$\boldsymbol{B}=(b_{ij})_{m\times n}$ 的对应位置上的元素相等，即

$$a_{ij}=b_{ij}\quad(i=1,\ 2,\ \cdots,\ m;\ j=1,\ 2,\ \cdots,\ n),$$

则称矩阵 $\boldsymbol{A}$ 与矩阵 $\boldsymbol{B}$ **相等**，记为 $\boldsymbol{A}=\boldsymbol{B}$.

注意 只有两个行数、列数均相等的同型矩阵，才有可能相等.

例 1 求 a，b，c 使得

$$\begin{pmatrix} a & 2 & 5b \\ 1 & b-c & 3 \end{pmatrix}=\begin{pmatrix} 3 & 2 & -5 \\ 1 & 0 & 3 \end{pmatrix}.$$

解 由两个矩阵相等的定义，有

$$a=3,\quad 5b=-5,\quad b-c=0.$$

得 $a=3$，$b=-1$，$c=-1$.

五、矩阵的转置

定义 4 若把 m 行 n 列矩阵

$$\boldsymbol{A}=\begin{pmatrix} a_{11} & a_{12} & \cdots & a_{1n} \\ a_{21} & a_{22} & \cdots & a_{2n} \\ \vdots & \vdots & & \vdots \\ a_{m1} & a_{m2} & \cdots & a_{mn} \end{pmatrix}$$

的行依次变为列，便得到 n 行 m 列矩阵

$$\boldsymbol{A}^{\mathrm{T}}=\begin{pmatrix} a_{11} & a_{21} & \cdots & a_{m1} \\ a_{12} & a_{22} & \cdots & a_{m2} \\ \vdots & \vdots & & \vdots \\ a_{1n} & a_{2n} & \cdots & a_{mn} \end{pmatrix},$$

则称 $\boldsymbol{A}^{\mathrm{T}}$ 为 $\boldsymbol{A}$ 的**转置矩阵**.

注意 在一般情况下 $\boldsymbol{A}\neq\boldsymbol{A}^{\mathrm{T}}$. 例如，

$$\boldsymbol{A}=\begin{pmatrix} 3 & 5 \\ 2 & -4 \\ -1 & 0 \end{pmatrix},\quad \boldsymbol{A}^{\mathrm{T}}=\begin{pmatrix} 3 & 2 & -1 \\ 5 & -4 & 0 \end{pmatrix}.$$

显然，$(\boldsymbol{A}^{\mathrm{T}})^{\mathrm{T}}=\boldsymbol{A}$.

六、对称矩阵

定义 5 如果方阵 $\boldsymbol{A}$ 与其转置矩阵相等,即 $\boldsymbol{A}=\boldsymbol{A}^{\mathrm{T}}$,则称 $\boldsymbol{A}$ 为**对称矩阵**. 这种矩阵的元素具有以下特点:

$$a_{ij}=a_{ji}\quad(i,\ j=1,\ 2,\ \cdots,\ n),$$

即对称矩阵的元素关于主对角线是对称的.

注意 对称矩阵的行数与列数必须相等,即对称矩阵必须是方阵. 例如,矩阵

$$\boldsymbol{A}=\begin{pmatrix}2&-5&6&7\\-5&3&4&1\\6&4&0&8\\7&1&8&-1\end{pmatrix}$$

为四阶对称矩阵.

例 2 举例说明方阵 $\boldsymbol{A}$, $\boldsymbol{B}$ 是同阶对称矩阵,但 $\boldsymbol{AB}$ 不是对称矩阵.

解 设 $\boldsymbol{A}=\begin{pmatrix}1&3\\3&2\end{pmatrix}$, $\boldsymbol{B}=\begin{pmatrix}1&2\\2&3\end{pmatrix}$, 显然 $\boldsymbol{A}$, $\boldsymbol{B}$ 都是对称矩阵,但 $\boldsymbol{AB}=\begin{pmatrix}7&11\\7&12\end{pmatrix}$ 不是对称矩阵.

可以证明,若方阵 $\boldsymbol{A}$ 与 $\boldsymbol{B}$ 是同阶对称矩阵,k 是一个实数,则 $\boldsymbol{A}+\boldsymbol{B}$, $\boldsymbol{A}-\boldsymbol{B}$, $k\boldsymbol{A}$ 仍是对称矩阵.

七、非奇异矩阵

1. 矩阵行列式

矩阵和行列式是两种不同的概念,但是当给定了一个 n 阶方阵 $\boldsymbol{A}$ 时,可以按 $\boldsymbol{A}$ 的元素的原有位置作出一个 n 阶行列式,记为 $|\boldsymbol{A}|$ 或 $\det\boldsymbol{A}$,称 $|\boldsymbol{A}|$ 为**方阵 A 的行列式**. 即设 $\boldsymbol{A}$ 为 n 阶方阵

$$\boldsymbol{A}=\begin{pmatrix}a_{11}&a_{12}&\cdots&a_{1n}\\a_{21}&a_{22}&\cdots&a_{2n}\\\vdots&\vdots&&\vdots\\a_{n1}&a_{n2}&\cdots&a_{nn}\end{pmatrix},$$

称 n 阶行列式

$$|\boldsymbol{A}|=\begin{vmatrix}a_{11}&a_{12}&\cdots&a_{1n}\\a_{21}&a_{22}&\cdots&a_{2n}\\\vdots&\vdots&&\vdots\\a_{n1}&a_{n2}&\cdots&a_{nn}\end{vmatrix}$$

为方阵 $\boldsymbol{A}$ 的行列式.

例如，$\boldsymbol{A}=\begin{pmatrix}1&4\\3&2\end{pmatrix}$ 对应的行列式为 $|\boldsymbol{A}|=\begin{vmatrix}1&4\\3&2\end{vmatrix}=-10$，

$$|\boldsymbol{E}_n|=\begin{vmatrix}1&0&\cdots&0\\0&1&\cdots&0\\\vdots&\vdots&&\vdots\\0&0&\cdots&1\end{vmatrix}=1.$$

当 $\boldsymbol{A}$ 为 n 阶方阵时，则有 $|\boldsymbol{A}^{\mathrm{T}}|=|\boldsymbol{A}|$.

2. 非奇异矩阵

定义 6 设方阵 $\boldsymbol{A}$，当 $|\boldsymbol{A}|\neq 0$ 时，称 $\boldsymbol{A}$ 为**非奇异矩阵**(也称为非退化矩阵或满秩矩阵)；当 $|\boldsymbol{A}|=0$ 时，称 $\boldsymbol{A}$ 为**奇异矩阵**(也称为退化矩阵或降秩矩阵).

例如，单位阵 $\boldsymbol{E}_n$ 是非奇异的，因为 $|\boldsymbol{E}_n|=1$，而矩阵

$$\boldsymbol{A}=\begin{pmatrix}2&&&\\&3&&\\&&0&\\&&&7\end{pmatrix}$$

是奇异的，因为 $|\boldsymbol{A}|=0$.

注意 要比较矩阵的数量乘法与行列式数量乘法的区别.

习　题　2.1

1. 求 a, b, c, d，使得

$$\begin{pmatrix}3&2c+d\\a-b&4\end{pmatrix}=\begin{pmatrix}a+b&5\\1&c-d\end{pmatrix}.$$

2. 写出转置矩阵.

(1) $\boldsymbol{A}=\begin{pmatrix}4&0&1\\1&3&0\\5&7&6\end{pmatrix}$；　　(2) $\boldsymbol{B}=\begin{pmatrix}1&7&8&2\\6&9&4&5\\7&7&5&3\end{pmatrix}$；

(3) $\boldsymbol{\alpha}=(2, 0, -1, 8)$；　　(4) $\boldsymbol{\beta}=\begin{pmatrix}8\\2\\-3\\4\end{pmatrix}$.

3. 判断矩阵是否为对称矩阵.

(1) $\boldsymbol{A}=\begin{pmatrix} a & d & e \\ d & b & f \\ e & f & c \end{pmatrix}$；　(2) $\boldsymbol{B}=\begin{pmatrix} 1 & 3 & 4 & 5 \\ 2 & 1 & 5 & 3 \\ 3 & 3 & 7 & 3 \end{pmatrix}$.

4. 判断矩阵是否为非奇异矩阵.

(1) $\boldsymbol{A}=\begin{pmatrix} 0 & 1 & 2 \\ 3 & 0 & 3 \\ 2 & 1 & 0 \end{pmatrix}$；　(2) $\boldsymbol{B}=\begin{pmatrix} 1 & 1 & 1 & 1 \\ 1 & -1 & 1 & -1 \\ 1 & 1 & 1 & 1 \\ 2 & 3 & 4 & 3 \end{pmatrix}$；　(3) $\boldsymbol{C}=\begin{pmatrix} 1 & 2 & 3 & 5 \\ 3 & 5 & 2 & 1 \\ 4 & 7 & 6 & 8 \end{pmatrix}$.

§2.2 矩阵的运算

引例　设某企业有两个仓库，它们的库存量分别用矩阵 $\boldsymbol{A}$, $\boldsymbol{B}$ 表示为

$$\boldsymbol{A}=\begin{pmatrix} 201 & 0 & 24 & 72 & 14 \\ 316 & 41 & 26 & 65 & 3 \\ 224 & 31 & 23 & 49 & 0 \end{pmatrix},\quad \boldsymbol{B}=\begin{pmatrix} 123 & 20 & 9 & 62 & 2 \\ 100 & 28 & 17 & 55 & 8 \\ 205 & 26 & 21 & 39 & 4 \end{pmatrix}.$$

求该单位的总库存量表.

该企业的总库存量显然就是两个仓库库存量之和，其总库存量表为 $\boldsymbol{C}$，则

$$\boldsymbol{C}=\begin{pmatrix} 201+123 & 0+20 & 24+9 & 72+62 & 14+2 \\ 316+100 & 41+28 & 26+17 & 65+55 & 3+8 \\ 224+205 & 31+26 & 23+21 & 49+39 & 0+4 \end{pmatrix}$$

$$=\begin{pmatrix} 324 & 20 & 33 & 134 & 16 \\ 416 & 69 & 43 & 120 & 11 \\ 429 & 57 & 44 & 88 & 4 \end{pmatrix}.$$

一、矩阵的加法

定义 1　设 $\boldsymbol{A}$, $\boldsymbol{B}$ 均为 m 行 n 列的同型矩阵

$$\boldsymbol{A}=\begin{pmatrix} a_{11} & a_{12} & \cdots & a_{1n} \\ a_{21} & a_{22} & \cdots & a_{2n} \\ \vdots & \vdots & & \vdots \\ a_{m1} & a_{m2} & \cdots & a_{mn} \end{pmatrix},\quad \boldsymbol{B}=\begin{pmatrix} b_{11} & b_{12} & \cdots & b_{1n} \\ b_{21} & b_{22} & \cdots & b_{2n} \\ \vdots & \vdots & & \vdots \\ b_{m1} & b_{m2} & \cdots & b_{mn} \end{pmatrix},$$

则以 $m\times n$ 个元素 $a_{ij}+b_{ij}(i=1, 2, \cdots, m;\ j=1, 2, \cdots, n)$ 所构成的矩阵称为

$\boldsymbol{A}$ 与 $\boldsymbol{B}$ 之和,记为 $\boldsymbol{A}+\boldsymbol{B}$, 即

$$\boldsymbol{A}+\boldsymbol{B}=\begin{pmatrix} a_{11}+b_{11} & a_{12}+b_{12} & \cdots & a_{1n}+b_{1n} \\ a_{21}+b_{21} & a_{22}+b_{22} & \cdots & a_{2n}+b_{2n} \\ \vdots & \vdots & & \vdots \\ a_{m1}+b_{m1} & a_{m2}+b_{m2} & \cdots & a_{mn}+b_{mn} \end{pmatrix}.$$

注意 只有当 $\boldsymbol{A}$ 与 $\boldsymbol{B}$ 的行数和列数对应相等时才能相加,否则不能相加. 特别有

$$\begin{pmatrix} a_1 & & & \\ & a_2 & & \\ & & \ddots & \\ & & & a_n \end{pmatrix}+\begin{pmatrix} b_1 & & & \\ & b_2 & & \\ & & \ddots & \\ & & & b_n \end{pmatrix}=\begin{pmatrix} a_1+b_1 & & & \\ & a_2+b_2 & & \\ & & \ddots & \\ & & & a_n+b_n \end{pmatrix}.$$

例 1 设有两种物质由 3 个产地运往 4 个销地的调运方案分别如表 1 和表 2 所示.

表 1 **物资一的调运方案** 单位:t

产地	销地			
	A_1	A_2	A_3	A_4
B_1	3	7	5	2
B_2	0	2	1	4
B_3	1	3	0	6

表 2 **物资二的调运方案** 单位:t

产地	销地			
	A_1	A_2	A_3	A_4
B_1	1	0	1	2
B_2	3	2	4	3
B_3	0	1	5	2

用矩阵 $\boldsymbol{A}$ 表示物资一的调运方案为

$$\boldsymbol{A}=\begin{pmatrix} 3 & 7 & 5 & 2 \\ 0 & 2 & 1 & 4 \\ 1 & 3 & 0 & 6 \end{pmatrix}.$$

用矩阵 $\boldsymbol{B}$ 表示物资二的调运方案为

$$\boldsymbol{B}=\begin{pmatrix}1&0&1&2\\3&2&4&3\\0&1&5&2\end{pmatrix}.$$

则从各产地运往各销地两种物资的总运量的信息矩阵表示为

$$\boldsymbol{A}+\boldsymbol{B}=\begin{pmatrix}3+1&7+0&5+1&2+2\\0+3&2+2&1+4&4+3\\1+0&3+1&0+5&6+2\end{pmatrix}=\begin{pmatrix}4&7&6&4\\3&4&5&7\\1&4&5&8\end{pmatrix}.$$

根据定义 1,可以得到如下结论:

(1) 对任一矩阵 $\boldsymbol{A}$ 与同型零矩阵 $\boldsymbol{O}$,有

$$\boldsymbol{A}+\boldsymbol{O}=\boldsymbol{O}+\boldsymbol{A}=\boldsymbol{A}.$$

例如,$\begin{pmatrix}4&5&7\\2&3&6\end{pmatrix}+\begin{pmatrix}0&0&0\\0&0&0\end{pmatrix}=\begin{pmatrix}4&5&7\\2&3&6\end{pmatrix}=\begin{pmatrix}0&0&0\\0&0&0\end{pmatrix}+\begin{pmatrix}4&5&7\\2&3&6\end{pmatrix}$.

由此可见,零矩阵在矩阵加法中的作用相当于数字零在数的加法中的作用.

(2) $\boldsymbol{A}+(-\boldsymbol{A})=(-\boldsymbol{A})+\boldsymbol{A}=\boldsymbol{O}$.

例 2 求 a, b, c, d,使得

$$\begin{pmatrix}3a&b\\c&d\end{pmatrix}=\begin{pmatrix}a&6\\-1&2d\end{pmatrix}+\begin{pmatrix}4&a+2b\\3c+d&3\end{pmatrix}.$$

解 根据定义 1,有

$$\begin{pmatrix}3a&b\\c&d\end{pmatrix}=\begin{pmatrix}a+4&6+a+2b\\-1+3c+d&2d+3\end{pmatrix}.$$

由矩阵相等的定义,有

$$\begin{cases}a+4=3a,\\a+2b+6=b,\\3c+d-1=c,\\2d+3=d.\end{cases}$$

解此方程组得 $a=2$, $b=-8$, $c=2$, $d=-3$.

一般,两个同阶对角阵之和仍为对角阵;两个同阶上(下)三角阵之和仍为上(下)三角阵.

容易验证,若 $\boldsymbol{A}$, $\boldsymbol{B}$, $\boldsymbol{C}$ 为同型矩阵,则

(1) $\boldsymbol{A}+\boldsymbol{B}=\boldsymbol{B}+\boldsymbol{A}$;

(2) $(\boldsymbol{A}+\boldsymbol{B})+\boldsymbol{C}=\boldsymbol{A}+(\boldsymbol{B}+\boldsymbol{C})$.

定义 2 设 $\boldsymbol{A}$, $\boldsymbol{B}$ 为 m 行 n 列的同型矩阵,则称 $\boldsymbol{A}$ 与 $\boldsymbol{B}$ 的负矩阵之和 $\boldsymbol{A}+(-\boldsymbol{B})$ 为 $\boldsymbol{A}$, $\boldsymbol{B}$ 之差,记为 $\boldsymbol{A}-\boldsymbol{B}$, 即

$$\begin{aligned}\boldsymbol{A}-\boldsymbol{B}&=\boldsymbol{A}+(-\boldsymbol{B})\\&=\begin{pmatrix}a_{11}&a_{12}&\cdots&a_{1n}\\a_{21}&a_{22}&\cdots&a_{2n}\\\vdots&\vdots&&\vdots\\a_{m1}&a_{m2}&\cdots&a_{mn}\end{pmatrix}+\begin{pmatrix}-b_{11}&-b_{12}&\cdots&-b_{1n}\\-b_{21}&-b_{22}&\cdots&-b_{2n}\\\vdots&\vdots&&\vdots\\-b_{m1}&-b_{m2}&\cdots&-b_{mn}\end{pmatrix}\\&=\begin{pmatrix}a_{11}-b_{11}&a_{12}-b_{12}&\cdots&a_{1n}-b_{1n}\\a_{21}-b_{21}&a_{22}-b_{22}&\cdots&a_{2n}-b_{2n}\\\vdots&\vdots&&\vdots\\a_{m1}-b_{m1}&a_{m2}-b_{m2}&\cdots&a_{mn}-b_{mn}\end{pmatrix}.\end{aligned}$$

二、数与矩阵相乘

定义 3 设 $\boldsymbol{A}$ 为 m 行 n 列矩阵

$$\boldsymbol{A}=\begin{pmatrix}a_{11}&a_{12}&\cdots&a_{1n}\\a_{21}&a_{22}&\cdots&a_{2n}\\\vdots&\vdots&&\vdots\\a_{m1}&a_{m2}&\cdots&a_{mn}\end{pmatrix},$$

当 k 为任意实数,则称矩阵

$$\begin{pmatrix}ka_{11}&ka_{12}&\cdots&ka_{1n}\\ka_{21}&ka_{22}&\cdots&ka_{2n}\\\vdots&\vdots&&\vdots\\ka_{m1}&ka_{m2}&\cdots&ka_{mn}\end{pmatrix}$$

为数与矩阵 $\boldsymbol{A}$ 的**数量乘积**,记为 $k\boldsymbol{A}$,即

$$k\boldsymbol{A}=(ka_{ij})_{m\times n}.$$

例如,

$$(-3)\begin{pmatrix}-3&2&1\\4&7&5\end{pmatrix}=\begin{pmatrix}-3\times(-3)&-3\times2&-3\times1\\-3\times4&-3\times7&-3\times5\end{pmatrix}$$

$$=\begin{pmatrix}9 & -6 & -3\\ -12 & -21 & -15\end{pmatrix}.$$

特别有

$$k\begin{pmatrix}a_1 & & & \\ & a_2 & & \\ & & \ddots & \\ & & & a_n\end{pmatrix}=\begin{pmatrix}ka_1 & & & \\ & ka_2 & & \\ & & \ddots & \\ & & & ka_n\end{pmatrix}.$$

根据定义 3 可得下列结论：

(1) $1\cdot\boldsymbol{A}=\boldsymbol{A}$;

(2) $(-1)\boldsymbol{A}=-\boldsymbol{A}$;

(3) $0\cdot\boldsymbol{A}=\boldsymbol{O}$, 其中左端的“0”为数字零，右端的 $\boldsymbol{O}$ 为零矩阵；

(4) $k\cdot\boldsymbol{O}=\boldsymbol{O}$, 其中 $\boldsymbol{O}$ 为零矩阵；

(5) 若 $k\cdot\boldsymbol{A}\neq\boldsymbol{O}$,则 $k\neq 0$ 且 $\boldsymbol{A}\neq\boldsymbol{O}$;

(6) 若 $k\boldsymbol{A}=\boldsymbol{O}$,则 $k=0$ 或 $\boldsymbol{A}=\boldsymbol{O}$;

(7) 若 $\boldsymbol{A}$ 为 n 阶方阵，则 $|k\boldsymbol{A}|=k^n|\boldsymbol{A}|$（$k$ 为任意常数）.

证明(7) 因为

$$|k\boldsymbol{A}|=\begin{vmatrix}ka_{11} & ka_{12} & \cdots & ka_{1n}\\ ka_{21} & ka_{22} & \cdots & ka_{2n}\\ \vdots & \vdots & & \vdots\\ ka_{n1} & ka_{n2} & \cdots & ka_{nn}\end{vmatrix}=k^n|\boldsymbol{A}|.$$

例 3 $\boldsymbol{A}=\begin{pmatrix}1 & 3\\ 5 & 4\\ 6 & 2\end{pmatrix}$, $\boldsymbol{B}=\begin{pmatrix}-7 & 4\\ 0 & 3\\ 5 & -4\end{pmatrix}$,求 $\boldsymbol{A}-2\boldsymbol{B}$.

解
$$\boldsymbol{A}-2\boldsymbol{B}=\begin{pmatrix}1 & 3\\ 5 & 4\\ 6 & 2\end{pmatrix}-2\begin{pmatrix}-7 & 4\\ 0 & 3\\ 5 & -4\end{pmatrix}$$
$$=\begin{pmatrix}1 & 3\\ 5 & 4\\ 6 & 2\end{pmatrix}-\begin{pmatrix}-14 & 8\\ 0 & 6\\ 10 & -8\end{pmatrix}=\begin{pmatrix}15 & -5\\ 5 & -2\\ -4 & 10\end{pmatrix}.$$

例 4 设 $\boldsymbol{A}=\begin{pmatrix}-2 & 1 & 3\\ 4 & 5 & 0\\ 3 & 2 & 7\end{pmatrix}$，$\boldsymbol{B}=\begin{pmatrix}1 & 4 & 5\\ -6 & -2 & 7\\ 0 & 4 & 3\end{pmatrix}$，若 $3\boldsymbol{A}+\boldsymbol{X}=\boldsymbol{B}$，求矩阵 $\boldsymbol{X}$.

解 **方法 1** 由 $3\boldsymbol{A}+\boldsymbol{X}=\boldsymbol{B}$，有 $\boldsymbol{X}=\boldsymbol{B}-3\boldsymbol{A}$，即

$$\boldsymbol{X}=\boldsymbol{B}-3\boldsymbol{A}=\begin{pmatrix}1 & 4 & 5\\ -6 & -2 & 7\\ 0 & 4 & 3\end{pmatrix}-3\begin{pmatrix}-2 & 1 & 3\\ 4 & 5 & 0\\ 3 & 2 & 7\end{pmatrix}$$

$$=\begin{pmatrix}1 & 4 & 5\\ -6 & -2 & 7\\ 0 & 4 & 3\end{pmatrix}-\begin{pmatrix}-6 & 3 & 9\\ 12 & 15 & 0\\ 9 & 6 & 21\end{pmatrix}$$

$$=\begin{pmatrix}7 & 1 & -4\\ -18 & -17 & 7\\ -9 & -2 & -18\end{pmatrix}.$$

方法 2 因 $\boldsymbol{A}$，$\boldsymbol{B}$ 均为三阶方阵，所以 $\boldsymbol{X}$ 也一定是三阶方阵，故设

$$\boldsymbol{X}=\begin{pmatrix}x_{11} & x_{12} & x_{13}\\ x_{21} & x_{22} & x_{23}\\ x_{31} & x_{32} & x_{33}\end{pmatrix},$$

其中 $x_{ij}(i=1, 2, 3; j=1, 2, 3)$ 待定.

于是

$$3\boldsymbol{A}+\boldsymbol{X}=\begin{pmatrix}-6 & 3 & 9\\ 12 & 15 & 0\\ 9 & 6 & 21\end{pmatrix}+\begin{pmatrix}x_{11} & x_{12} & x_{13}\\ x_{21} & x_{22} & x_{23}\\ x_{31} & x_{32} & x_{33}\end{pmatrix}$$

$$=\begin{pmatrix}-6+x_{11} & 3+x_{12} & 9+x_{13}\\ 12+x_{21} & 15+x_{22} & 0+x_{23}\\ 9+x_{31} & 6+x_{32} & 21+x_{33}\end{pmatrix}=\begin{pmatrix}1 & 4 & 5\\ -6 & -2 & 7\\ 0 & 4 & 3\end{pmatrix}.$$

利用两矩阵相等，其对应元素相等的规则，得

$$-6+x_{11}=1,\quad 3+x_{12}=4,\quad 9+x_{13}=5,$$
$$12+x_{21}=-6,\quad 15+x_{22}=-2,\quad 0+x_{23}=7,$$
$$9+x_{31}=0,\quad 6+x_{32}=4,\quad 21+x_{33}=3.$$

解得　$x_{11}=7$，　$x_{12}=1$，　$x_{13}=-4$，

$x_{21}=-18$，　$x_{22}=-17$，　$x_{23}=7$，

$x_{31}=-9$，　$x_{32}=-2$，　$x_{33}=-18$.

故所求矩阵为

$$\boldsymbol{X}=\begin{pmatrix}7 & 1 & -4\\ -18 & -17 & 7\\ -9 & -2 & -18\end{pmatrix}.$$

虽然方法 2 比方法 1 烦琐，但这种解题的思想方法还是重要的.

数与矩阵的乘法满足以下运算规律：

设 $\boldsymbol{A}$，$\boldsymbol{B}$ 都是同型矩阵，λ，μ 都是数，有

(1) $\lambda(\boldsymbol{A}+\boldsymbol{B})=\lambda\boldsymbol{A}+\lambda\boldsymbol{B}$；

(2) $(\lambda+\mu)\boldsymbol{A}=\lambda\boldsymbol{A}+\mu\boldsymbol{A}$；

(3) $(\lambda\mu)\boldsymbol{A}=\lambda(\mu\boldsymbol{A})$.

三、矩阵与矩阵的乘法

定义 4　设 $\boldsymbol{A}$ 为 m 行 s 列矩阵，$\boldsymbol{B}$ 为 s 行 n 列矩阵.

$$\boldsymbol{A}=\begin{pmatrix}a_{11} & a_{12} & \cdots & a_{1s}\\ a_{21} & a_{22} & \cdots & a_{2s}\\ \vdots & \vdots & & \vdots\\ a_{m1} & a_{m2} & \cdots & a_{ms}\end{pmatrix},\quad \boldsymbol{B}=\begin{pmatrix}b_{11} & b_{12} & \cdots & b_{1n}\\ b_{21} & b_{22} & \cdots & b_{2n}\\ \vdots & \vdots & & \vdots\\ b_{s1} & b_{s2} & \cdots & b_{sn}\end{pmatrix}.$$

我们把

$$\boldsymbol{C}=\begin{pmatrix}c_{11} & c_{12} & \cdots & c_{1n}\\ c_{21} & c_{22} & \cdots & c_{2n}\\ \vdots & \vdots & & \vdots\\ c_{m1} & c_{m2} & \cdots & c_{mn}\end{pmatrix}$$

称为 $\boldsymbol{A}$ 与 $\boldsymbol{B}$ 的积，记为 $\boldsymbol{AB}$，即 $\boldsymbol{C}=\boldsymbol{AB}$，其中

$$\begin{aligned}c_{ij}&=a_{i1}b_{1j}+a_{i2}b_{2j}+\cdots+a_{is}b_{sj}\\&=\sum_{k=1}^{s}a_{ik}b_{kj}\quad(i=1,2,\cdots,m;\ j=1,2,\cdots,n).\end{aligned}$$

即

$$\begin{pmatrix} a_{11} & a_{12} & \cdots & a_{1s} \\ a_{21} & a_{22} & \cdots & a_{2s} \\ \vdots & \vdots & & \vdots \\ a_{i1} & a_{i2} & \cdots & a_{is} \\ \vdots & \vdots & & \vdots \\ a_{m1} & a_{m2} & \cdots & a_{ms} \end{pmatrix} \begin{pmatrix} b_{11} & b_{12} & \cdots & b_{1j} & \cdots & b_{1n} \\ b_{21} & b_{22} & \cdots & b_{2j} & \cdots & b_{2n} \\ \vdots & \vdots & & \vdots & & \vdots \\ b_{s1} & b_{s2} & \cdots & b_{sj} & \cdots & b_{sn} \end{pmatrix}$$

$$= \begin{pmatrix} c_{11} & c_{12} & \cdots & c_{1j} & \cdots & c_{1n} \\ c_{21} & c_{22} & \cdots & c_{2j} & \cdots & c_{2n} \\ \vdots & \vdots & & \vdots & & \vdots \\ c_{i1} & c_{i2} & \cdots & c_{ij} & \cdots & c_{in} \\ \vdots & \vdots & & \vdots & & \vdots \\ c_{m1} & c_{m2} & \cdots & c_{mj} & \cdots & c_{mn} \end{pmatrix}.$$

按定义我们得到乘法规则如下：

(1) 左矩阵 $\boldsymbol{A}$ 的列数必须等于右矩阵 $\boldsymbol{B}$ 的行数，此时 $\boldsymbol{A}$ 与 $\boldsymbol{B}$ 才能相乘，否则不能相乘；

(2) 乘积矩阵 $\boldsymbol{C}$ 的 c_{ij} 元素等于左矩阵 $\boldsymbol{A}$ 的第 i 行与右矩阵 $\boldsymbol{B}$ 的第 j 列对应元素乘积之和；

(3) 乘积矩阵 $\boldsymbol{C}$ 的行数为左矩阵 $\boldsymbol{A}$ 的行数，列数为右矩阵 $\boldsymbol{B}$ 的列数.

特别有

$$\begin{pmatrix} a_1 & & & \\ & a_2 & & \\ & & \ddots & \\ & & & a_n \end{pmatrix} \begin{pmatrix} b_1 & & & \\ & b_2 & & \\ & & \ddots & \\ & & & b_n \end{pmatrix} = \begin{pmatrix} a_1 b_1 & & & \\ & a_2 b_2 & & \\ & & \ddots & \\ & & & a_n b_n \end{pmatrix}.$$

同理，上(下)三角矩阵与上(下)三角矩阵的乘积仍是上(下)三角矩阵.

例 5 设矩阵

$$\boldsymbol{A} = \begin{pmatrix} 1 & 3 & 5 \\ 2 & 0 & 4 \end{pmatrix}, \quad \boldsymbol{B} = \begin{pmatrix} 1 & 2 \\ -3 & 1 \\ 4 & 3 \end{pmatrix},$$

求乘积矩阵 $\boldsymbol{AB}$ 和 $\boldsymbol{BA}$.

解 $AB = \begin{pmatrix} 1 & 3 & 5 \\ 2 & 0 & 4 \end{pmatrix} \begin{pmatrix} 1 & 2 \\ -3 & 1 \\ 4 & 3 \end{pmatrix}$

$$= \begin{pmatrix} 1\times 1+3\times(-3)+5\times 4 & 1\times 2+3\times 1+5\times 3 \\ 2\times 1+0\times(-3)+4\times 4 & 2\times 2+0\times 1+4\times 3 \end{pmatrix}$$

$$= \begin{pmatrix} 12 & 20 \\ 18 & 16 \end{pmatrix} = 2\begin{pmatrix} 6 & 10 \\ 9 & 8 \end{pmatrix};$$

$$BA = \begin{pmatrix} 1 & 2 \\ -3 & 1 \\ 4 & 3 \end{pmatrix} \begin{pmatrix} 1 & 3 & 5 \\ 2 & 0 & 4 \end{pmatrix}$$

$$= \begin{pmatrix} 1\times 1+2\times 2 & 1\times 3+2\times 0 & 1\times 5+2\times 4 \\ (-3)\times 1+1\times 2 & (-3)\times 3+1\times 0 & (-3)\times 5+1\times 4 \\ 4\times 1+3\times 2 & 4\times 3+3\times 0 & 4\times 5+3\times 4 \end{pmatrix}$$

$$= \begin{pmatrix} 5 & 3 & 13 \\ -1 & -9 & -11 \\ 10 & 12 & 32 \end{pmatrix}.$$

例 6 设 $A = (3,\ 4,\ 7)$，$B = \begin{pmatrix} 2 \\ -1 \\ 3 \end{pmatrix}$，求 AB，BA.

解 $AB = (3,\ 4,\ 7)\begin{pmatrix} 2 \\ -1 \\ 3 \end{pmatrix} = 3\times 2+4\times(-1)+7\times 3 = 23.$

这是一个 1×1 矩阵，也可以把它作为一个普通数来看待.

$$BA = \begin{pmatrix} 2 \\ -1 \\ 3 \end{pmatrix}(3,\ 4,\ 7) = \begin{pmatrix} 2\times 3 & 2\times 4 & 2\times 7 \\ (-1)\times 3 & (-1)\times 4 & (-1)\times 7 \\ 3\times 3 & 3\times 4 & 3\times 7 \end{pmatrix}$$

$$= \begin{pmatrix} 6 & 8 & 14 \\ -3 & -4 & -7 \\ 9 & 12 & 21 \end{pmatrix}.$$

例 7 设矩阵

$$A = \begin{pmatrix} 1 & -1 \\ -1 & 1 \end{pmatrix},\quad B = \begin{pmatrix} 1 & 1 \\ -1 & -1 \end{pmatrix},\quad C = \begin{pmatrix} 2 & 0 \\ 0 & -2 \end{pmatrix},$$

求 $\boldsymbol{AB}$, $\boldsymbol{BA}$, $\boldsymbol{AC}$.

解 $\boldsymbol{AB}=\begin{pmatrix}1&-1\\-1&1\end{pmatrix}\begin{pmatrix}1&1\\-1&-1\end{pmatrix}=\begin{pmatrix}2&2\\-2&-2\end{pmatrix}$;

$\boldsymbol{BA}=\begin{pmatrix}1&1\\-1&-1\end{pmatrix}\begin{pmatrix}1&-1\\-1&1\end{pmatrix}=\begin{pmatrix}0&0\\0&0\end{pmatrix}$;

$\boldsymbol{AC}=\begin{pmatrix}1&-1\\-1&1\end{pmatrix}\begin{pmatrix}2&0\\0&-2\end{pmatrix}=\begin{pmatrix}2&2\\-2&-2\end{pmatrix}$.

由上面三个例子可知,矩阵乘法与大家熟悉的数的乘法有根本差别,具体如下:

(1) 两个矩阵相乘一般不可随便交换次序,即 $\boldsymbol{AB}\neq\boldsymbol{BA}$, 因此矩阵相乘必须注意次序,$\boldsymbol{AB}$ 称为 $\boldsymbol{A}$ 左乘 $\boldsymbol{B}$;而 $\boldsymbol{BA}$ 称为 $\boldsymbol{A}$ 右乘 $\boldsymbol{B}$.

(2) 矩阵乘法一般不能随便消去同一个非零矩阵,即虽然 $\boldsymbol{A}\neq\boldsymbol{O}$, 且 $\boldsymbol{AB}=\boldsymbol{AC}$, 但是有可能 $\boldsymbol{B}\neq\boldsymbol{C}$.

(3) 两个非零矩阵的乘积可以是零矩阵,即虽然 $\boldsymbol{A}\neq\boldsymbol{O}$, $\boldsymbol{B}\neq\boldsymbol{O}$, 但是有可能 $\boldsymbol{AB}=\boldsymbol{O}$.

例 8 设 $\boldsymbol{A}=\begin{pmatrix}1&2&3\\7&8&9\\4&5&6\end{pmatrix}$, $\boldsymbol{E}=\begin{pmatrix}1&0&0\\0&1&0\\0&0&1\end{pmatrix}$, 求 $\boldsymbol{AE}$ 与 $\boldsymbol{EA}$.

解 $\boldsymbol{AE}=\begin{pmatrix}1&2&3\\7&8&9\\4&5&6\end{pmatrix}\begin{pmatrix}1&0&0\\0&1&0\\0&0&1\end{pmatrix}=\begin{pmatrix}1&2&3\\7&8&9\\4&5&6\end{pmatrix}$;

$\boldsymbol{EA}=\begin{pmatrix}1&0&0\\0&1&0\\0&0&1\end{pmatrix}\begin{pmatrix}1&2&3\\7&8&9\\4&5&6\end{pmatrix}=\begin{pmatrix}1&2&3\\7&8&9\\4&5&6\end{pmatrix}$.

可见,单位矩阵 $\boldsymbol{E}$ 在矩阵的乘法中的作用相当于 1 在数的乘法中的作用.

容易验证 $\boldsymbol{E}_m\boldsymbol{A}_{m\times n}=\boldsymbol{A}_{m\times n}$, $\boldsymbol{A}_{m\times n}E_n=\boldsymbol{A}_{m\times n}$, 或简写成

$$\boldsymbol{EA}=\boldsymbol{AE}=\boldsymbol{A}.$$

例 9 设 $\boldsymbol{A}=\begin{pmatrix}1&0&3\\-1&-2&0\end{pmatrix}$, $\boldsymbol{B}=\begin{pmatrix}0&2\\1&-2\end{pmatrix}$. 考察乘积 $\boldsymbol{AB}$ 与 $\boldsymbol{BA}$ 是否有意义? 当有意义时,计算出乘积矩阵.

解 因为 $\boldsymbol{A}$ 有三列,$\boldsymbol{B}$ 有二行,即左矩阵 $\boldsymbol{A}$ 的列数不等于右矩阵 $\boldsymbol{B}$ 的行数,所以 $\boldsymbol{AB}$ 无意义. 在 $\boldsymbol{BA}$ 中,左矩阵 $\boldsymbol{B}$ 的列数与右矩阵 $\boldsymbol{A}$ 的行数相等,故 $\boldsymbol{BA}$ 有意义.

因此

$$\boldsymbol{BA}=\begin{pmatrix}0&2\\1&-2\end{pmatrix}\begin{pmatrix}1&0&3\\-1&-2&0\end{pmatrix}=\begin{pmatrix}-2&-4&0\\3&4&3\end{pmatrix}.$$

可见,$\boldsymbol{AB}$ 与 $\boldsymbol{BA}$ 不一定均有意义.

注意 对于 n 阶方阵 $\boldsymbol{A}$、$\boldsymbol{B}$,一般说来 $\boldsymbol{AB}\neq\boldsymbol{BA}$,但总有

$$|\boldsymbol{AB}|=|\boldsymbol{BA}|=|\boldsymbol{A}|\cdot|\boldsymbol{B}|.$$

当 $m\neq n$ 时,$|\boldsymbol{A}_{m\times n}\boldsymbol{B}_{n\times m}|$ 与 $|\boldsymbol{B}_{n\times m}\boldsymbol{A}_{m\times n}|$ 都是有意义,但是 $|\boldsymbol{A}_{m\times n}|$ 和 $|\boldsymbol{B}_{n\times m}|$ 都无意义.

矩阵乘法满足以下运算规律(设矩阵 $\boldsymbol{A}$, $\boldsymbol{B}$, $\boldsymbol{C}$ 对涉及的运算可行):

(1) 结合律 $(\boldsymbol{AB})\boldsymbol{C}=\boldsymbol{A}(\boldsymbol{BC})$,

$$(\lambda\boldsymbol{A})\boldsymbol{B}=\boldsymbol{A}(\lambda\boldsymbol{B})=\lambda(\boldsymbol{AB})\quad(\lambda\text{ 为实数});$$

(2) 左分配律 $\boldsymbol{A}(\boldsymbol{B}+\boldsymbol{C})=\boldsymbol{AB}+\boldsymbol{AC}$;

(3) 右分配律 $(\boldsymbol{B}+\boldsymbol{C})\boldsymbol{A}=\boldsymbol{BA}+\boldsymbol{CA}$;

特别地,$\boldsymbol{AB}+\boldsymbol{A}=\boldsymbol{A}(\boldsymbol{B}+\boldsymbol{E})$; $\boldsymbol{AB}+\boldsymbol{B}=(\boldsymbol{A}+\boldsymbol{E})\boldsymbol{B}$.

例 10 设矩阵

$$\boldsymbol{A}=\begin{pmatrix}3&2&-5\\-3&1&4\end{pmatrix},\quad\boldsymbol{B}=\begin{pmatrix}2&-1&1&0\\0&2&1&3\\3&0&-1&2\end{pmatrix},\quad\boldsymbol{C}=\begin{pmatrix}1&0&2\\2&-3&0\\0&0&2\\3&1&3\end{pmatrix}.$$

验证 $\boldsymbol{A}(\boldsymbol{BC})=(\boldsymbol{AB})\boldsymbol{C}$.

证明 $$\boldsymbol{A}(\boldsymbol{BC})=\begin{pmatrix}3&2&-5\\-3&1&4\end{pmatrix}\left[\begin{pmatrix}2&-1&1&0\\0&2&1&3\\3&0&-1&2\end{pmatrix}\begin{pmatrix}1&0&2\\2&-3&0\\0&0&2\\3&1&3\end{pmatrix}\right]$$

$$=\begin{pmatrix}3&2&-5\\-3&1&4\end{pmatrix}\begin{pmatrix}0&3&6\\13&-3&11\\9&2&10\end{pmatrix}=\begin{pmatrix}-19&-7&-10\\49&-4&33\end{pmatrix};$$

$$(\boldsymbol{AB})\boldsymbol{C}=\left[\begin{pmatrix}3&2&-5\\-3&1&4\end{pmatrix}\begin{pmatrix}2&-1&1&0\\0&2&1&3\\3&0&-1&2\end{pmatrix}\right]\begin{pmatrix}1&0&2\\2&-3&0\\0&0&2\\3&1&3\end{pmatrix}$$

$$=\begin{pmatrix}-9 & 1 & 10 & -4\\ 6 & 5 & -6 & 11\end{pmatrix}\begin{pmatrix}1 & 0 & 2\\ 2 & -3 & 0\\ 0 & 0 & 2\\ 3 & 1 & 3\end{pmatrix}=\begin{pmatrix}-19 & -7 & -10\\ 49 & -4 & 33\end{pmatrix}.$$

因而
$$\boldsymbol{A}(\boldsymbol{BC})=(\boldsymbol{AB})\boldsymbol{C}.$$

例 11 设矩阵

$$\boldsymbol{A}=\begin{pmatrix}2 & 2 & 3\\ 3 & -1 & 2\end{pmatrix},\quad \boldsymbol{B}=\begin{pmatrix}0 & 0 & 1\\ 2 & 3 & -1\end{pmatrix},\quad \boldsymbol{C}=\begin{pmatrix}1 & 0\\ 2 & 2\\ 3 & -1\end{pmatrix}.$$

验证 $(\boldsymbol{A}+\boldsymbol{B})\boldsymbol{C}=\boldsymbol{AC}+\boldsymbol{BC}$.

解 $$(\boldsymbol{A}+\boldsymbol{B})\boldsymbol{C}=\left[\begin{pmatrix}2 & 2 & 3\\ 3 & -1 & 2\end{pmatrix}+\begin{pmatrix}0 & 0 & 1\\ 2 & 3 & -1\end{pmatrix}\right]\begin{pmatrix}1 & 0\\ 2 & 2\\ 3 & -1\end{pmatrix}$$

$$=\begin{pmatrix}2 & 2 & 4\\ 5 & 2 & 1\end{pmatrix}\begin{pmatrix}1 & 0\\ 2 & 2\\ 3 & -1\end{pmatrix}=\begin{pmatrix}18 & 0\\ 12 & 3\end{pmatrix};$$

$$\boldsymbol{AC}+\boldsymbol{BC}=\begin{pmatrix}2 & 2 & 3\\ 3 & -1 & 2\end{pmatrix}\begin{pmatrix}1 & 0\\ 2 & 2\\ 3 & -1\end{pmatrix}+\begin{pmatrix}0 & 0 & 1\\ 2 & 3 & -1\end{pmatrix}\begin{pmatrix}1 & 0\\ 2 & 2\\ 3 & -1\end{pmatrix}$$

$$=\begin{pmatrix}15 & 1\\ 7 & -4\end{pmatrix}+\begin{pmatrix}3 & -1\\ 5 & 7\end{pmatrix}=\begin{pmatrix}18 & 0\\ 12 & 3\end{pmatrix}.$$

因而
$$(\boldsymbol{A}+\boldsymbol{B})\boldsymbol{C}=\boldsymbol{AC}+\boldsymbol{BC}.$$

例 12 已知矩阵 $\boldsymbol{A}=\begin{pmatrix}0 & 1\\ -1 & 0\end{pmatrix}$，求 $\boldsymbol{X}$，使得 $\boldsymbol{AX}=\boldsymbol{XA}$.

解 由题意，设 $\boldsymbol{X}=\begin{pmatrix}x_1 & x_2\\ x_3 & x_4\end{pmatrix}$，则

$$\boldsymbol{AX}=\begin{pmatrix}0 & 1\\ -1 & 0\end{pmatrix}\begin{pmatrix}x_1 & x_2\\ x_3 & x_4\end{pmatrix}=\begin{pmatrix}x_3 & x_4\\ -x_1 & -x_2\end{pmatrix};$$

$$\boldsymbol{XA}=\begin{pmatrix}x_1 & x_2\\ x_3 & x_4\end{pmatrix}\begin{pmatrix}0 & 1\\ -1 & 0\end{pmatrix}=\begin{pmatrix}-x_2 & x_1\\ -x_4 & x_3\end{pmatrix}.$$

有 $\begin{cases} x_3 = -x_2, \\ -x_1 = -x_4, \\ x_4 = x_1, \\ x_3 = -x_2, \end{cases}$ 解得 $\begin{cases} x_1 = x_1, \\ x_2 = x_2, \\ x_3 = -x_2, \\ x_4 = x_1. \end{cases}$

即
$$\boldsymbol{X} = \begin{pmatrix} x_1 & x_2 \\ -x_2 & x_1 \end{pmatrix}.$$

例 13 设矩阵

$$\boldsymbol{A} = \begin{pmatrix} 1 & -1 \\ 1 & 0 \end{pmatrix}, \quad \boldsymbol{B} = \begin{pmatrix} -1 & 0 \\ 1 & 1 \end{pmatrix}.$$

求 $\boldsymbol{A}^2\boldsymbol{B}^2$，$(\boldsymbol{AB})^2$.

解
$$\boldsymbol{A}^2 = \begin{pmatrix} 1 & -1 \\ 1 & 0 \end{pmatrix}\begin{pmatrix} 1 & -1 \\ 1 & 0 \end{pmatrix} = \begin{pmatrix} 0 & -1 \\ 1 & -1 \end{pmatrix};$$

$$\boldsymbol{B}^2 = \begin{pmatrix} -1 & 0 \\ 1 & 1 \end{pmatrix}\begin{pmatrix} -1 & 0 \\ 1 & 1 \end{pmatrix} = \begin{pmatrix} 1 & 0 \\ 0 & 1 \end{pmatrix};$$

$$\boldsymbol{A}^2\boldsymbol{B}^2 = \begin{pmatrix} 0 & -1 \\ 1 & -1 \end{pmatrix}\begin{pmatrix} 1 & 0 \\ 0 & 1 \end{pmatrix} = \begin{pmatrix} 0 & -1 \\ 1 & -1 \end{pmatrix};$$

$$(\boldsymbol{AB})^2 = \begin{pmatrix} -2 & -1 \\ -1 & 0 \end{pmatrix}\begin{pmatrix} -2 & -1 \\ -1 & 0 \end{pmatrix} = \begin{pmatrix} 5 & 2 \\ 2 & 1 \end{pmatrix}.$$

显然
$$\boldsymbol{A}^2\boldsymbol{B}^2 \neq (\boldsymbol{AB})^2.$$

特别有

$$\begin{pmatrix} a_1 & & & \\ & a_2 & & \\ & & \ddots & \\ & & & a_n \end{pmatrix}^n = \begin{pmatrix} a_1^n & & & \\ & a_2^n & & \\ & & \ddots & \\ & & & a_n^n \end{pmatrix}.$$

定义 5 设 $\boldsymbol{A}$ 是 n 阶方阵，多项式 $f(x) = a_n x^n + a_{n-1}x^{n-1} + \cdots + a_1 x + a_0$，称 $f(\boldsymbol{A}) = a_n\boldsymbol{A}^n + a_{n-1}\boldsymbol{A}^{n-1} + \cdots + a_1\boldsymbol{A} + a_0\boldsymbol{E}$ 为方阵 $\boldsymbol{A}$ 的一个多项式.

例如，设方阵 $\boldsymbol{A} = \begin{pmatrix} 1 & 2 \\ 3 & 4 \end{pmatrix}$，多项式 $f(x) = 2x^2 - 3x - 4$，则

$$f(\boldsymbol{A}) = 2\boldsymbol{A}^2 - 3\boldsymbol{A} - 4\boldsymbol{E} = 2\begin{pmatrix} 7 & 10 \\ 15 & 22 \end{pmatrix} - 3\begin{pmatrix} 1 & 2 \\ 3 & 4 \end{pmatrix} - \begin{pmatrix} 4 & 0 \\ 0 & 4 \end{pmatrix}$$

$$= \begin{pmatrix} 7 & 14 \\ 21 & 28 \end{pmatrix} = 7\begin{pmatrix} 1 & 2 \\ 3 & 4 \end{pmatrix}.$$

例 14 方阵 $\boldsymbol{A} = \begin{pmatrix} 2 & 1 \\ -1 & 2 \end{pmatrix}$，$\boldsymbol{E} = \begin{pmatrix} 1 & 0 \\ 0 & 1 \end{pmatrix}$，$\boldsymbol{B}$ 满足 $\boldsymbol{BA} = \boldsymbol{B} + 2\boldsymbol{E}$，求 $|\boldsymbol{B}|$.

解 由 $\boldsymbol{BA} - \boldsymbol{B} = 2\boldsymbol{E}$ 得 $\boldsymbol{B}(\boldsymbol{A} - \boldsymbol{E}) = 2\boldsymbol{E}$，两边取行列式得

$$|\boldsymbol{B}||\boldsymbol{A} - \boldsymbol{E}| = 2|\boldsymbol{E}| = 2,$$

因为 $|\boldsymbol{A} - \boldsymbol{E}| = \begin{vmatrix} 1 & 1 \\ -1 & 1 \end{vmatrix} = 2$，则 $|\boldsymbol{B}| = 2$.

根据矩阵的乘法和矩阵相等的定义，线性方程组可以用一个矩阵方程来表示.

设 n 元线性非齐次方程组

$$\begin{cases} a_{11}x_1 + a_{12}x_2 + \cdots + a_{1n}x_n = b_1, \\ a_{21}x_1 + a_{22}x_2 + \cdots + a_{2n}x_n = b_2, \\ \qquad\qquad\qquad\vdots \\ a_{m1}x_1 + a_{m2}x_2 + \cdots + a_{mn}x_n = b_m. \end{cases} \tag{1}$$

令 $\boldsymbol{A} = \begin{pmatrix} a_{11} & a_{12} & \cdots & a_{1n} \\ a_{21} & a_{22} & \cdots & a_{2n} \\ \vdots & \vdots & & \vdots \\ a_{m1} & a_{m2} & \cdots & a_{mn} \end{pmatrix}$，$\boldsymbol{x} = \begin{pmatrix} x_1 \\ x_2 \\ \vdots \\ x_n \end{pmatrix}$，$\boldsymbol{b} = \begin{pmatrix} b_1 \\ b_2 \\ \vdots \\ b_m \end{pmatrix}$，

于是上述线性方程组可以写成

$$\begin{pmatrix} a_{11} & a_{12} & \cdots & a_{1n} \\ a_{21} & a_{22} & \cdots & a_{2n} \\ \vdots & \vdots & & \vdots \\ a_{m1} & a_{m2} & \cdots & a_{mn} \end{pmatrix}\begin{pmatrix} x_1 \\ x_2 \\ \vdots \\ x_n \end{pmatrix} = \begin{pmatrix} b_1 \\ b_2 \\ \vdots \\ b_m \end{pmatrix},$$

即 $$\boldsymbol{Ax} = \boldsymbol{b}. \tag{2}$$

由方程组(1)可得到矩阵 $(\boldsymbol{A} \vdots \boldsymbol{b}) = \begin{pmatrix} a_{11} & a_{12} & \cdots & a_{1n} & b_1 \\ a_{21} & a_{22} & \cdots & a_{2n} & b_2 \\ \vdots & \vdots & & \vdots & \vdots \\ a_{m1} & a_{m2} & \cdots & a_{mn} & b_m \end{pmatrix}$.

对这些矩阵定义如下：

定义 6 设线性非齐次方程组(1),由方程组(1)中全部系数组成的矩阵 $(a_{ij})_{m\times n}$ 称为方程组(1)的**系数矩阵**,记为 $\boldsymbol{A}$;由未知数组成的列矩阵 $(x_i)_{n\times 1}$ 称为**未知数矩阵**,记为 $\boldsymbol{x}$;由常数项组成的列矩阵 $(b_i)_{m\times 1}$ 称为**常数项矩阵**,记为 $\boldsymbol{b}$;由系数和常数项组成的矩阵 $(\boldsymbol{A} \vdots \boldsymbol{b})$ 称为**增广矩阵**,记为 $\overline{\boldsymbol{A}}$,即 $\overline{\boldsymbol{A}} = (\boldsymbol{A} \vdots \boldsymbol{b})$.

把线性方程组写成矩阵方程形式,不仅书写简便,而且可以把线性方程组的理论与矩阵理论联系起来.

例 15 设有两个线性变换

$$\begin{cases} y_1 = x_1 + 2x_2 - x_3, \\ y_2 = 3x_1 + 4x_2, \\ y_3 = x_2 - x_3; \end{cases} \qquad \begin{cases} x_1 = t_1 - t_2, \\ x_2 = 2t_1 + t_2, \\ x_3 = -t_1. \end{cases}$$

求从 t_1, t_2 到 y_1, y_2, y_3 的线性变换.

解 两个线性变换所对应的矩阵分别为

$$\begin{pmatrix} y_1 \\ y_2 \\ y_3 \end{pmatrix} = \begin{pmatrix} 1 & 2 & -1 \\ 3 & 4 & 0 \\ 0 & 1 & -1 \end{pmatrix} \begin{pmatrix} x_1 \\ x_2 \\ x_3 \end{pmatrix}, \quad \begin{pmatrix} x_1 \\ x_2 \\ x_3 \end{pmatrix} = \begin{pmatrix} 1 & -1 \\ 2 & 1 \\ -1 & 0 \end{pmatrix} \begin{pmatrix} t_1 \\ t_2 \end{pmatrix},$$

则有

$$\begin{pmatrix} y_1 \\ y_2 \\ y_3 \end{pmatrix} = \begin{pmatrix} 1 & 2 & -1 \\ 3 & 4 & 0 \\ 0 & 1 & -1 \end{pmatrix} \begin{pmatrix} 1 & -1 \\ 2 & 1 \\ -1 & 0 \end{pmatrix} \begin{pmatrix} t_1 \\ t_2 \end{pmatrix} = \begin{pmatrix} 6 & 1 \\ 11 & 1 \\ 3 & 1 \end{pmatrix} \begin{pmatrix} t_1 \\ t_2 \end{pmatrix},$$

所以 $\begin{cases} y_1 = 6t_1 + t_2, \\ y_2 = 11t_1 + t_2, \\ y_3 = 3t_1 + t_2. \end{cases}$

四、转置矩阵的运算

容易验证,若 $\boldsymbol{A}$, $\boldsymbol{B}$, $\boldsymbol{C}$ 为同型矩阵,则

$$(\boldsymbol{A} + \boldsymbol{B})^{\mathrm{T}} = \boldsymbol{A}^{\mathrm{T}} + \boldsymbol{B}^{\mathrm{T}}.$$

证明 设

$$\boldsymbol{A} = \begin{pmatrix} a_{11} & a_{12} & \cdots & a_{1n} \\ a_{21} & a_{22} & \cdots & a_{2n} \\ \vdots & \vdots & & \vdots \\ a_{m1} & a_{m2} & \cdots & a_{mn} \end{pmatrix}, \quad \boldsymbol{B} = \begin{pmatrix} b_{11} & b_{12} & \cdots & b_{1n} \\ b_{21} & b_{22} & \cdots & b_{2n} \\ \vdots & \vdots & & \vdots \\ b_{m1} & b_{m2} & \cdots & b_{mn} \end{pmatrix},$$

则 $\boldsymbol{A}+\boldsymbol{B}=\begin{pmatrix} a_{11}+b_{11} & a_{12}+b_{12} & \cdots & a_{1n}+b_{1n} \\ a_{21}+b_{21} & a_{22}+b_{22} & \cdots & a_{2n}+b_{2n} \\ \vdots & \vdots & & \vdots \\ a_{m1}+b_{m1} & a_{m2}+b_{m2} & \cdots & a_{mn}+b_{mn} \end{pmatrix}$,

$$(\boldsymbol{A}+\boldsymbol{B})^{\mathrm{T}}=\begin{pmatrix} a_{11}+b_{11} & a_{21}+b_{21} & \cdots & a_{m1}+b_{m1} \\ a_{12}+b_{12} & a_{22}+b_{22} & \cdots & a_{m2}+b_{m2} \\ \vdots & \vdots & & \vdots \\ a_{1n}+b_{1n} & a_{2n}+b_{2n} & \cdots & a_{mn}+b_{mn} \end{pmatrix}$$

$$=\begin{pmatrix} a_{11} & a_{21} & \cdots & a_{m1} \\ a_{12} & a_{22} & \cdots & a_{m2} \\ \vdots & \vdots & & \vdots \\ a_{1n} & a_{2n} & \cdots & a_{mn} \end{pmatrix}+\begin{pmatrix} b_{11} & b_{21} & \cdots & b_{m1} \\ b_{12} & b_{22} & \cdots & b_{m2} \\ \vdots & \vdots & & \vdots \\ b_{1n} & b_{2n} & \cdots & b_{mn} \end{pmatrix}=\boldsymbol{A}^{\mathrm{T}}+\boldsymbol{B}^{\mathrm{T}}.$$

例 16 设 $\boldsymbol{A}=\begin{pmatrix} 1 & 0 \\ 2 & 3 \\ 4 & 5 \end{pmatrix}$, $\boldsymbol{B}=\begin{pmatrix} 2 & 1 \\ 4 & 3 \end{pmatrix}$,求 $\boldsymbol{AB}$, $(\boldsymbol{AB})^{\mathrm{T}}$, $\boldsymbol{B}^{\mathrm{T}}\boldsymbol{A}^{\mathrm{T}}$.

解 $\boldsymbol{AB}=\begin{pmatrix} 1 & 0 \\ 2 & 3 \\ 4 & 5 \end{pmatrix}\begin{pmatrix} 2 & 1 \\ 4 & 3 \end{pmatrix}=\begin{pmatrix} 2 & 1 \\ 16 & 11 \\ 28 & 19 \end{pmatrix}$; $(\boldsymbol{AB})^{\mathrm{T}}=\begin{pmatrix} 2 & 16 & 28 \\ 1 & 11 & 19 \end{pmatrix}$;

$$\boldsymbol{B}^{\mathrm{T}}\boldsymbol{A}^{\mathrm{T}}=\begin{pmatrix} 2 & 4 \\ 1 & 3 \end{pmatrix}\begin{pmatrix} 1 & 2 & 4 \\ 0 & 3 & 5 \end{pmatrix}=\begin{pmatrix} 2 & 16 & 28 \\ 1 & 11 & 19 \end{pmatrix}.$$

此例看到

$$(\boldsymbol{AB})^{\mathrm{T}}=\boldsymbol{B}^{\mathrm{T}}\boldsymbol{A}^{\mathrm{T}} \quad \text{且} \quad (\boldsymbol{AB})^{\mathrm{T}}\neq\boldsymbol{A}^{\mathrm{T}}\boldsymbol{B}^{\mathrm{T}}.$$

这个结论对一般情形也是成立的.

定理 设 $\boldsymbol{A}$ 为 m 行 s 列矩阵,$\boldsymbol{B}$ 为 s 行 n 列矩阵,则

$$(\boldsymbol{AB})^{\mathrm{T}}=\boldsymbol{B}^{\mathrm{T}}\boldsymbol{A}^{\mathrm{T}}.$$

此定理的结论推广到多个矩阵情形

$$(\boldsymbol{ABC})^{\mathrm{T}}=\boldsymbol{C}^{\mathrm{T}}\boldsymbol{B}^{\mathrm{T}}\boldsymbol{A}^{\mathrm{T}}.$$

矩阵的转置满足以下运算规律(设所有矩阵对涉及的运算都可行):

(1) $(\boldsymbol{A}^{\mathrm{T}})^{\mathrm{T}}=\boldsymbol{A}$;

(2) $(\boldsymbol{A}+\boldsymbol{B})^{\mathrm{T}}=\boldsymbol{A}^{\mathrm{T}}+\boldsymbol{B}^{\mathrm{T}}$;

(3) $(\lambda\boldsymbol{A})^{\mathrm{T}}=\lambda\boldsymbol{A}^{\mathrm{T}}$ (λ 为实数);

(4) $(\boldsymbol{AB})^{\mathrm{T}}=\boldsymbol{B}^{\mathrm{T}}\boldsymbol{A}^{\mathrm{T}}$.

特别地，$\boldsymbol{A}^{\mathrm{T}}=\boldsymbol{A}$，则 $\boldsymbol{A}$ 为对称矩阵.

例 17 已知 $\boldsymbol{A}=\begin{pmatrix}2&1\\0&2\end{pmatrix}$，$\boldsymbol{B}=\begin{pmatrix}1&0&1\\3&1&2\end{pmatrix}$，$\boldsymbol{C}=\begin{pmatrix}4&1&1\\0&2&3\end{pmatrix}$. 简化并计算 $(\boldsymbol{C}^{\mathrm{T}}-2\boldsymbol{B}^{\mathrm{T}}\boldsymbol{A})^{\mathrm{T}}+\boldsymbol{A}^{\mathrm{T}}\boldsymbol{B}$.

解 利用转置阵的性质 $(\boldsymbol{C}^{\mathrm{T}}-2\boldsymbol{B}^{\mathrm{T}}\boldsymbol{A})^{\mathrm{T}}=(\boldsymbol{C}^{\mathrm{T}})^{\mathrm{T}}+(-2\boldsymbol{B}^{\mathrm{T}}\boldsymbol{A})^{\mathrm{T}}=\boldsymbol{C}-2\boldsymbol{A}^{\mathrm{T}}\boldsymbol{B}$，则

$$
\begin{aligned}
(\boldsymbol{C}^{\mathrm{T}}-2\boldsymbol{B}^{\mathrm{T}}\boldsymbol{A})^{\mathrm{T}}+\boldsymbol{A}^{\mathrm{T}}\boldsymbol{B}=\boldsymbol{C}-\boldsymbol{A}^{\mathrm{T}}\boldsymbol{B}
&=\begin{pmatrix}4&1&1\\0&2&3\end{pmatrix}-\begin{pmatrix}2&0\\1&2\end{pmatrix}\begin{pmatrix}1&0&1\\3&1&2\end{pmatrix}\\
&=\begin{pmatrix}4&1&1\\0&2&3\end{pmatrix}-\begin{pmatrix}2&0&2\\7&2&5\end{pmatrix}=\begin{pmatrix}2&1&-1\\-7&0&-2\end{pmatrix}.
\end{aligned}
$$

例 18 已知 $\boldsymbol{A}=(1,2,3)$，$\boldsymbol{B}=\left(1,\frac{1}{2},\frac{1}{3}\right)$，$\boldsymbol{C}=\boldsymbol{A}^{\mathrm{T}}\boldsymbol{B}$，求 $\boldsymbol{C}^2$.

解 因为 $\boldsymbol{BA}^{\mathrm{T}}=\left(1,\frac{1}{2},\frac{1}{3}\right)\begin{pmatrix}1\\2\\3\end{pmatrix}=3$，则

$$
\boldsymbol{C}^2=\boldsymbol{A}^{\mathrm{T}}\boldsymbol{BA}^{\mathrm{T}}\boldsymbol{B}=\boldsymbol{A}^{\mathrm{T}}(\boldsymbol{BA}^{\mathrm{T}})\boldsymbol{B}=3\boldsymbol{A}^{\mathrm{T}}\boldsymbol{B}=3\begin{pmatrix}1\\2\\3\end{pmatrix}\left(1,\frac{1}{2},\frac{1}{3}\right)=\begin{pmatrix}3&\frac{3}{2}&1\\6&3&2\\9&\frac{9}{2}&3\end{pmatrix}.
$$

习　题　2.2

1. 设矩阵

$$
\boldsymbol{A}=\begin{pmatrix}2&-3&5\\1&6&4\end{pmatrix},\quad \boldsymbol{B}=\begin{pmatrix}3&5&-1\\4&0&2\end{pmatrix},
$$

求 $2\boldsymbol{A}+\boldsymbol{B}$，$\boldsymbol{A}-\boldsymbol{B}$，$\boldsymbol{AB}^{\mathrm{T}}$，$\boldsymbol{A}^{\mathrm{T}}\boldsymbol{B}$.

2. 已知

$$
\boldsymbol{A}=\begin{pmatrix}3&1&0\\-1&2&1\\3&4&2\end{pmatrix},\quad \boldsymbol{B}=\begin{pmatrix}1&0&2\\-1&1&1\\2&1&1\end{pmatrix},
$$

求满足方程 $3\boldsymbol{A}-2\boldsymbol{X}=\boldsymbol{B}$ 中的矩阵 $\boldsymbol{X}$.

3. 计算.

(1) $\begin{pmatrix}2&4&5\\7&5&3\\1&0&2\end{pmatrix}\begin{pmatrix}2&0\\1&2\\0&3\end{pmatrix}$;　　(2) $(2,0,3)\begin{pmatrix}2\\4\\6\end{pmatrix}$;

(3) $\begin{pmatrix}1&0&0\\0&1&0\\3&1&2\end{pmatrix}\begin{pmatrix}2&1&1\\3&1&2\\1&1&0\end{pmatrix}$;　　(4) $\begin{pmatrix}2&5\\1&0\\3&2\end{pmatrix}\begin{pmatrix}2&7&6\\3&2&1\end{pmatrix}$;

(5) $\begin{pmatrix}a_1\\a_2\\a_3\\a_4\end{pmatrix}(a_1, a_2, a_3, a_4)$;　　(6) $\begin{pmatrix}\cos t&-\sin t\\\sin t&\cos t\end{pmatrix}^2$;

(7) $(x, y, z)\begin{pmatrix}a_{11}&a_{12}&a_{13}\\a_{12}&a_{22}&a_{23}\\a_{13}&a_{23}&a_{33}\end{pmatrix}\begin{pmatrix}x\\y\\z\end{pmatrix}$.

4. 设 $\boldsymbol{A}$, $\boldsymbol{B}$ 均为 n 阶方阵,试问等式在什么条件下成立?

(1) $(\boldsymbol{A}+\boldsymbol{B})^2=\boldsymbol{A}^2+2\boldsymbol{AB}+\boldsymbol{B}^2$;　(2) $(\boldsymbol{A}+\boldsymbol{B})(\boldsymbol{A}-\boldsymbol{B})=\boldsymbol{A}^2-\boldsymbol{B}^2$.

5. 求矩阵 $\boldsymbol{AB}-\boldsymbol{AC}$,其中

$$\boldsymbol{A}=\begin{pmatrix}2&-2&3\\5&1&4\end{pmatrix},\quad \boldsymbol{B}=\begin{pmatrix}2&1&5\\-3&2&4\\1&3&1\end{pmatrix},\quad \boldsymbol{C}=\begin{pmatrix}1&1&5\\-3&1&4\\1&3&0\end{pmatrix}.$$

6. 设矩阵

$$\boldsymbol{A}=\begin{pmatrix}a_1&b_1&c_1\\a_2&b_2&c_2\\a_3&b_3&c_3\end{pmatrix},\quad \boldsymbol{B}=\begin{pmatrix}d_1&b_1&c_1\\d_2&b_2&c_2\\d_3&b_3&c_3\end{pmatrix},$$

且 $|\boldsymbol{A}|=2$, $|\boldsymbol{B}|=3$,求 $|\boldsymbol{A}+2\boldsymbol{B}|$.

7. 设 $\boldsymbol{A}$ 为实对称矩阵,且 $\boldsymbol{A}^2=\boldsymbol{O}$, 证明: $\boldsymbol{A}=\boldsymbol{O}$.

8. 设 $\boldsymbol{A}$ 是矩阵,k 是数,证明: $k\boldsymbol{A}=\boldsymbol{O}$,则 $k=0$ 或 $\boldsymbol{A}=\boldsymbol{O}$.

9. 已知行矩阵 $\boldsymbol{A}=\left(\frac{1}{2}, 0, 0, \frac{1}{2}\right)$,矩阵 $\boldsymbol{B}=\boldsymbol{E}-\boldsymbol{A}^{\mathrm{T}}\boldsymbol{A}$, $\boldsymbol{C}=\boldsymbol{E}+2\boldsymbol{A}^{\mathrm{T}}\boldsymbol{A}$, 其中 $\boldsymbol{E}$ 为四阶单位矩阵,求 $\boldsymbol{BC}$.

10. 设有两个线性变换:

$$\begin{cases}x_1=y_1-y_2+2y_3,\\x_2=y_1+3y_2,\\x_3=4y_2-y_3;\end{cases}\qquad \begin{cases}y_1=z_1+z_3,\\y_2=2z_2-5z_3,\\y_3=3z_1+7z_2.\end{cases}$$

求从 z_1, z_2, z_3 到 x_1, x_2, x_3 的线性变换.

11. 设 $\boldsymbol{A}$ 与 $\boldsymbol{B}$ 均为 n 阶对称矩阵,试证明 $\boldsymbol{AB}$ 为对称矩阵的充分必要条件是 $\boldsymbol{AB}=\boldsymbol{BA}$.

12. 已知 $\boldsymbol{A}=\begin{pmatrix}2 & -1\\ -3 & 3\end{pmatrix}$, $f(x)=x^2-5x+3$, 求 $f(\boldsymbol{A})$.

§2.3 分块矩阵

在矩阵运算中,对于某些阶数较高的矩阵,往往采用分块方法将矩阵分成若干小块,这使矩阵之间的关系可以看得更清楚,可化高阶矩阵的运算为低价矩阵的运算.

一、分块矩阵

设矩阵 $\boldsymbol{A}=(a_{ij})_{m\times n}$, 用若干条横线和竖线把矩阵分成若干小块,每个小块所构成的矩阵称为 $\boldsymbol{A}$ 的**子矩阵**(简称子块),在进行矩阵运算时,可以把 $\boldsymbol{A}$ 的每一个子块作为一个元素,这种以子矩阵为元素的矩阵称为**分块矩阵**.

例如,将矩阵

$$\boldsymbol{A}=\begin{pmatrix}a_{11} & a_{12} & a_{13} & a_{14}\\ a_{21} & a_{22} & a_{23} & a_{24}\\ a_{31} & a_{32} & a_{33} & a_{34}\end{pmatrix}$$

分成子矩阵的分法有很多,如

$$(1)\left(\begin{array}{cc:cc}a_{11} & a_{12} & a_{13} & a_{14}\\ a_{21} & a_{22} & a_{23} & a_{24}\\ \hdashline a_{31} & a_{32} & a_{33} & a_{34}\end{array}\right),\qquad (2)\left(\begin{array}{c:cc:c}a_{11} & a_{12} & a_{13} & a_{14}\\ a_{21} & a_{22} & a_{23} & a_{24}\\ \hdashline a_{31} & a_{32} & a_{33} & a_{34}\end{array}\right),$$

$$(3)\left(\begin{array}{c:c:c:c}a_{11} & a_{12} & a_{13} & a_{14}\\ a_{21} & a_{22} & a_{23} & a_{24}\\ a_{31} & a_{32} & a_{33} & a_{34}\end{array}\right),\qquad (4)\left(\begin{array}{cccc}a_{11} & a_{12} & a_{13} & a_{14}\\ \hdashline a_{21} & a_{22} & a_{23} & a_{24}\\ \hdashline a_{31} & a_{32} & a_{33} & a_{34}\end{array}\right).$$

分法(1)可记为

$$\boldsymbol{A}=\begin{pmatrix}\boldsymbol{A}_{11} & \boldsymbol{A}_{12}\\ \boldsymbol{A}_{21} & \boldsymbol{A}_{22}\end{pmatrix},$$

其中
$$\boldsymbol{A}_{11}=\begin{pmatrix}a_{11} & a_{12}\\ a_{21} & a_{22}\end{pmatrix},\quad \boldsymbol{A}_{12}=\begin{pmatrix}a_{13} & a_{14}\\ a_{23} & a_{24}\end{pmatrix},$$

$$\boldsymbol{A}_{21}=(a_{31}\quad a_{32}),\quad \boldsymbol{A}_{22}=(a_{33}\quad a_{34}).$$

即 $\boldsymbol{A}_{11}$，$\boldsymbol{A}_{12}$，$\boldsymbol{A}_{21}$，$\boldsymbol{A}_{22}$ 是 $\boldsymbol{A}$ 的子块，而 $\boldsymbol{A}$ 形式上成为以这些子块为元素的分块矩阵.

分法(3)可记为 $$\boldsymbol{A}=(\boldsymbol{\alpha}_1,\boldsymbol{\alpha}_2,\boldsymbol{\alpha}_3,\boldsymbol{\alpha}_4),$$

其中 $$\boldsymbol{\alpha}_j=\begin{pmatrix}a_{1j}\\a_{2j}\\a_{3j}\end{pmatrix}\quad(j=1,2,3,4).$$

即 $\boldsymbol{\alpha}_1$，$\boldsymbol{\alpha}_2$，$\boldsymbol{\alpha}_3$，$\boldsymbol{\alpha}_4$ 是 $\boldsymbol{A}$ 的子块，均为列矩阵.

分法(2)，(4)的分块矩阵由读者自己完成.

矩阵的分块是非常灵活的，究竟采用哪种分块比较合理，要从以下两方面考虑：

(1) 要满足运算条件；

(2) 充分利用矩阵的特点分块，使表达式简洁，运算简便.

例如，可将矩阵

$$\boldsymbol{A}=\begin{pmatrix}3&0&0&0&0&0\\0&3&0&0&0&0\\0&0&5&2&0&0\\0&0&0&5&2&0\\0&0&0&0&5&0\\0&0&0&0&0&7\end{pmatrix}$$

表示为分块对角阵为

$$\boldsymbol{A}=\begin{pmatrix}3\boldsymbol{E}&0&0\\0&\boldsymbol{A}_2&0\\0&0&\boldsymbol{A}_3\end{pmatrix},$$

其中 $$\boldsymbol{E}=\begin{pmatrix}1&0\\0&1\end{pmatrix},\quad \boldsymbol{A}_2=\begin{pmatrix}5&2&0\\0&5&2\\0&0&5\end{pmatrix},\quad \boldsymbol{A}_3=(7).$$

可以看出，若 $\boldsymbol{A}$ 为 n 阶方阵，且 $\boldsymbol{A}$ 的分块矩阵只有主对角线上有非零子块，其余子块均为零矩阵，即

$$\boldsymbol{A}=\begin{pmatrix}\boldsymbol{A}_1&&&\\&\boldsymbol{A}_2&&\\&&\ddots&\\&&&\boldsymbol{A}_s\end{pmatrix},$$

其中 $\boldsymbol{A}_k(k=1, 2, \cdots, s)$ 都是方阵,则称方阵 $\boldsymbol{A}$ 为**分块对角阵**,简记为

$$\boldsymbol{A}=\operatorname{diag}(\boldsymbol{A}_1, \boldsymbol{A}_2, \cdots, \boldsymbol{A}_s).$$

关于分块对角矩阵有下列运算性质:

设 $\boldsymbol{A}=\operatorname{diag}(\boldsymbol{A}_1, \boldsymbol{A}_2, \cdots, \boldsymbol{A}_s)$, $\boldsymbol{B}=\operatorname{diag}(\boldsymbol{B}_1, \boldsymbol{B}_2, \cdots, \boldsymbol{B}_s)$, 其中 $\boldsymbol{A}_i$, $\boldsymbol{B}_i(i=1, 2, \cdots, s)$为同型矩阵,则

(1) $\boldsymbol{A}\pm\boldsymbol{B}=\operatorname{diag}(\boldsymbol{A}_1\pm\boldsymbol{B}_1, \boldsymbol{A}_2\pm\boldsymbol{B}_2, \cdots, \boldsymbol{A}_s\pm\boldsymbol{B}_s)$;

(2) $\boldsymbol{AB}=\operatorname{diag}(\boldsymbol{A}_1\boldsymbol{B}_1, \boldsymbol{A}_2\boldsymbol{B}_2, \cdots, \boldsymbol{A}_s\boldsymbol{B}_s)$;

(3) $\boldsymbol{A}^k=\operatorname{diag}(\boldsymbol{A}_1^k, \boldsymbol{A}_2^k, \cdots, \boldsymbol{A}_s^k)$;

(4) $\boldsymbol{A}^{\mathrm{T}}=\operatorname{diag}(\boldsymbol{A}_1^{\mathrm{T}}, \boldsymbol{A}_2^{\mathrm{T}}, \cdots, \boldsymbol{A}_5^{\mathrm{T}})$;

(5) $|\boldsymbol{A}|=|\boldsymbol{A}_1|\cdot|\boldsymbol{A}_2|\cdot\cdots\cdot|\boldsymbol{A}_s|$.

二、分块矩阵的运算

分块矩阵的运算与矩阵的运算类似,并满足:

(1) 每个子块作为一个元素参加运算要满足矩阵的运算规则;

(2) 每个子块之间的运算也要满足矩阵的运算规则.

1. 分块矩阵的加减法

设 $\boldsymbol{A}$ 与 $\boldsymbol{B}$ 都是 $m\times n$ 矩阵,并且以相同的方式分块,即

$$\boldsymbol{A}=\begin{pmatrix}\boldsymbol{A}_{11} & \boldsymbol{A}_{12} & \cdots & \boldsymbol{A}_{1s}\\ \boldsymbol{A}_{21} & \boldsymbol{A}_{22} & \cdots & \boldsymbol{A}_{2s}\\ \vdots & \vdots & & \vdots\\ \boldsymbol{A}_{r1} & \boldsymbol{A}_{r2} & \cdots & \boldsymbol{A}_{rs}\end{pmatrix}, \quad \boldsymbol{B}=\begin{pmatrix}\boldsymbol{B}_{11} & \boldsymbol{B}_{12} & \cdots & \boldsymbol{B}_{1s}\\ \boldsymbol{B}_{21} & \boldsymbol{B}_{22} & \cdots & \boldsymbol{B}_{2s}\\ \vdots & \vdots & & \vdots\\ \boldsymbol{B}_{r1} & \boldsymbol{B}_{r2} & \cdots & \boldsymbol{B}_{rs}\end{pmatrix}.$$

其中,$\boldsymbol{A}_{ij}$ 与 $\boldsymbol{B}_{ij}(i=1, 2, \cdots, r; j=1, 2, \cdots, s)$ 都是同型矩阵,则

$$\boldsymbol{A}\pm\boldsymbol{B}=\begin{pmatrix}\boldsymbol{A}_{11}\pm\boldsymbol{B}_{11} & \boldsymbol{A}_{12}\pm\boldsymbol{B}_{12} & \cdots & \boldsymbol{A}_{1s}\pm\boldsymbol{B}_{1s}\\ \boldsymbol{A}_{21}\pm\boldsymbol{B}_{21} & \boldsymbol{A}_{22}\pm\boldsymbol{B}_{22} & \cdots & \boldsymbol{A}_{2s}\pm\boldsymbol{B}_{2s}\\ \vdots & \vdots & & \vdots\\ \boldsymbol{A}_{r1}\pm\boldsymbol{B}_{r1} & \boldsymbol{A}_{r2}\pm\boldsymbol{B}_{r2} & \cdots & \boldsymbol{A}_{rs}\pm\boldsymbol{B}_{rs}\end{pmatrix}.$$

例 1 设矩阵

$$\boldsymbol{A}=\begin{pmatrix}-1 & 0 & 0 & 0\\ 0 & -1 & 0 & 0\\ 1 & 3 & 1 & 0\\ 5 & -2 & 0 & 1\end{pmatrix}, \quad \boldsymbol{B}=\begin{pmatrix}1 & 0 & 1 & 0\\ 0 & 1 & 0 & 1\\ 0 & 0 & 1 & 2\\ 0 & 0 & 2 & 1\end{pmatrix},$$

求 $\boldsymbol{A}+\boldsymbol{B}$，$\boldsymbol{A}-\boldsymbol{B}$.

解 首先将 $\boldsymbol{A}$，$\boldsymbol{B}$ 分块，

$$\boldsymbol{A}=\left(\begin{array}{cc:cc}-1 & 0 & 0 & 0\\ 0 & -1 & 0 & 0\\ \hdashline 1 & 3 & 1 & 0\\ 5 & -2 & 0 & 1\end{array}\right)=\begin{pmatrix}-\boldsymbol{E} & \boldsymbol{O}\\ \boldsymbol{A}_{21} & \boldsymbol{E}\end{pmatrix},$$

$$\boldsymbol{B}=\left(\begin{array}{cc:cc}1 & 0 & 1 & 0\\ 0 & 1 & 0 & 1\\ \hdashline 0 & 0 & 1 & 2\\ 0 & 0 & 2 & 1\end{array}\right)=\begin{pmatrix}\boldsymbol{E} & \boldsymbol{E}\\ \boldsymbol{O} & \boldsymbol{B}_{22}\end{pmatrix}.$$

其中 $$\boldsymbol{A}_{21}=\begin{pmatrix}1 & 3\\ 5 & -2\end{pmatrix},\quad \boldsymbol{B}_{22}=\begin{pmatrix}1 & 2\\ 2 & 1\end{pmatrix}.$$

则 $$\boldsymbol{A}+\boldsymbol{B}=\begin{pmatrix}-\boldsymbol{E}+\boldsymbol{E} & \boldsymbol{O}+\boldsymbol{E}\\ \boldsymbol{A}_{21}+\boldsymbol{O} & \boldsymbol{E}+\boldsymbol{B}_{22}\end{pmatrix}=\begin{pmatrix}\boldsymbol{O} & \boldsymbol{E}\\ \boldsymbol{A}_{21} & \boldsymbol{E}+\boldsymbol{B}_{22}\end{pmatrix},$$

$$\boldsymbol{E}+\boldsymbol{B}_{22}=\begin{pmatrix}1 & 0\\ 0 & 1\end{pmatrix}+\begin{pmatrix}1 & 2\\ 2 & 1\end{pmatrix}=\begin{pmatrix}2 & 2\\ 2 & 2\end{pmatrix}.$$

所以

$$\boldsymbol{A}+\boldsymbol{B}=\begin{pmatrix}0 & 0 & 1 & 0\\ 0 & 0 & 0 & 1\\ 1 & 3 & 2 & 2\\ 5 & -2 & 2 & 2\end{pmatrix}.$$

类似有

$$\boldsymbol{A}-\boldsymbol{B}=\begin{pmatrix}-\boldsymbol{E}-\boldsymbol{E} & \boldsymbol{O}-\boldsymbol{E}\\ \boldsymbol{A}_{21}-\boldsymbol{O} & \boldsymbol{E}-\boldsymbol{B}_{22}\end{pmatrix}=\begin{pmatrix}-2\boldsymbol{E} & -\boldsymbol{E}\\ \boldsymbol{A}_{21} & \boldsymbol{E}-\boldsymbol{B}_{22}\end{pmatrix}$$

$$=\begin{pmatrix}-2 & 0 & -1 & 0\\ 0 & -2 & 0 & -1\\ 1 & 3 & 0 & -2\\ 5 & -2 & -2 & 0\end{pmatrix}.$$

2. 数与分块矩阵的乘法

用数 k 乘分块矩阵 $\boldsymbol{A}$ 时，等于用数 k 乘矩阵 $\boldsymbol{A}$ 的每一个子块，即设

$$\boldsymbol{A}=\begin{pmatrix}\boldsymbol{A}_{11} & \boldsymbol{A}_{12} & \cdots & \boldsymbol{A}_{1s}\\ \boldsymbol{A}_{21} & \boldsymbol{A}_{22} & \cdots & \boldsymbol{A}_{2s}\\ \vdots & \vdots & & \vdots\\ \boldsymbol{A}_{r1} & \boldsymbol{A}_{r2} & \cdots & \boldsymbol{A}_{rs}\end{pmatrix},$$

k 是数，则

$$k\boldsymbol{A}=\begin{pmatrix}k\boldsymbol{A}_{11} & k\boldsymbol{A}_{12} & \cdots & k\boldsymbol{A}_{1s}\\ k\boldsymbol{A}_{21} & k\boldsymbol{A}_{22} & \cdots & k\boldsymbol{A}_{2s}\\ \vdots & \vdots & & \vdots\\ k\boldsymbol{A}_{r1} & k\boldsymbol{A}_{r2} & \cdots & k\boldsymbol{A}_{rs}\end{pmatrix}.$$

3. 分块矩阵的转置

设

$$\boldsymbol{A}=\begin{pmatrix}\boldsymbol{A}_{11} & \boldsymbol{A}_{12} & \cdots & \boldsymbol{A}_{1t}\\ \boldsymbol{A}_{21} & \boldsymbol{A}_{22} & \cdots & \boldsymbol{A}_{2t}\\ \vdots & \vdots & & \vdots\\ \boldsymbol{A}_{s1} & \boldsymbol{A}_{s2} & \cdots & \boldsymbol{A}_{st}\end{pmatrix},$$

则

$$\boldsymbol{A}^{\mathrm{T}}=\begin{pmatrix}\boldsymbol{A}_{11}^{\mathrm{T}} & \boldsymbol{A}_{21}^{\mathrm{T}} & \cdots & \boldsymbol{A}_{s1}^{\mathrm{T}}\\ \boldsymbol{A}_{12}^{\mathrm{T}} & \boldsymbol{A}_{22}^{\mathrm{T}} & \cdots & \boldsymbol{A}_{s2}^{\mathrm{T}}\\ \vdots & \vdots & & \vdots\\ \boldsymbol{A}_{1t}^{\mathrm{T}} & \boldsymbol{A}_{2t}^{\mathrm{T}} & \cdots & \boldsymbol{A}_{st}^{\mathrm{T}}\end{pmatrix}.$$

注意 分块矩阵的转置运算除了按普通矩阵求转置后，还要对子块再转置.

4. 分块矩阵的乘法

设 $\boldsymbol{A}$ 为 $m\times s$ 矩阵，$\boldsymbol{B}$ 为 $s\times n$ 矩阵，若它们的分块矩阵分别为

$$\boldsymbol{A}=\begin{pmatrix}\boldsymbol{A}_{11} & \boldsymbol{A}_{12} & \cdots & \boldsymbol{A}_{1t}\\ \boldsymbol{A}_{21} & \boldsymbol{A}_{22} & \cdots & \boldsymbol{A}_{2t}\\ \vdots & \vdots & & \vdots\\ \boldsymbol{A}_{s1} & \boldsymbol{A}_{s2} & \cdots & \boldsymbol{A}_{st}\end{pmatrix},\quad \boldsymbol{B}=\begin{pmatrix}\boldsymbol{B}_{11} & \boldsymbol{B}_{12} & \cdots & \boldsymbol{B}_{1r}\\ \boldsymbol{B}_{21} & \boldsymbol{B}_{22} & \cdots & \boldsymbol{A}_{2r}\\ \vdots & \vdots & & \vdots\\ \boldsymbol{B}_{t1} & \boldsymbol{B}_{t2} & \cdots & \boldsymbol{B}_{tr}\end{pmatrix}.$$

其中，子块 $\boldsymbol{A}_{i1}$，$\boldsymbol{A}_{i2}$，…，$\boldsymbol{A}_{it}$（$i=1, 2, \cdots, s$）中的列数分别等于子块 $\boldsymbol{B}_{1j}$，$\boldsymbol{B}_{2j}$，…，$\boldsymbol{B}_{tj}$（$j=1, 2, \cdots, r$）中的行数，即矩阵 $\boldsymbol{A}$ 的列的分法与矩阵 $\boldsymbol{B}$ 的行的分法一致，则

$$\boldsymbol{AB}=\begin{pmatrix}\boldsymbol{C}_{11} & \boldsymbol{C}_{12} & \cdots & \boldsymbol{C}_{1r}\\ \boldsymbol{C}_{21} & \boldsymbol{C}_{22} & \cdots & \boldsymbol{C}_{2r}\\ \vdots & \vdots & & \vdots\\ \boldsymbol{C}_{s1} & \boldsymbol{C}_{s2} & \cdots & \boldsymbol{C}_{sr}\end{pmatrix}.$$

其中 $\boldsymbol{C}_{ij}=\boldsymbol{A}_{i1}\boldsymbol{B}_{1j}+\boldsymbol{A}_{i2}\boldsymbol{B}_{2j}+\cdots+\boldsymbol{A}_{it}\boldsymbol{B}_{tj}$（$i=1, 2, \cdots, s$；$j=1, 2, \cdots, r$）.

例如，例 1 中的分块矩阵 $\boldsymbol{A}$，$\boldsymbol{B}$，有

$$\boldsymbol{AB}=\begin{pmatrix}-\boldsymbol{E} & \boldsymbol{O}\\ \boldsymbol{A}_{21} & \boldsymbol{E}\end{pmatrix}\begin{pmatrix}\boldsymbol{E} & \boldsymbol{E}\\ \boldsymbol{O} & \boldsymbol{B}_{22}\end{pmatrix}=\begin{pmatrix}-\boldsymbol{E} & -\boldsymbol{E}\\ \boldsymbol{A}_{21} & \boldsymbol{A}_{21}+\boldsymbol{B}_{22}\end{pmatrix},$$

其中
$$\boldsymbol{A}_{21}+\boldsymbol{B}_{22}=\begin{pmatrix}1 & 3\\ 5 & -2\end{pmatrix}+\begin{pmatrix}1 & 2\\ 2 & 1\end{pmatrix}=\begin{pmatrix}2 & 5\\ 7 & -1\end{pmatrix}.$$

则

$$\boldsymbol{AB}=\begin{pmatrix}-1 & 0 & -1 & 0\\ 0 & -1 & 0 & -1\\ 1 & 3 & 2 & 5\\ 5 & -2 & 7 & -1\end{pmatrix}.$$

例 2 设 $\boldsymbol{A}$ 是三阶方阵，$\boldsymbol{A}=(\boldsymbol{A}_1, \boldsymbol{A}_2, \boldsymbol{A}_3)$，$|\boldsymbol{A}|=4$，计算 $|3\boldsymbol{A}_1-\boldsymbol{A}_3, \boldsymbol{A}_1+\boldsymbol{A}_3, \boldsymbol{A}_3+\boldsymbol{A}_2|$.

解 $|3\boldsymbol{A}_1-\boldsymbol{A}_3, \boldsymbol{A}_1+\boldsymbol{A}_3, \boldsymbol{A}_3+\boldsymbol{A}_2|$

$$\xlongequal{c_1+c_2}|4\boldsymbol{A}_1, \boldsymbol{A}_1+\boldsymbol{A}_3, \boldsymbol{A}_3+\boldsymbol{A}_2|=4|\boldsymbol{A}_1, \boldsymbol{A}_1+\boldsymbol{A}_3, \boldsymbol{A}_3+\boldsymbol{A}_2|$$

$$\xlongequal{c_2-c_1}4|\boldsymbol{A}_1, \boldsymbol{A}_3, \boldsymbol{A}_3+\boldsymbol{A}_2|\xlongequal{c_3-c_2}4|\boldsymbol{A}_1, \boldsymbol{A}_3, \boldsymbol{A}_2|$$

$$=-4|\boldsymbol{A}_1, \boldsymbol{A}_2, \boldsymbol{A}_3|=-16.$$

例 3 设 $\boldsymbol{AB}$ 是三阶方阵，且 $\boldsymbol{A}=\begin{pmatrix}\boldsymbol{A}_1\\ 2\boldsymbol{A}_2\\ 3\boldsymbol{A}_3\end{pmatrix}$，$\boldsymbol{B}=\begin{pmatrix}\boldsymbol{B}_1\\ \boldsymbol{A}_2\\ \boldsymbol{A}_3\end{pmatrix}$，其中 $\boldsymbol{A}_1$，$\boldsymbol{A}_2$，$\boldsymbol{A}_3$，$\boldsymbol{B}_1$ 均为行矩阵，$|\boldsymbol{A}|=15$，$|\boldsymbol{B}|=3$，求 $|\boldsymbol{A}-\boldsymbol{B}|$.

解 $|\boldsymbol{A}-\boldsymbol{B}|=\begin{vmatrix}\boldsymbol{A}_1-\boldsymbol{B}_1\\ \boldsymbol{A}_2\\ 2\boldsymbol{A}_3\end{vmatrix}=2\begin{vmatrix}\boldsymbol{A}_1-\boldsymbol{B}_1\\ \boldsymbol{A}_2\\ \boldsymbol{A}_3\end{vmatrix}=2\begin{vmatrix}\boldsymbol{A}_1\\ \boldsymbol{A}_2\\ \boldsymbol{A}_3\end{vmatrix}-2\begin{vmatrix}\boldsymbol{B}_1\\ \boldsymbol{A}_2\\ \boldsymbol{A}_3\end{vmatrix}$

$$=\frac{1}{3}\begin{vmatrix}\boldsymbol{A}_1\\ 2\boldsymbol{A}_2\\ 3\boldsymbol{A}_3\end{vmatrix}-2\begin{vmatrix}\boldsymbol{B}_1\\ \boldsymbol{A}_2\\ \boldsymbol{A}_3\end{vmatrix}=\frac{1}{3}|\boldsymbol{A}|-2|\boldsymbol{B}|=\frac{1}{3}\times 15-2\times 3=-1.$$

例 4 设 $\boldsymbol{A}=\begin{pmatrix}1&2&3\\1&1&1\\0&3&3\end{pmatrix}$，$\boldsymbol{B}=\begin{pmatrix}1&2\\3&4\end{pmatrix}$，$\boldsymbol{C}=\begin{pmatrix}A&\boldsymbol{O}\\ \boldsymbol{O}&B\end{pmatrix}$. 求$|\boldsymbol{C}|$.

解 $|\boldsymbol{C}|=\begin{vmatrix}\boldsymbol{A}&\boldsymbol{O}\\ \boldsymbol{O}&\boldsymbol{B}\end{vmatrix}=|\boldsymbol{A}||\boldsymbol{B}|=3\times(-2)=-6.$

例 5 已知矩阵 $\boldsymbol{A}=\begin{pmatrix}3&4&0&0\\4&-3&0&0\\0&0&2&0\\0&0&-2&-2\end{pmatrix}$，求 $|\boldsymbol{A}^8|$ 及 $\boldsymbol{A}^4$.

解 设 $\boldsymbol{A}=\begin{pmatrix}\boldsymbol{A}_1&\boldsymbol{O}\\ \boldsymbol{O}&\boldsymbol{A}_2\end{pmatrix}$，$|\boldsymbol{A}_1|=\begin{vmatrix}3&4\\4&-3\end{vmatrix}=-25$，$|\boldsymbol{A}_2|=-4\begin{vmatrix}1&0\\1&1\end{vmatrix}=-4$，

则 $\quad |\boldsymbol{A}^8|=|\boldsymbol{A}|^8=(|\boldsymbol{A}_1||\boldsymbol{A}_2|)^8=100^8$，

$$\boldsymbol{A}_1^2=\begin{pmatrix}25&0\\0&25\end{pmatrix},\quad \boldsymbol{A}_2^2=\begin{pmatrix}4&0\\0&4\end{pmatrix},\quad \boldsymbol{A}_1^4=\begin{pmatrix}625&0\\0&625\end{pmatrix},\quad \boldsymbol{A}_2^4=\begin{pmatrix}16&0\\0&16\end{pmatrix},$$

$$\boldsymbol{A}^4=\begin{pmatrix}\boldsymbol{A}_1^4&\boldsymbol{O}\\ \boldsymbol{O}&\boldsymbol{A}_2^4\end{pmatrix}=\begin{pmatrix}625&0&0&0\\0&625&0&0\\0&0&16&0\\0&0&0&16\end{pmatrix}.$$

三、利用矩阵表示线性方程组

线性方程组

$$\begin{cases}a_{11}x_1+a_{12}x_2+\cdots+a_{1n}x_n=b_1,\\ a_{21}x_1+a_{22}x_2+\cdots+a_{2n}x_n=b_2,\\ \qquad\qquad\vdots\\ a_{m1}x_1+a_{m2}x_2+\cdots+a_{mn}x_n=b_m,\end{cases}\tag{1}$$

利用矩阵的乘法，有

$$
\begin{pmatrix} a_{11} & a_{12} & \cdots & a_{1n} \\ a_{21} & a_{22} & \cdots & a_{2n} \\ \vdots & \vdots & & \vdots \\ a_{m1} & a_{m2} & \cdots & a_{mn} \end{pmatrix} \begin{pmatrix} x_1 \\ x_2 \\ \vdots \\ x_n \end{pmatrix} = \begin{pmatrix} b_1 \\ b_2 \\ \vdots \\ b_m \end{pmatrix},
$$

即为

$$
\boldsymbol{Ax} = \boldsymbol{b}. \tag{2}
$$

如果把系数矩阵 $\boldsymbol{A}$ 按列分块,则有

$$
(\boldsymbol{\alpha}_1, \boldsymbol{\alpha}_2, \cdots, \boldsymbol{\alpha}_n) \begin{pmatrix} x_1 \\ x_2 \\ \vdots \\ x_n \end{pmatrix} = \boldsymbol{b},
$$

其中

$$
\boldsymbol{\alpha}_j = \begin{pmatrix} a_{1j} \\ a_{2j} \\ \vdots \\ a_{mj} \end{pmatrix}, \quad j = 1, 2, \cdots, n.
$$

即得

$$
x_1 \boldsymbol{\alpha}_1 + x_2 \boldsymbol{\alpha}_2 + \cdots + x_n \boldsymbol{\alpha}_n = \boldsymbol{b}. \tag{3}
$$

可见式(1)、(2)、(3)为线性方程组的三种不同的表示形式. 在涉及有关问题讨论时,将用到不同的形式.

习 题 2.3

1. 设矩阵

$$
\boldsymbol{E} = \begin{pmatrix} 1 & 0 \\ 0 & 1 \end{pmatrix}, \quad \boldsymbol{A} = \begin{pmatrix} 0 & 1 \\ 1 & 0 \end{pmatrix}, \quad \boldsymbol{B} = \begin{pmatrix} 1 & 0 \\ -1 & 1 \end{pmatrix}, \quad \boldsymbol{C} = \begin{pmatrix} 2 & 0 \\ 0 & 2 \end{pmatrix}, \quad \boldsymbol{O} = \begin{pmatrix} 0 & 0 \\ 0 & 0 \end{pmatrix},
$$

$$
\boldsymbol{D} = \begin{pmatrix} \boldsymbol{D}_{11} & \boldsymbol{D}_{12} \\ \boldsymbol{D}_{21} & \boldsymbol{D}_{22} \end{pmatrix} = \left(\begin{array}{cc:cc} 1 & 1 & 1 & 1 \\ 1 & 2 & 1 & 1 \\ \hdashline 3 & 1 & 1 & 1 \\ 3 & 2 & 1 & 2 \end{array}\right).
$$

试求分块矩阵的乘积.

(1) $\begin{pmatrix} \boldsymbol{O} & \boldsymbol{E} \\ \boldsymbol{E} & \boldsymbol{O} \end{pmatrix} \begin{pmatrix} \boldsymbol{D}_{11} & \boldsymbol{D}_{12} \\ \boldsymbol{D}_{21} & \boldsymbol{D}_{22} \end{pmatrix}$;　　(2) $\begin{pmatrix} \boldsymbol{O} & \boldsymbol{E} \\ \boldsymbol{E} & \boldsymbol{E} \end{pmatrix} \begin{pmatrix} \boldsymbol{D}_{11} & \boldsymbol{D}_{12} \\ \boldsymbol{D}_{21} & \boldsymbol{D}_{22} \end{pmatrix}$;

(3) $\begin{pmatrix} \boldsymbol{C} & \boldsymbol{O} \\ \boldsymbol{O} & \boldsymbol{E} \end{pmatrix}\begin{pmatrix} \boldsymbol{D}_{11} & \boldsymbol{D}_{12} \\ \boldsymbol{D}_{21} & \boldsymbol{D}_{22} \end{pmatrix}$； (4) $\begin{pmatrix} \boldsymbol{D}_{11} & \boldsymbol{D}_{12} \\ \boldsymbol{D}_{21} & \boldsymbol{D}_{22} \end{pmatrix}\begin{pmatrix} \boldsymbol{A} & \boldsymbol{O} \\ \boldsymbol{B} & \boldsymbol{C} \end{pmatrix}$.

2. 设矩阵

$$\boldsymbol{A}=\left(\begin{array}{cc:cc} 1 & 0 & 0 & 0 \\ 0 & 1 & 0 & 0 \\ \hdashline -1 & 2 & 1 & 0 \\ 1 & 1 & 0 & 1 \end{array}\right),\quad \boldsymbol{B}=\left(\begin{array}{cc:cc} 1 & 0 & 1 & 0 \\ 0 & 1 & 0 & 1 \\ \hdashline 1 & 0 & 4 & 1 \\ -1 & -1 & 2 & 0 \end{array}\right).$$

利用分块矩阵乘法计算 $\boldsymbol{AB}$.

3. 设矩阵

$$\boldsymbol{A}=\begin{pmatrix} 3 & 4 & 0 & 0 \\ 4 & -3 & 0 & 0 \\ 0 & 0 & 2 & 2 \\ 0 & 0 & 0 & 2 \end{pmatrix},$$

求 $\boldsymbol{A}^4$，$|\boldsymbol{A}|^6$.

4. 矩阵 $\boldsymbol{A}$ 是四阶方阵，$\boldsymbol{A}_1$，$\boldsymbol{A}_2$，$\boldsymbol{A}_3$，$\boldsymbol{A}_4$ 是它的行矩阵. 设 $|\boldsymbol{A}|=2$，$\boldsymbol{B}=\begin{pmatrix} \boldsymbol{A}_4 \\ 2\boldsymbol{A}_2 \\ -3\boldsymbol{A}_1 \\ \boldsymbol{A}_3 \end{pmatrix}$，求 $|\boldsymbol{B}|$ 的值.

§2.4 矩阵的初等变换

矩阵的初等变换在矩阵的运算中是很重要的，解线性方程组，求矩阵的秩、逆等都要用它. 故要正确理解矩阵初等变换的含义，并在计算时加倍小心，若有一个数字算错也就前功尽弃.

一、矩阵的初等变换

我们知道，一个线性方程组可以用其系数与常数项组成的增广矩阵表示，即

$$\begin{cases} 2x_1-x_2+2x_3=4, & (1) \\ x_1+x_2+2x_3=1, & (2) \\ 4x_1+x_2+4x_3=2. & (3) \end{cases} \xleftrightarrow{\text{对应}} \overline{\boldsymbol{A}}=\begin{pmatrix} 2 & -1 & 2 & 4 \\ 1 & 1 & 2 & 1 \\ 4 & 1 & 4 & 2 \end{pmatrix}.$$

用消元法解此方程组的具体做法如下：

(1) 互换两个方程的位置；

(2) 用一个非零常数乘一个方程；

(3) 把一个方程的倍数加到另一个方程上去.

现用矩阵表示线性方程组后,解题过程可以写成如下的形式.

第一步,互换式(1)与式(2)的位置,得

$$\begin{cases} x_1+x_2+2x_3=1, \\ 2x_1-x_2+2x_3=4, \\ 4x_1+x_2+4x_3=2. \end{cases} \xrightleftharpoons{r_1\leftrightarrow r_2} \begin{pmatrix} 1 & 1 & 2 & 1 \\ 2 & -1 & 2 & 4 \\ 4 & 1 & 4 & 2 \end{pmatrix}.$$

第二步,式(2)-式(1)×2,式(3)-式(1)×4,即

$$\begin{cases} x_1+x_2+2x_3=1, \\ -3x_2-2x_3=2, \\ -3x_2-4x_3=-2. \end{cases} \xrightleftharpoons[r_3-4r_1]{r_2-2r_1} \begin{pmatrix} 1 & 1 & 2 & 1 \\ 0 & -3 & -2 & 2 \\ 0 & -3 & -4 & -2 \end{pmatrix}.$$

第三步,式(3)-式(2),即

$$\begin{cases} x_1+x_2+2x_3=1, \\ -3x_2-2x_3=2, \\ -2x_3=-4. \end{cases} \xrightleftharpoons{r_3-r_2} \begin{pmatrix} 1 & 1 & 2 & 1 \\ 0 & -3 & -2 & 2 \\ 0 & 0 & -2 & -4 \end{pmatrix}.$$

这样方程组化为阶梯形方程组,相对应的矩阵化为行阶梯形矩阵.

以下的计算过程称为“回代过程”.

第四步,式(3)×$\left(-\dfrac{1}{2}\right)$,式(2)×(-1),即

$$\begin{cases} x_1+x_2+2x_3=1, \\ 3x_2+2x_3=-2, \\ x_3=2. \end{cases} \xrightleftharpoons[(-1)\cdot r_2]{-\frac{1}{2}r_3} \begin{pmatrix} 1 & 1 & 2 & 1 \\ 0 & 3 & 2 & -2 \\ 0 & 0 & 1 & 2 \end{pmatrix}.$$

第五步,式(1)-式(3)×2,式(2)-式(3)×2,即

$$\begin{cases} x_1+x_2=-3, \\ 3x_2=-6, \\ x_3=2. \end{cases} \xrightleftharpoons[r_2-2r_3]{r_1-2r_3} \begin{pmatrix} 1 & 1 & 0 & -3 \\ 0 & 3 & 0 & -6 \\ 0 & 0 & 1 & 2 \end{pmatrix}.$$

第六步,式(2)×$\dfrac{1}{3}$,即

$$\begin{cases} x_1+x_2 \quad =-3, \\ \quad x_2 \quad =-2, \\ \quad\quad x_3=2. \end{cases} \xrightleftharpoons{\frac{1}{3}r_2} \begin{pmatrix} 1 & 1 & 0 & -3 \\ 0 & 1 & 0 & -2 \\ 0 & 0 & 1 & 2 \end{pmatrix}.$$

第七步,式(1)－式(2),即

$$\begin{cases} x_1 \quad\quad =-1, \\ \quad x_2 \quad =-2, \\ \quad\quad x_3=2. \end{cases} \xrightleftharpoons{r_1-r_2} \begin{pmatrix} 1 & 0 & 0 & -1 \\ 0 & 1 & 0 & -2 \\ 0 & 0 & 1 & 2 \end{pmatrix}.$$

当回代过程结束,对应的矩阵化为最简阶梯阵.故原方程组的解为

$$x_1=-1, \quad x_2=-2, \quad x_3=2.$$

可见,这样左边解方程组的过程,就是将其所对应的右边增广矩阵进行一系列演变化为最简阶梯阵,从而可直接写出该方程组的解.

将矩阵化为梯形阵的过程就是对矩阵反复施行三种变换:互换某两行;用一个非零数乘某行;把某行的倍数加到另一行上去.这三种行变换称为矩阵的初等行变换.

定义 1 下列三种变换都称为矩阵的**初等行变换**:

(1) 对换矩阵的某两行,记作 $r_i \leftrightarrow r_j$,表示第 i 行与第 j 行对换;

(2) 用不等于零的数乘矩阵某一行的每一个元素,记作 kr_i,表示第 i 行乘以 k;

(3) 用一个数乘矩阵的 j 行加到 i 行上去,记作 r_i+kr_j,表示用数 k 乘第 j 行每个元素加到第 i 行对应元素上去.

注意 (1) 对矩阵施行初等行变换后得到的是一个新矩阵,它和原矩阵并不相同,仅是矩阵的演变.故这两个矩阵之间不能写等号,只能写"→"(表示等价的意思).

(2) 对一个矩阵反复施行初等行变换后一定可以化为梯形矩阵,这种演算方法很重要.

(3) 将定义中的"行"换成"列",就得到矩阵的初等列变换的定义.将"r"换成"c",就得到初等列变换的表示方法.矩阵的初等行变换和初等列变换统称为矩阵的**初等变换**.如果矩阵 $\boldsymbol{A}$ 经过有限次初等变换变成矩阵 $\boldsymbol{B}$,则称矩阵 $\boldsymbol{A}$ 与矩阵 $\boldsymbol{B}$ 等价,记作 $\boldsymbol{A}\rightarrow\boldsymbol{B}$.

定理 1 每个矩阵都可以经过有限次初等行变换化为行阶梯形矩阵,进而化为行最简阶梯形矩阵.

例 1 用初等行变换,将矩阵

$$A=\begin{pmatrix}0&0&0&6&-2\\1&-2&-1&1&2\\2&-1&0&4&3\\3&3&3&6&4\end{pmatrix}$$

化为行阶梯阵,进而化为最简阶梯阵.

解 $A\xrightarrow{r_1\leftrightarrow r_2}\begin{pmatrix}1&-2&-1&1&2\\0&0&0&6&-2\\2&-1&0&4&3\\3&3&3&6&4\end{pmatrix}\xrightarrow{\frac{1}{2}r_2}\begin{pmatrix}1&-2&-1&1&2\\0&0&0&3&-1\\2&-1&0&4&3\\3&3&3&6&4\end{pmatrix}$

$$\xrightarrow[r_4-3r_1]{r_3-2r_1}\begin{pmatrix}1&-2&-1&1&2\\0&0&0&3&-1\\0&3&2&2&-1\\0&9&6&3&-2\end{pmatrix}\xrightarrow[r_2\leftrightarrow r_3]{r_4-3r_3}\begin{pmatrix}1&-2&-1&1&2\\0&3&2&2&-1\\0&0&0&3&-1\\0&0&0&-3&1\end{pmatrix}$$

$$\xrightarrow{r_4+r_3}\begin{pmatrix}1&-2&-1&1&2\\0&3&2&2&-1\\0&0&0&3&-1\\0&0&0&0&0\end{pmatrix}=\boldsymbol{B}.$$

$\boldsymbol{B}$ 为行阶梯阵,继续使用初等行变换,将 $\boldsymbol{B}$ 化为最简阶梯形矩阵.

$$\boldsymbol{B}\xrightarrow{\frac{1}{3}r_3}\begin{pmatrix}1&-2&-1&1&2\\0&3&2&2&-1\\0&0&0&1&-\frac{1}{3}\\0&0&0&0&0\end{pmatrix}\xrightarrow[r_1-r_3]{r_2-2r_3}\begin{pmatrix}1&-2&-1&0&\frac{7}{3}\\0&3&4&0&-\frac{1}{3}\\0&0&0&1&-\frac{1}{3}\\0&0&0&0&0\end{pmatrix}$$

$$\xrightarrow{\frac{1}{3}r_2}\begin{pmatrix}1&-2&-1&0&\frac{7}{3}\\0&1&\frac{2}{3}&0&-\frac{1}{9}\\0&0&0&1&-\frac{1}{3}\\0&0&0&0&0\end{pmatrix}\xrightarrow{r_1+2r_2}\begin{pmatrix}1&0&\frac{1}{3}&0&\frac{19}{9}\\0&1&\frac{2}{3}&0&-\frac{1}{9}\\0&0&0&1&-\frac{1}{3}\\0&0&0&0&0\end{pmatrix}.$$

矩阵的初等行变换是可逆的，即如果矩阵 **A** 经过一次(或有限次)初等行变换变成矩阵 **B**，则 **B** 经过一次(或有限次)初等行变换也能变成 **A**，即有

$$\boldsymbol{A}\xrightarrow{r_i\to r_j}\boldsymbol{B}\xrightarrow{r_j\to r_i}\boldsymbol{A};\quad \boldsymbol{A}\xrightarrow{kr_i}\boldsymbol{B}\xrightarrow{\frac{1}{k}r_i}\boldsymbol{A};\quad \boldsymbol{A}\xrightarrow{r_i+kr_j}\boldsymbol{B}\xrightarrow{r_i-kr_j}\boldsymbol{A}.$$

二、初等矩阵

初等变换是矩阵的一种十分重要的运算，为了充分发挥其作用，有必要对它进一步探讨.

先看矩阵相乘的例子：

设 $\boldsymbol{A}=\begin{pmatrix}a_{11}&a_{12}&a_{13}\\a_{21}&a_{22}&a_{23}\\a_{31}&a_{32}&a_{33}\end{pmatrix}$,

有 $\begin{pmatrix}0&1&0\\1&0&0\\0&0&1\end{pmatrix}\begin{pmatrix}a_{11}&a_{12}&a_{13}\\a_{21}&a_{22}&a_{23}\\a_{31}&a_{32}&a_{33}\end{pmatrix}=\begin{pmatrix}a_{21}&a_{22}&a_{23}\\a_{11}&a_{12}&a_{13}\\a_{31}&a_{32}&a_{33}\end{pmatrix}$,

$$\begin{pmatrix}1&0&0\\0&k&0\\0&0&1\end{pmatrix}\begin{pmatrix}a_{11}&a_{12}&a_{13}\\a_{21}&a_{22}&a_{23}\\a_{31}&a_{32}&a_{33}\end{pmatrix}=\begin{pmatrix}a_{11}&a_{12}&a_{13}\\ka_{21}&ka_{22}&ka_{23}\\a_{31}&a_{32}&a_{33}\end{pmatrix}\quad(k\neq 0),$$

$$\begin{pmatrix}1&0&0\\0&1&0\\k&0&1\end{pmatrix}\begin{pmatrix}a_{11}&a_{12}&a_{13}\\a_{21}&a_{22}&a_{23}\\a_{31}&a_{32}&a_{33}\end{pmatrix}=\begin{pmatrix}a_{11}&a_{12}&a_{13}\\a_{21}&a_{22}&a_{23}\\ka_{11}+a_{31}&ka_{12}+a_{32}&ka_{13}+a_{33}\end{pmatrix}.$$

由上面三个等式可以看出，分别用三个三阶方阵左乘 **A** 的结果，相当于对 **A** 分别作了三种初等行变换：对换矩阵 **A** 的第 1, 2 两行；用数 $k\neq 0$ 乘矩阵 **A** 的第 2 行；矩阵 **A** 的第 1 行的 k 倍加到第 3 行上去. 可见矩阵的初等变换、初等阵与矩阵的乘法运算有着密切的关系，可以把矩阵的初等变换转换为矩阵的乘法.

下面建立初等矩阵的概念.

1. 初等矩阵的定义

定义 2 n 阶单位矩阵 $\boldsymbol{E}$ 经过一次初等行变换后得到的方阵称为**初等矩阵**.

初等行变换有三种，因此有下列三类初等矩阵：

(1) 对换 $\boldsymbol{E}$ 的第 i, j 两行后得到的初等矩阵，记作 $\boldsymbol{E}(i, j)$，即

$$E \xrightarrow{r_i \leftrightarrow r_j} E(i,\ j) = \begin{pmatrix} 1 & & & & & & & & & & \\ & \ddots & & & & & & & & & \\ & & 1 & & & & & & & & \\ & & & 0 & & & & 1 & & & \\ & & & & 1 & & & & & & \\ & & & & & \ddots & & & & & \\ & & & & & & 1 & & & & \\ & & & 1 & & & & 0 & & & \\ & & & & & & & & 1 & & \\ & & & & & & & & & \ddots & \\ & & & & & & & & & & 1 \end{pmatrix} \begin{matrix} \\ \\ \\ \leftarrow \text{第 } i \text{ 行} \\ \\ \\ \\ \leftarrow \text{第 } j \text{ 行} \\ \\ \\ \\ \end{matrix}.$$

$E(i,\ j)$称为**互换阵**.

(2) 用数 k $(k \neq 0)$乘 E 的第 i 行后得到的初等矩阵,记作$E[i(k)]$,即

$$E \xrightarrow{kr_i} E(i(k)) = \begin{pmatrix} 1 & & & & & & \\ & \ddots & & & & & \\ & & 1 & & & & \\ & & & k & & & \\ & & & & 1 & & \\ & & & & & \ddots & \\ & & & & & & 1 \end{pmatrix}. \leftarrow \text{第 } i \text{ 行}$$

$E(i(k))$称为**倍乘阵**.

(3) 用数 k 乘 E 的第 j 行,再加到 E 的第 i 行上去,所得到的初等矩阵,记作 $E(i,\ j(k))$,即

$$E \xrightarrow{r_i + kr_j} E(i,\ j(k)) = \begin{pmatrix} 1 & & & & & & \\ & \ddots & & & & & \\ & & 1 & \cdots & k & & \\ & & & \ddots & \vdots & & \\ & & & & 1 & & \\ & & & & & \ddots & \\ & & & & & & 1 \end{pmatrix} \begin{matrix} \\ \\ \leftarrow \text{第 } i \text{ 行} \\ \\ \leftarrow \text{第 } j \text{ 行} \\ \\ \\ \end{matrix}.$$

$E(i,\ j(k))$称为**倍加阵**.

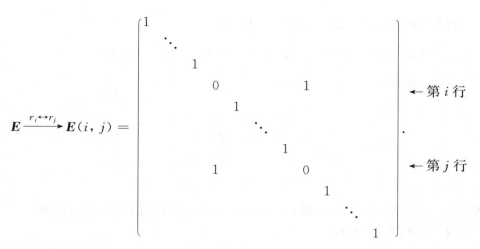

初等方阵的行列式都不等于零，且有

$$|\boldsymbol{E}(i,\ j)|=-1,\quad |\boldsymbol{E}(i(k))|=k,\quad |\boldsymbol{E}(i,\ j(k))|=1.$$

例 2 设矩阵

$$\boldsymbol{A}=\begin{pmatrix} a_{11} & a_{12} & a_{13} & a_{14}\\ a_{21} & a_{22} & a_{23} & a_{24}\\ a_{31} & a_{32} & a_{33} & a_{34}\\ a_{41} & a_{42} & a_{43} & a_{44}\end{pmatrix},$$

求 $\boldsymbol{E}(2,\ 4)\boldsymbol{A}$，$\boldsymbol{E}(3(-5))\boldsymbol{A}$，$\boldsymbol{E}(4,\ 3(-2))\boldsymbol{A}$，并把所得结果与 $\boldsymbol{A}$ 进行比较.

解 由矩阵乘法规则

$$\boldsymbol{E}(2,\ 4)\boldsymbol{A}=\begin{pmatrix} 1 & 0 & 0 & 0\\ 0 & 0 & 0 & 1\\ 0 & 0 & 1 & 0\\ 0 & 1 & 0 & 0\end{pmatrix}\begin{pmatrix} a_{11} & a_{12} & a_{13} & a_{14}\\ a_{21} & a_{22} & a_{23} & a_{24}\\ a_{31} & a_{32} & a_{33} & a_{34}\\ a_{41} & a_{42} & a_{43} & a_{44}\end{pmatrix}=\begin{pmatrix} a_{11} & a_{12} & a_{13} & a_{14}\\ a_{41} & a_{42} & a_{43} & a_{44}\\ a_{31} & a_{32} & a_{33} & a_{34}\\ a_{21} & a_{22} & a_{23} & a_{24}\end{pmatrix}.$$

由此可见，用初等矩阵 $\boldsymbol{E}(2,\ 4)$ 左乘 $\boldsymbol{A}$，相当于交换 $\boldsymbol{A}$ 的第 2、4 行. 同样

$$\begin{aligned}\boldsymbol{E}(3(-5))\boldsymbol{A}&=\begin{pmatrix} 1 & 0 & 0 & 0\\ 0 & 1 & 0 & 0\\ 0 & 0 & -5 & 0\\ 0 & 0 & 0 & 1\end{pmatrix}\begin{pmatrix} a_{11} & a_{12} & a_{13} & a_{14}\\ a_{21} & a_{22} & a_{23} & a_{24}\\ a_{31} & a_{32} & a_{33} & a_{34}\\ a_{41} & a_{42} & a_{43} & a_{44}\end{pmatrix}\\ &=\begin{pmatrix} a_{11} & a_{12} & a_{13} & a_{14}\\ a_{21} & a_{22} & a_{23} & a_{24}\\ -5a_{31} & -5a_{32} & -5a_{33} & -5a_{34}\\ a_{41} & a_{42} & a_{43} & a_{44}\end{pmatrix}.\end{aligned}$$

上式右端矩阵恰好是用 -5 乘矩阵 $\boldsymbol{A}$ 的第 3 行. 这就是说，初等矩阵 $\boldsymbol{E}(3(-5))$ 左乘 $\boldsymbol{A}$，相当于用 -5 乘 $\boldsymbol{A}$ 的第 3 行. 同样

$$\boldsymbol{E}(4,\ 3(-2))\boldsymbol{A}=\begin{pmatrix} 1 & 0 & 0 & 0\\ 0 & 1 & 0 & 0\\ 0 & 0 & 1 & 0\\ 0 & 0 & -2 & 1\end{pmatrix}\begin{pmatrix} a_{11} & a_{12} & a_{13} & a_{14}\\ a_{21} & a_{22} & a_{23} & a_{24}\\ a_{31} & a_{32} & a_{33} & a_{34}\\ a_{41} & a_{42} & a_{43} & a_{44}\end{pmatrix}$$

$$= \begin{pmatrix} a_{11} & a_{12} & a_{13} & a_{14} \\ a_{21} & a_{22} & a_{23} & a_{24} \\ a_{31} & a_{32} & a_{33} & a_{34} \\ a_{41}-2a_{31} & a_{42}-2a_{32} & a_{43}-2a_{33} & a_{44}-2a_{34} \end{pmatrix}.$$

上式右端的矩阵是用 -2 乘 $\boldsymbol{A}$ 的第 3 行加到第 4 行上去. 故用初等矩阵 $\boldsymbol{E}(4, 3(-2))$ 左乘 $\boldsymbol{A}$，相当于对 $\boldsymbol{A}$ 施行一次初等行变换.

总之，用一个初等矩阵左乘 $\boldsymbol{A}$ 相当于对 $\boldsymbol{A}$ 施行一次初等行变换，而这种初等行变换恰恰是把单位阵变为该初等矩阵时所施行的初等行变换.

这个结论在理论上是很有用的. 对于初等列变换对应的三个初等矩阵的作用也有类似的结论. 例如，

$$\begin{pmatrix} a_{11} & a_{12} & a_{13} \\ a_{21} & a_{22} & a_{23} \\ a_{31} & a_{32} & a_{33} \end{pmatrix} \begin{pmatrix} 1 & 0 & 0 \\ 0 & 1 & 2 \\ 0 & 0 & 1 \end{pmatrix} = \begin{pmatrix} a_{11} & a_{12} & 2a_{12}+a_{13} \\ a_{21} & a_{22} & 2a_{22}+a_{23} \\ a_{31} & a_{32} & 2a_{23}+a_{33} \end{pmatrix}.$$

对于初等矩阵的作用，在一般情形下有下列定理.

定理 2 对 m 行 n 列矩阵 $\boldsymbol{A}$ 施行一次初等行(列)变换，相当于在 $\boldsymbol{A}$ 的左(右)边乘一个相应的 $m(n)$ 阶初等矩阵. (证明略)

习 题 2.4

1. 设矩阵

$$\boldsymbol{A} = \begin{pmatrix} 1 & 2 & 1 & 2 \\ 3 & 1 & 2 & -1 \\ 2 & 1 & 2 & -1 \end{pmatrix},$$

求 $\boldsymbol{E}(1, 2)\boldsymbol{A}$； $\boldsymbol{E}(2(-2))\boldsymbol{A}$； $\boldsymbol{E}(3, 1(3))\boldsymbol{A}$.

2. 用矩阵

$$\boldsymbol{A} = \begin{pmatrix} a_{11} & a_{12} & a_{13} \\ a_{21} & a_{22} & a_{23} \\ a_{31} & a_{32} & a_{33} \end{pmatrix}, \quad \boldsymbol{E}(1, 3) = \begin{pmatrix} 0 & 0 & 1 \\ 0 & 1 & 0 \\ 1 & 0 & 0 \end{pmatrix}, \quad \boldsymbol{E}(2, 3(k)) = \begin{pmatrix} 1 & 0 & 0 \\ 0 & 1 & 0 \\ 0 & k & 1 \end{pmatrix}$$

的乘积表示矩阵 $\boldsymbol{B} = \begin{pmatrix} a_{31} & a_{32}+ka_{33} & a_{33} \\ a_{21} & a_{22}+ka_{23} & a_{23} \\ a_{11} & a_{12}+ka_{13} & a_{13} \end{pmatrix}$.

3. 将矩阵化为梯形阵及最简阶梯阵.

(1) $\boldsymbol{A}=\begin{pmatrix}1 & -2 & 3 & -1\\ 2 & -1 & 2 & 2\\ 3 & 1 & 2 & 3\end{pmatrix}$； (2) $\boldsymbol{B}=\begin{pmatrix}1 & 5 & -1 & -1 & -1\\ 1 & -2 & 1 & 3 & 3\\ 3 & 8 & -1 & 1 & 1\\ 1 & -9 & 3 & 7 & 7\end{pmatrix}$.

4. 设矩阵 $\boldsymbol{A}=\begin{pmatrix}0 & 1 & 7 & 8\\ 1 & 3 & 3 & 8\\ -2 & -5 & 1 & -8\end{pmatrix}$，(1)用初等行变换化为矩阵 $\boldsymbol{A}$ 阶梯形矩阵 $\boldsymbol{B}$；(2)求出初等矩阵 $\boldsymbol{P}_1$，$\boldsymbol{P}_2$，$\boldsymbol{P}_3$，并表示成 $\boldsymbol{B}=\boldsymbol{P}_3\boldsymbol{P}_2\boldsymbol{P}_1\boldsymbol{A}$ 的形式.

§2.5 矩阵的秩及其求法

秩是矩阵的一个很重要的概念，它是利用矩阵进一步研究线性方程组和二次型的基础.

一、矩阵的秩的概念

定义 1 在矩阵 $\boldsymbol{A}_{m\times n}$ 中任取 k 行 k 列 $(1\leqslant k\leqslant \min\{m, n\})$，位于 k 行 k 列交叉位置上的 k^2 个元素，按原有的次序组成的 k 阶方阵称为矩阵 $\boldsymbol{A}$ 的 **k 阶子方阵**，$\boldsymbol{A}$ 的 k 阶子方阵的行列式称为 $\boldsymbol{A}$ 的 **k 阶子式**.

例 1 设矩阵

$$\boldsymbol{A}=\begin{pmatrix}1 & 2 & 3 & -1\\ 4 & 6 & 5 & -4\\ 1 & 0 & -1 & -1\\ 3 & -4 & -2 & 6\end{pmatrix},$$

于是，由 $\boldsymbol{A}$ 的第 1、2 行，第 1、3 列相交处元素组成的一个二阶子式为

$$D_2=\begin{vmatrix}1 & 3\\ 4 & 5\end{vmatrix}.$$

由 $\boldsymbol{A}$ 的第 1、4 行，第 2、4 列相交处元素组成的一个二阶子式为

$$D_2=\begin{vmatrix}2 & -1\\ -4 & 6\end{vmatrix}.$$

$\boldsymbol{A}$ 中共有 $C_4^2\cdot C_4^2=36$ 个二阶子式.

同样，由矩阵 $\boldsymbol{A}$ 的 1、3、4 行及第 1、3、4 列相交处元素组成的 $\boldsymbol{A}$ 的一个三阶子式为

$$D_3=\begin{vmatrix}1 & 3 & -1\\ 1 & -1 & -1\\ 3 & -2 & -6\end{vmatrix}.$$

可见,$\boldsymbol{A}$ 中有 $C_4^3 \cdot C_4^3 = 16$ 个三阶子式.

又由于 $\boldsymbol{A}$ 是四阶方阵,所以 $\boldsymbol{A}$ 的四阶子式只有 1 个,即 $|\boldsymbol{A}|$.

定义 2 矩阵 $\boldsymbol{A}_{m\times n}$ 的所有不为零的子式的最高阶数称为矩阵 $\boldsymbol{A}$ **的秩**,记为 $R(\boldsymbol{A})$. 并规定零矩阵的秩等于零.

在矩阵 $\boldsymbol{A}$ 中,当所有 $r+1$ 阶子式全等于零时,根据行列式的定义可以推知,所有高于 $r+1$ 阶子式(如果存在的话)也全为零. 因此,$\boldsymbol{A}$ 的秩 $R(\boldsymbol{A})=r$, r 就是 $\boldsymbol{A}$ 中不等于零的子式的最高阶数. 显然, $m\times n$ 矩阵 $\boldsymbol{A}$ 的秩 $R(\boldsymbol{A}) \leqslant \min\{m, n\}$.

由于 $\boldsymbol{A}$ 的每一个子式的转置都是 $\boldsymbol{A}$ 的转置矩阵 $\boldsymbol{A}^{\mathrm{T}}$ 中的一个子式,由矩阵秩的定义可知,转置矩阵的秩等于原矩阵的秩,即

$$R(\boldsymbol{A}^{\mathrm{T}}) = R(\boldsymbol{A}).$$

例如,

$$\boldsymbol{A} = \begin{pmatrix} 0 & 0 \\ 0 & 0 \\ 0 & 0 \end{pmatrix}, \quad \boldsymbol{B} = \begin{pmatrix} 0 & 1 & 0 \\ 0 & 0 & 0 \\ 0 & 0 & 0 \end{pmatrix}, \quad \boldsymbol{C} = \begin{pmatrix} 1 & 0 & 0 \\ 0 & 0 & 1 \\ 0 & 0 & 0 \end{pmatrix}, \quad \boldsymbol{D} = \begin{pmatrix} 3 & 0 & 0 \\ 0 & 1 & 0 \\ 0 & 0 & 2 \end{pmatrix}.$$

则有 $R(\boldsymbol{A}) = 0$, $R(\boldsymbol{B}) = 1$, $R(\boldsymbol{C}) = 2$, $R(\boldsymbol{D}) = 3$.

二、矩阵的秩的求法

1. 按定义求矩阵的秩

根据定义 2,在求矩阵的秩时,采用如下步骤:

第一步,依次寻找矩阵 $\boldsymbol{A}$ 的 1, 2, …阶不为零的子式,比如找到 r 阶子式不等于零;

第二步,在找到不为零的 r 阶子式后,再去判断 $r+1$ 阶子式是否全为零. 若全为零,则 $R(\boldsymbol{A}) = r$. 若有一个不为零,则再去判断 $r+2$ 阶子式是否全为零. 如此下去,即可求出 $R(\boldsymbol{A})$.

为了减少计算行列式的个数,给出下面的定理.

定理 1 设矩阵 $\boldsymbol{A}$ 有一个 r 阶子式 $D \neq 0$, 但所有 $r+1$ 阶子式(如果存在)都等于零,则 $\boldsymbol{A}$ 的秩为 r.(证明略)

例 2 求下列矩阵的秩.

$$(1)\ \boldsymbol{A} = \begin{pmatrix} a_{11} & & & & & \\ & a_{22} & & & & \\ & & \ddots & & & \\ & & & a_{rr} & & \\ & & & & 0 & \\ & & & & & \ddots \\ & & & & & & 0 \end{pmatrix};$$

$$
(2)\ \boldsymbol{B}=\begin{pmatrix}
a_{11} & a_{12} & \cdots & a_{1r} & \cdots & a_{1n}\\
 & a_{22} & \cdots & a_{2r} & \cdots & a_{2n}\\
 & & \ddots & & & \\
 & & & a_{rr} & \cdots & a_{rn}\\
 & & & 0 & \cdots & 0\\
 & & & & \ddots & \\
 & & & & & 0
\end{pmatrix},
$$

其中，$a_{ii}\neq 0\ (i=1,\ 2,\ \cdots,\ r)$.

解 (1) 因为 $D=\begin{vmatrix} a_{11} & & & \\ & a_{22} & & \\ & & \ddots & \\ & & & a_{rr}\end{vmatrix}=a_{11}a_{22}\cdots a_{rr}\neq 0$,

而含 D 的 $r+1$ 阶子式均为零，所以 $R(\boldsymbol{A})=r$.

(2) 因为 $D=\begin{vmatrix} a_{11} & a_{12} & \cdots & a_{1r}\\ & a_{21} & \cdots & a_{2r}\\ & & \ddots & \\ \vdots & & & a_{rr}\end{vmatrix}=a_{11}a_{22}\cdots a_{rr}\neq 0$,

而含 D 的 $r+1$ 阶子式均为零，所以 $R(\boldsymbol{B})=r$.

由此例看到：对角矩阵的秩等于对角线上不为零的元素的个数；阶梯形矩阵的秩等于其非零行的行数.

例 3 求矩阵 $\boldsymbol{A}$ 的秩，其中

$$
\boldsymbol{A}=\begin{pmatrix}
2 & -4 & 3 & 1 & 6\\
1 & -2 & 1 & -4 & 2\\
0 & 1 & -1 & 3 & 1\\
4 & -7 & 4 & -4 & 11
\end{pmatrix}.
$$

解 因为二阶子式

$$
D_2=\begin{vmatrix} -4 & 3\\ -2 & 1\end{vmatrix}=2\neq 0.
$$

三阶子式

$$D_3 = \begin{vmatrix} 2 & -4 & 3 \\ 1 & -2 & 1 \\ 0 & 1 & -1 \end{vmatrix} = 1 \neq 0.$$

四阶子式

$$\begin{vmatrix} 2 & -4 & 3 & 1 \\ 1 & -2 & 1 & -4 \\ 0 & 1 & -1 & 3 \\ 4 & -7 & 4 & -4 \end{vmatrix} = 0;\quad \begin{vmatrix} 2 & -4 & 3 & 6 \\ 1 & -2 & 1 & 2 \\ 0 & 1 & -1 & 1 \\ 4 & -7 & 4 & 11 \end{vmatrix} = 0;\ \cdots.$$

可得所有四阶子式均为零，所以，$R(\boldsymbol{A}) = 3$.

例 4 已知方阵 $\boldsymbol{A} = \begin{pmatrix} k & 1 & 1 \\ 1 & k & 1 \\ 1 & 1 & k \end{pmatrix}$，且 $R(\boldsymbol{A}) < 3$，求常数 k 的值.

解 由题意可知

$$|\boldsymbol{A}| = \begin{vmatrix} k & 1 & 1 \\ 1 & k & 1 \\ 1 & 1 & k \end{vmatrix} = (k+2)\begin{vmatrix} 1 & 1 & 1 \\ 0 & k-1 & 0 \\ 0 & 0 & k-1 \end{vmatrix} = (k+2)(k-1)^2 = 0.$$

则 $$k = -2 \quad 或 \quad k = 1.$$

例 5 已知方阵 $\boldsymbol{A} = \begin{pmatrix} k & 1 & 1 & 1 \\ 1 & k & 1 & 1 \\ 1 & 1 & k & 1 \\ 1 & 1 & 1 & k \end{pmatrix}$，$R(\boldsymbol{A}) = 3$，求常数 k.

解 $$|\boldsymbol{A}| = (k+3)\begin{vmatrix} 1 & 1 & 1 & 1 \\ 1 & k & 1 & 1 \\ 1 & 1 & k & 1 \\ 1 & 1 & 1 & k \end{vmatrix} = (k+3)\begin{vmatrix} 1 & 1 & 1 & 1 \\ 0 & k-1 & 0 & 0 \\ 0 & 0 & k-1 & 0 \\ 0 & 0 & 0 & k-1 \end{vmatrix}$$

$$= (k+3)(k-1)^3.$$

因为 $R(\boldsymbol{A}) = 3$，则 $|\boldsymbol{A}| = 0$，有 $k = -3$ 或 $k = 1$（舍去）.

因为当 $k = 1$ 时，$R(\boldsymbol{A}) = 1$，不合题意，所以取 $k = -3$.

上述方法求矩阵的秩，需要计算很多行列式，此法只适用于低阶矩阵，一般情况很少用此法. 下面介绍一种求矩阵秩的主要方法.

2. 用初等变换求矩阵的秩

我们知道，一个矩阵通过初等变换一定可以化为阶梯形矩阵. 而阶梯形矩阵的秩等于其非零行的行数. 下面只要证明矩阵经过初等变换后其秩不变的问题，这样就可以将矩阵 $\boldsymbol{A}$ 通过初等变换化为阶梯形矩阵 $\boldsymbol{B}$，由 $R(\boldsymbol{B})$ 即可得 $R(\boldsymbol{A})$.

定理 2 矩阵初等变换后不改变它的秩(即等价矩阵的秩相等).

证明 先证矩阵 $\boldsymbol{A}$ 经过一次行初等变换变到矩阵 $\boldsymbol{B}$，有 $R(\boldsymbol{A})=R(\boldsymbol{B})$.

对矩阵 $\boldsymbol{A}$ 施行三种初等行变换：

(1) $r_i \leftrightarrow r_j$，只会改变 $\boldsymbol{A}$ 中子行列式的符号；

(2) kr_i，是 $\boldsymbol{A}$ 中对应子行列式的 k 倍；

(3) r_i+kr_j，是行列式的运算性质，行列式的值不变.

所以，对矩阵 $\boldsymbol{A}$ 施行初等行变换不改变其子行列式是否为零，若矩阵 $\boldsymbol{A}$ 经过初等行变换得到矩阵 $\boldsymbol{B}$，有 $R(\boldsymbol{A})=R(\boldsymbol{B})$.

注意 设 $\boldsymbol{A}$ 是 n 阶方阵，对 $\boldsymbol{A}$ 施行初等行变换后得 n 阶方阵 $\boldsymbol{B}$，其所对应的行列式的运算关系如下：

(1) 若 $\boldsymbol{A}\xrightarrow{r_i\leftrightarrow r_j}\boldsymbol{B}$，则 $|\boldsymbol{B}|=-|\boldsymbol{A}|$；

(2) 若 $\boldsymbol{A}\xrightarrow{kr_i}\boldsymbol{B}$，则 $|\boldsymbol{B}|=k|\boldsymbol{A}|$；

(3) 若 $\boldsymbol{A}\xrightarrow{r_i+kr_j}\boldsymbol{B}$，则 $|\boldsymbol{B}|=|\boldsymbol{A}|$.

由于初等变换不改变矩阵的秩，而任一矩阵 $A_{m\times n}$ 都等价于行阶梯阵，其秩 $R(\boldsymbol{A})$ 等于它的非零行的行数，所以可以用初等行变换化 $\boldsymbol{A}$ 为阶梯形矩阵来求 $\boldsymbol{A}$ 的秩.

例 6 利用初等变换求例 3 的秩 $R(\boldsymbol{A})$.

解 $$\boldsymbol{A}=\begin{pmatrix}2&-4&3&1&6\\1&-2&1&-4&2\\0&1&-1&3&1\\4&-7&4&-4&11\end{pmatrix}\xrightarrow[r_4-2r_3]{\substack{r_1\leftrightarrow r_2\\ r_2\leftrightarrow r_3}}\begin{pmatrix}1&-2&1&-4&2\\0&1&-1&3&1\\2&-4&3&1&6\\0&1&-2&-6&-1\end{pmatrix}$$

$$\xrightarrow[r_4-r_2]{r_3-2r_1}\begin{pmatrix}1&-2&1&-4&2\\0&1&-1&3&1\\0&0&1&9&2\\0&0&-1&-9&-2\end{pmatrix}\xrightarrow{r_4+r_3}\begin{pmatrix}1&-2&1&-4&2\\0&1&-1&3&1\\0&0&1&9&2\\0&0&0&0&0\end{pmatrix}.$$

则 $R(\boldsymbol{A})=3$.

例 7 已知矩阵

$$B=\begin{pmatrix}1&2&-1&5&13\\2&-1&3&0&11\\1&5&-3&6&39\\0&7&0&-1&85\\-3&2&-2&2&-8\end{pmatrix},$$

求 $R(\boldsymbol{B})$.

解 对 $\boldsymbol{B}$ 作行初等变换,即

$$\boldsymbol{B}\to\begin{pmatrix}1&2&-1&5&13\\0&-5&5&-10&-15\\0&3&-2&1&26\\0&7&0&-1&85\\0&8&-5&17&31\end{pmatrix}\to\begin{pmatrix}1&2&-1&5&13\\0&1&-1&2&3\\0&0&1&-5&17\\0&0&7&-15&64\\0&0&3&1&7\end{pmatrix}$$

$$\to\begin{pmatrix}1&2&-1&5&13\\0&1&-1&2&3\\0&0&1&-5&17\\0&0&0&20&-55\\0&0&0&16&-44\end{pmatrix}\to\begin{pmatrix}1&2&-1&5&13\\0&1&-1&2&3\\0&0&1&-5&17\\0&0&0&4&-11\\0&0&0&0&0\end{pmatrix}.$$

故 $R(\boldsymbol{B})=4$.

例 8 设 $\boldsymbol{A}=\begin{pmatrix}1&1&1&1\\0&1&-1&b\\2&3&a&b+1\\3&5&1&7\end{pmatrix}$,讨论矩阵 $\boldsymbol{A}$ 的秩与 a, b 取值的关系.

解 $\boldsymbol{A}\to\begin{pmatrix}1&1&1&1\\0&1&-1&b\\0&1&a-2&b-1\\0&2&-2&4\end{pmatrix}\to\begin{pmatrix}1&1&1&1\\0&1&-1&2\\0&0&a-1&-1\\0&0&0&b-2\end{pmatrix}$.

当 $a\neq1$, $b\neq2$ 时,$R(\boldsymbol{A})=4$; 当 $a=1$ 或 $b=2$ 时,$R(\boldsymbol{A})=3$.

三、满秩矩阵

定义 3 如果 n 阶方阵 $\boldsymbol{A}$ 的秩与阶数 n 相等,那么称 $\boldsymbol{A}$ 是**满秩矩阵**. 否则称 $\boldsymbol{A}$ 为**降秩矩阵**.

判别方阵 $\boldsymbol{A}$ 是否为满秩方阵的主要方法是按照定义求 $R(\boldsymbol{A})$,看 $R(\boldsymbol{A})$是否等于 $\boldsymbol{A}$ 的阶数 n,但下面的判别法也是很有用的.

定理 3　n 阶方阵 $\boldsymbol{A}$ 为满秩方阵的充要条件是 $\boldsymbol{A}$ 为非奇异矩阵.

证明　必要性. 设 n 阶方阵 $\boldsymbol{A}$ 为满秩矩阵，则其存在不为零的 n 阶子式，即 $|\boldsymbol{A}| \neq 0$，则 $\boldsymbol{A}$ 为非奇异矩阵.

充分性. 已知 $\boldsymbol{A}$ 为非奇异矩阵，欲证 $\boldsymbol{A}$ 是满秩方阵. 因为 $\boldsymbol{A}$ 为非奇异的，故 $|\boldsymbol{A}| \neq 0$. 由定义 2 可知 $R(\boldsymbol{A}) = n$，即 $\boldsymbol{A}$ 为满秩矩阵.

定理 4　对于满秩 n 阶方阵 $\boldsymbol{A}$ 施行一系列初等行变换可以化成单位矩阵 $\boldsymbol{E}$，即

$$R(\boldsymbol{A}) = n \Longleftrightarrow \boldsymbol{A} \to \boldsymbol{E}.$$

例如，$\begin{pmatrix} 1 & 2 & 3 \\ 2 & 1 & 2 \\ 3 & 1 & 2 \end{pmatrix} \to \begin{pmatrix} 1 & 2 & 3 \\ 0 & -3 & -4 \\ 0 & -2 & -3 \end{pmatrix} \to \begin{pmatrix} 1 & 0 & 0 \\ 0 & 1 & 1 \\ 0 & 2 & 3 \end{pmatrix} \to \begin{pmatrix} 1 & 0 & 0 \\ 0 & 1 & 0 \\ 0 & 0 & 1 \end{pmatrix}$.

例 9　判断方阵 $\boldsymbol{A} = \begin{pmatrix} 1 & 2 & 3 \\ 2 & 1 & 2 \\ 3 & 1 & 2 \end{pmatrix}$ 是否为满秩矩阵.

解　$\boldsymbol{A} = \begin{pmatrix} 1 & 2 & 3 \\ 2 & 1 & 2 \\ 3 & 1 & 2 \end{pmatrix} \to \begin{pmatrix} 1 & 2 & 3 \\ 0 & -3 & -4 \\ 0 & -2 & -3 \end{pmatrix} \to \begin{pmatrix} 1 & 0 & 0 \\ 0 & 1 & 1 \\ 0 & 2 & 3 \end{pmatrix} \to \begin{pmatrix} 1 & 0 & 0 \\ 0 & 1 & 0 \\ 0 & 0 & 1 \end{pmatrix} = \boldsymbol{E}.$

因为 $R(\boldsymbol{A}) = 3$ 正是方阵 $\boldsymbol{A}$ 的阶数，则称方阵 $\boldsymbol{A}$ 为满秩矩阵.

关于矩阵的秩，还有以下一些重要结论：

性质 1　设 $\boldsymbol{A}, \boldsymbol{B}$ 均为 $m \times n$ 矩阵，则 $R(\boldsymbol{A}+\boldsymbol{B}) \leqslant R(\boldsymbol{A}) + R(\boldsymbol{B})$.

性质 2　设 $\boldsymbol{A}$ 为 $m \times n$ 矩阵，$\boldsymbol{B}$ 为 $n \times s$ 矩阵，则 $R(\boldsymbol{AB}) \leqslant R(\boldsymbol{A})$，$R(\boldsymbol{AB}) \leqslant R(\boldsymbol{B})$，即 $R(\boldsymbol{AB}) \leqslant \min\{R(\boldsymbol{A}), R(\boldsymbol{B})\}$.

性质 3　设 $\boldsymbol{A}$ 为 $m \times n$ 矩阵，$R(\boldsymbol{A}) = n$，如果 $\boldsymbol{AB} = \boldsymbol{O}$，则 $\boldsymbol{B} = \boldsymbol{O}$.

性质 4　设 $\boldsymbol{A}$ 为 $m \times n$ 矩阵，$\boldsymbol{B}$ 为 $n \times s$ 矩阵，则 $R(\boldsymbol{A}) + R(\boldsymbol{B}) \leqslant n + R(\boldsymbol{AB})$.

性质 5　设 $\boldsymbol{A}$ 为 $m \times n$ 矩阵，$\boldsymbol{B}$ 为 $n \times s$ 矩阵，如果 $\boldsymbol{AB} = \boldsymbol{O}$，则 $R(\boldsymbol{A}) + R(\boldsymbol{B}) \leqslant n$.

习　题　2.5

1. 用定义求各矩阵的秩.

(1) $\boldsymbol{A} = \begin{pmatrix} 4 & 2 & 1 & 3 \\ 2 & 1 & 0 & 2 \\ 0 & 0 & 3 & 3 \end{pmatrix}$；　　(2) $\boldsymbol{B} = \begin{pmatrix} 1 & 1 & 1 \\ a_1 & a_2 & a_3 \\ a_1^2 & a_2^2 & a_3^2 \\ a_1^3 & a_2^3 & a_3^3 \end{pmatrix}$.

2. 用行初等变换求矩阵的秩.

(1) $\boldsymbol{A}=\begin{pmatrix}1 & 1 & -1\\ 3 & 1 & 0\\ 4 & 4 & 1\\ 1 & -2 & 1\end{pmatrix}$;　　(2) $\boldsymbol{B}=\begin{pmatrix}1 & -1 & 2 & 1 & 0\\ 2 & -2 & 4 & -2 & 0\\ 3 & 0 & 6 & -1 & 1\\ 2 & 1 & 4 & 2 & 1\end{pmatrix}$.

3. 判断方阵是否是满秩的.

(1) $\begin{pmatrix}1 & 1 & 2\\ 1 & 2 & 5\\ 5 & -3 & 4\end{pmatrix}$;　　(2) $\begin{pmatrix}1 & 2 & 3 & 4\\ 0 & -1 & 0 & -2\\ 5 & 0 & 6 & 0\\ -3 & -3 & -5 & -6\end{pmatrix}$.

4. 设 $\boldsymbol{A}$ 是三阶满秩方阵,矩阵 $\boldsymbol{B}=\begin{pmatrix}1 & 2 & 3 & 4\\ 5 & 6 & 7 & 8\\ 9 & 10 & 11 & 12\end{pmatrix}$,求 $R(\boldsymbol{A})$, $R(\boldsymbol{B})$, $R(\boldsymbol{AB})$.

5. 设矩阵 $\boldsymbol{A}=\begin{pmatrix}1 & -1 & 1 & 2\\ 3 & a & -1 & 2\\ 5 & 3 & b & 6\end{pmatrix}$,且 $R(\boldsymbol{A})=2$,求 a, b 的值.

§2.6　逆矩阵及其求法

逆矩阵是矩阵中一个重要概念,在实际应用中也是非常重要的.

一、逆矩阵的概念

由矩阵的代数运算可知:任一矩阵与同型零矩阵相加,结果是原矩阵;任一矩阵与单位矩阵相乘(只要乘法可行),结果还是原矩阵. 所以,可以说零矩阵有类似于数"0"的作用;单位阵 $\boldsymbol{E}$ 有类似数"1"的作用.

在数的运算中,乘法运算的逆运算是除法运算,即若 $a\neq 0$,则一定存在 a 的倒数 $\frac{1}{a}=a^{-1}$,使得

$$a^{-1}a=aa^{-1}=1.$$

若令 $a^{-1}=b$,上式则可写成

$$ab=ba=1.$$

这就是说,对于一个非零数 a,存在唯一的非零数 b,使得上式成立,则称 b 为 a 的倒数,也称为逆数. 显然,a 也是 b 的倒数(逆数).

在矩阵运算中,我们自然要问,对于一个非零方阵 $\boldsymbol{A}$ 是否一定存在一个方阵

$\boldsymbol{B}$,使 $\boldsymbol{AB}=\boldsymbol{BA}=\boldsymbol{E}$?

定义 1 对于一个 n 阶方阵 $\boldsymbol{A}$,如果存在一个 n 阶方阵 $\boldsymbol{B}$,使得

$$\boldsymbol{AB}=\boldsymbol{BA}=\boldsymbol{E} \tag{1}$$

成立,则称方阵 $\boldsymbol{B}$ 为 $\boldsymbol{A}$ 的**逆矩阵**,记为 $\boldsymbol{A}^{-1}$,即 $\boldsymbol{B}=\boldsymbol{A}^{-1}$. 也就是说

$$\boldsymbol{AA}^{-1}=\boldsymbol{A}^{-1}\boldsymbol{A}=\boldsymbol{E}. \tag{2}$$

此时称 $\boldsymbol{A}$ 为**可逆(方)阵**(或称 $\boldsymbol{A}$ 可逆). 否则,称 $\boldsymbol{A}$ 是不可逆的.

定义中方阵 $\boldsymbol{A}$ 和 $\boldsymbol{B}$ 的地位是相同的. 因而如果 $\boldsymbol{A}$ 可逆,且 $\boldsymbol{B}$ 是 $\boldsymbol{A}$ 的逆矩阵,则 $\boldsymbol{B}$ 也可逆,且 $\boldsymbol{A}$ 是 $\boldsymbol{B}$ 的逆矩阵. 例如,

(1) 设 $\boldsymbol{A}=\begin{pmatrix}3 & -2\\ -1 & 1\end{pmatrix}$, $\boldsymbol{B}=\begin{pmatrix}1 & 2\\ 1 & 3\end{pmatrix}$,可以验证 $\boldsymbol{AB}=\boldsymbol{BA}=\boldsymbol{E}$.

(2) 设 $\boldsymbol{A}=\begin{pmatrix}1 & 1\\ 0 & 0\end{pmatrix}$,则对于任意方矩阵 $\boldsymbol{B}=\begin{pmatrix}a & b\\ c & d\end{pmatrix}$, $\boldsymbol{AB}=\begin{pmatrix}1 & 1\\ 0 & 0\end{pmatrix}\begin{pmatrix}a & b\\ c & d\end{pmatrix}=\begin{pmatrix}a+c & b+d\\ 0 & 0\end{pmatrix}\neq\boldsymbol{E}$, 所以不存在矩阵 $\boldsymbol{B}$ 使 $\boldsymbol{AB}=\boldsymbol{E}$.

注意 (1) 不是方阵一定有逆矩阵,对于方阵 $\boldsymbol{A}$ 来说,如果存在 $\boldsymbol{B}$,使得 $\boldsymbol{AB}=\boldsymbol{BA}=\boldsymbol{E}$ 时,$\boldsymbol{A}$ 才可逆,此时 $\boldsymbol{B}=\boldsymbol{A}^{-1}$;若不存在这样的方阵 $\boldsymbol{B}$,则 $\boldsymbol{A}$ 不可逆. 所以对于方阵 $\boldsymbol{A}$ 来说,可能有逆矩阵,也可能没有逆矩阵.

(2) $\boldsymbol{A}^{-1}\neq\dfrac{1}{\boldsymbol{A}}$, 即矩阵没有除法,不要把 $\boldsymbol{A}^{-1}$ 理解为除法. 这一点和数 a 的逆是不同的.

例 1 求 $\boldsymbol{A}=\begin{pmatrix}3 & -1\\ -2 & 1\end{pmatrix}$ 的逆矩阵.

解 用定义即待定法,设 $\boldsymbol{A}^{-1}=\begin{pmatrix}a_{11} & a_{12}\\ a_{21} & a_{22}\end{pmatrix}$. 由 $\boldsymbol{AA}^{-1}=\boldsymbol{E}$,有

$$\begin{pmatrix}3 & -1\\ -2 & 1\end{pmatrix}\begin{pmatrix}a_{11} & a_{12}\\ a_{21} & a_{22}\end{pmatrix}=\begin{pmatrix}3a_{11}-a_{21} & 3a_{12}-a_{22}\\ -2a_{11}+a_{21} & -2a_{12}+a_{22}\end{pmatrix}=\begin{pmatrix}1 & 0\\ 0 & 1\end{pmatrix}.$$

$$\begin{cases}3a_{11}-a_{21}=1,\\ 3a_{12}-a_{22}=0,\\ -2a_{11}+a_{21}=0,\\ -2a_{12}+a_{22}=1,\end{cases}\quad \text{解得}\quad \begin{cases}a_{11}=1,\\ a_{12}=1,\\ a_{21}=2,\\ a_{22}=3.\end{cases}$$

则 $\quad \boldsymbol{A}^{-1}=\begin{pmatrix}1 & 1\\ 2 & 3\end{pmatrix}$.

可以验证 $\quad \boldsymbol{A}^{-1}\boldsymbol{A}=\begin{pmatrix}1 & 1\\ 2 & 3\end{pmatrix}\begin{pmatrix}3 & -1\\ -2 & 1\end{pmatrix}=\begin{pmatrix}1 & 0\\ 0 & 1\end{pmatrix}$.

所以 $\boldsymbol{A}^{-1}=\begin{pmatrix}1 & 1\\ 2 & 3\end{pmatrix}$.

定理 1 可逆方阵的逆矩阵是唯一的.

证明 设 $\boldsymbol{B}$, $\boldsymbol{C}$ 都是 $\boldsymbol{A}$ 的逆矩阵,欲证 $\boldsymbol{B}=\boldsymbol{C}$.

因为
$$\boldsymbol{AB}=\boldsymbol{BA}=\boldsymbol{E},\quad \boldsymbol{AC}=\boldsymbol{CA}=\boldsymbol{E},$$
故
$$\boldsymbol{B}=\boldsymbol{EB}\xlongequal{\boldsymbol{CA}=\boldsymbol{E}}(\boldsymbol{CA})\boldsymbol{B}=\boldsymbol{C}(\boldsymbol{AB})=\boldsymbol{CE}=\boldsymbol{C}.$$

二、方阵可逆的判别

定义 2 设方阵 $\boldsymbol{A}=\begin{pmatrix}a_{11} & a_{12} & \cdots & a_{1n}\\ a_{21} & a_{22} & \cdots & a_{2n}\\ \vdots & \vdots & & \vdots\\ a_{n1} & a_{n2} & \cdots & a_{nn}\end{pmatrix}$,则 $\boldsymbol{A}$ 中的元素 a_{ij} 的代数余子式 A_{ij} 所组成的 n 阶方阵

$$\begin{pmatrix}A_{11} & A_{21} & \cdots & A_{n1}\\ A_{12} & A_{22} & \cdots & A_{n2}\\ \vdots & \vdots & & \vdots\\ A_{1n} & A_{2n} & \cdots & A_{nn}\end{pmatrix}$$

称为 $\boldsymbol{A}$ 的**伴随矩阵**,记为 $\boldsymbol{A}^*$.

比较上两式各元素的下标,可以发现它们之间有如下特点:除主对角线元素的下标相同外,其余元素的下标均不相同,$\boldsymbol{A}^*$ 中第 i 列是 $\boldsymbol{A}$ 中第 i 行各元素的代数余子式. 例如,设

$$\boldsymbol{A}=\begin{pmatrix}5 & -1 & 3\\ 1 & 4 & 1\\ 3 & 0 & 2\end{pmatrix},$$

分别求出 $\boldsymbol{A}$ 中各元素的代数余子式:

$$\begin{aligned}
&A_{11}=8, && A_{12}=1, && A_{13}=-12,\\
&A_{21}=2, && A_{22}=1, && A_{23}=-3,\\
&A_{31}=-13, && A_{32}=-2, && A_{33}=21.
\end{aligned}$$

则 $A^* = \begin{pmatrix} 8 & 2 & -13 \\ 1 & 1 & -2 \\ -12 & -3 & 21 \end{pmatrix}$.

下面的定理给出逆矩阵的求法.

定理 2 n 阶方阵 $\boldsymbol{A}$ 可逆的充要条件是 $|\boldsymbol{A}| \neq 0$，且

$$\boldsymbol{A}^{-1} = \frac{1}{|\boldsymbol{A}|}\boldsymbol{A}^*.$$

证明 必要性. 已知 $\boldsymbol{A}$ 可逆，欲证 $|\boldsymbol{A}| \neq 0$.

因 $\boldsymbol{A}$ 可逆，所以存在 $\boldsymbol{A}^{-1}$，使得 $\boldsymbol{A}^{-1}\boldsymbol{A} = \boldsymbol{A}\boldsymbol{A}^{-1} = \boldsymbol{E}$，故

$$|\boldsymbol{A}^{-1}\boldsymbol{A}| = |\boldsymbol{A}\boldsymbol{A}^{-1}| = |\boldsymbol{E}|,$$

即

$$|\boldsymbol{A}||\boldsymbol{A}^{-1}| = |\boldsymbol{E}| = 1, \quad |\boldsymbol{A}| \neq 0.$$

充分性. 已知 $|\boldsymbol{A}| \neq 0$，欲证 $\boldsymbol{A}$ 可逆，作

$$\boldsymbol{A}\boldsymbol{A}^* = \begin{pmatrix} a_{11} & a_{12} & \cdots & a_{1n} \\ a_{21} & a_{22} & \cdots & a_{2n} \\ \vdots & \vdots & & \vdots \\ a_{n1} & a_{n2} & \cdots & a_{nn} \end{pmatrix}\begin{pmatrix} A_{11} & A_{21} & \cdots & A_{n1} \\ A_{12} & A_{22} & \cdots & A_{n2} \\ \vdots & \vdots & & \vdots \\ A_{1n} & A_{2n} & \cdots & A_{nn} \end{pmatrix}$$

$$= \begin{pmatrix} \sum_{k=1}^{n} a_{1k}A_{1k} & \sum_{k=1}^{n} a_{1k}A_{2k} & \cdots & \sum_{k=1}^{n} a_{1k}A_{nk} \\ \sum_{k=1}^{n} a_{2k}A_{1k} & \sum_{k=1}^{n} a_{2k}A_{2k} & \cdots & \sum_{k=1}^{n} a_{2k}A_{nk} \\ \vdots & \vdots & & \vdots \\ \sum_{k=1}^{n} a_{nk}A_{1k} & \sum_{k=1}^{n} a_{nk}A_{2k} & \cdots & \sum_{k=1}^{n} a_{nk}A_{nk} \end{pmatrix}$$

$$= \begin{pmatrix} |\boldsymbol{A}| & 0 & \cdots & 0 \\ 0 & |\boldsymbol{A}| & \cdots & 0 \\ \vdots & \vdots & & \vdots \\ 0 & 0 & \cdots & |\boldsymbol{A}| \end{pmatrix} = |\boldsymbol{A}|\begin{pmatrix} 1 & 0 & \cdots & 0 \\ 0 & 1 & \cdots & 0 \\ \vdots & \vdots & & \vdots \\ 0 & 0 & \cdots & 1 \end{pmatrix}$$

$$= |\boldsymbol{A}|\boldsymbol{E}.$$

由于 $|\boldsymbol{A}| \neq 0$，有

$$\boldsymbol{A}\frac{1}{|\boldsymbol{A}|}\boldsymbol{A}^* = \boldsymbol{E},$$

所以
$$A^{-1}=\frac{1}{|A|}A^*.$$

由判别定理可知：$\boldsymbol{A}$ 可逆，$\boldsymbol{A}$ 为非奇异矩阵，$\boldsymbol{A}$ 为满秩矩阵，这些概念是等价的，并得出求 $\boldsymbol{A}$ 的逆矩阵的步骤：

第一步，求 $|\boldsymbol{A}|$，看看是否不为零；

第二步，写出伴随矩阵 $\boldsymbol{A}^*$；

第三步，得出 $\boldsymbol{A}^{-1}=\dfrac{1}{|\boldsymbol{A}|}\boldsymbol{A}^*$.

例 2 判断 $\boldsymbol{A}=\begin{pmatrix}3 & 2\\ 4 & 5\end{pmatrix}$ 是否可逆？若可逆，则求 $\boldsymbol{A}^{-1}$.

解 因为 $|\boldsymbol{A}|=\begin{vmatrix}3 & 2\\ 4 & 5\end{vmatrix}=7\neq 0$，故 $\boldsymbol{A}$ 可逆.

因为 $\boldsymbol{A}^*=\begin{pmatrix}5 & -2\\ -4 & 3\end{pmatrix}$，则

$$\boldsymbol{A}^{-1}=\frac{1}{|\boldsymbol{A}|}\boldsymbol{A}^*=\frac{1}{7}\begin{pmatrix}5 & -2\\ -4 & 3\end{pmatrix}=\begin{pmatrix}\frac{5}{7} & -\frac{2}{7}\\ -\frac{4}{7} & \frac{3}{7}\end{pmatrix}.$$

请学生用定义验证 $\begin{pmatrix}\frac{5}{7} & -\frac{2}{7}\\ -\frac{4}{7} & \frac{3}{7}\end{pmatrix}$ 是 $\begin{pmatrix}3 & 2\\ 4 & 5\end{pmatrix}$ 的逆矩阵.

说明 对于二阶方阵 $\begin{pmatrix}a_{11} & a_{12}\\ a_{21} & a_{22}\end{pmatrix}$，其伴随矩阵可直接写出：将其中元素 a_{11}，a_{22} 互换，将元素 a_{12}，a_{21} 前各添加负号即得 $\boldsymbol{A}^*$，即

$$\text{若}\quad \boldsymbol{A}=\begin{pmatrix}a_{11} & a_{12}\\ a_{21} & a_{22}\end{pmatrix},\quad \text{则}\quad \boldsymbol{A}^*=\begin{pmatrix}a_{22} & -a_{12}\\ -a_{21} & a_{11}\end{pmatrix}.$$

求二阶方阵的逆，用此法比较简单，要熟记.

特别地，

$$A=\begin{pmatrix}a_1 & & & \\ & a_2 & & \\ & & \ddots & \\ & & & a_n\end{pmatrix},\quad 则 A^{-1}=\begin{pmatrix}\frac{1}{a_1} & & & \\ & \frac{1}{a_2} & & \\ & & \ddots & \\ & & & \frac{1}{a_n}\end{pmatrix}$$

$$(a_i\neq 0,\ i=1,\ 2,\ \cdots,\ n).$$

注意 上(下)三角矩阵的逆矩阵仍是上(下)三角矩阵;对称矩阵的逆矩阵也是对称矩阵.

例 3 判断下列矩阵是否可逆,若可逆写出其逆矩阵.

$$(1)\ A=\begin{pmatrix}4 & 2 & 1\\ 1 & -3 & 2\\ 5 & 7 & 0\end{pmatrix};\quad (2)\ B=\begin{pmatrix}1 & 2 & 3\\ 2 & 4 & 6\\ 3 & 7 & -9\end{pmatrix};\quad (3)\ C=\begin{pmatrix}1 & 2 & 3\\ 0 & -1 & 2\\ 1 & -3 & 1\\ 4 & 0 & -2\end{pmatrix}.$$

解 (1) $|A|=\begin{vmatrix}4 & 2 & 1\\ 1 & -3 & 2\\ 5 & 7 & 0\end{vmatrix}\xlongequal{r_2-2r_1}\begin{vmatrix}4 & 2 & 1\\ -7 & -7 & 0\\ 5 & 7 & 0\end{vmatrix}=-7\begin{vmatrix}1 & 1\\ 5 & 7\end{vmatrix}=-14.$

$$A_{11}=\begin{vmatrix}-3 & 2\\ 7 & 0\end{vmatrix}=-14,\quad A_{12}=-\begin{vmatrix}1 & 2\\ 5 & 0\end{vmatrix}=10,\quad A_{13}=\begin{vmatrix}1 & -3\\ 5 & 7\end{vmatrix}=22,$$

$$A_{21}=-\begin{vmatrix}2 & 1\\ 7 & 0\end{vmatrix}=7,\quad A_{22}=\begin{vmatrix}4 & 1\\ 5 & 0\end{vmatrix}=-5,\quad A_{23}=-\begin{vmatrix}4 & 2\\ 5 & 7\end{vmatrix}=-18,$$

$$A_{31}=\begin{vmatrix}2 & 1\\ -3 & 2\end{vmatrix}=7,\quad A_{32}=-\begin{vmatrix}4 & 1\\ 1 & 2\end{vmatrix}=-7,\quad A_{33}=\begin{vmatrix}4 & 2\\ 1 & -3\end{vmatrix}=-14,$$

$$A^*=\begin{pmatrix}-14 & 7 & 7\\ 10 & -5 & -7\\ 22 & -18 & -14\end{pmatrix}.$$

故
$$A^{-1}=\frac{1}{-14}\begin{pmatrix}-14 & 7 & 7\\ 10 & -5 & -7\\ 22 & -18 & -14\end{pmatrix}.$$

(2) $|\boldsymbol{B}| = \begin{vmatrix} 1 & 2 & 3 \\ 2 & 4 & 6 \\ 3 & 7 & -9 \end{vmatrix} \xlongequal{r_2 - 2r_1} \begin{vmatrix} 1 & 2 & 3 \\ 0 & 0 & 0 \\ 3 & 7 & -9 \end{vmatrix} = 0.$

因为 $R(\boldsymbol{B}) = 2 < 3$，则 $\boldsymbol{B}$ 不可逆.

(3) 因为 $\boldsymbol{C}$ 不是方阵，故矩阵 $\boldsymbol{C}$ 不可逆.

小结　$\boldsymbol{A}$ 可逆 $\Longleftrightarrow$ $|\boldsymbol{A}| \neq 0$ 或 $R(\boldsymbol{A}) = n$；

　　$\boldsymbol{A}$ 不可逆 $\Longleftrightarrow$ $|\boldsymbol{A}| = 0$ 或 $R(\boldsymbol{A}) < n$.

三、逆矩阵的基本性质

设 $\boldsymbol{A}$，$\boldsymbol{B}$ 均为 n 阶可逆方阵.

(1) $(\boldsymbol{A}^{-1})^{-1} = \boldsymbol{A}$；

(2) 设 $\boldsymbol{A}$ 可逆，$k \neq 0$，则 $k\boldsymbol{A}$ 也可逆，且 $(k\boldsymbol{A})^{-1} = \dfrac{1}{k}\boldsymbol{A}^{-1}$；

(3) 若 $\boldsymbol{A}$，$\boldsymbol{B}$ 均为 n 阶可逆矩阵，则 $\boldsymbol{AB}$ 也可逆，且 $(\boldsymbol{AB})^{-1} = \boldsymbol{B}^{-1}\boldsymbol{A}^{-1}$.

证明　因为

$$(\boldsymbol{AB})(\boldsymbol{B}^{-1}\boldsymbol{A}^{-1}) = \boldsymbol{A}(\boldsymbol{BB}^{-1})\boldsymbol{A}^{-1} = \boldsymbol{AEA}^{-1} = \boldsymbol{AA}^{-1} = \boldsymbol{E},$$

可以推广到　$(\boldsymbol{A}_1\boldsymbol{A}_2\cdots\boldsymbol{A}_n)^{-1} = \boldsymbol{A}_n^{-1}\boldsymbol{A}_{n-1}^{-1}\cdots\boldsymbol{A}_2^{-1}\boldsymbol{A}_1^{-1}$.

(4) 若 $\boldsymbol{A}$ 可逆，则 $\boldsymbol{A}^{\mathrm{T}}$ 也可逆，且 $(\boldsymbol{A}^{\mathrm{T}})^{-1} = (\boldsymbol{A}^{-1})^{\mathrm{T}}$.

证明　因为　$(\boldsymbol{A}^{\mathrm{T}})(\boldsymbol{A}^{-1})^{\mathrm{T}} = (\boldsymbol{A}^{-1}\boldsymbol{A})^{\mathrm{T}} = \boldsymbol{E}^{\mathrm{T}} = \boldsymbol{E}$（证毕）.

(5) 若 $\boldsymbol{A}$ 可逆，则 $|\boldsymbol{A}^{-1}| = \dfrac{1}{|\boldsymbol{A}|}$，$|\boldsymbol{A}^*| = |\boldsymbol{A}|^{n-1}$.

证明　因为　$\boldsymbol{A}^{-1}\boldsymbol{A} = \boldsymbol{E}$，则 $|\boldsymbol{A}^{-1}\boldsymbol{A}| = |\boldsymbol{A}^{-1}||\boldsymbol{A}| = |\boldsymbol{E}| = 1$，

所以　$|\boldsymbol{A}^{-1}| = \dfrac{1}{|\boldsymbol{A}|}$，又 $\boldsymbol{A}^{-1} = \dfrac{\boldsymbol{A}^*}{|\boldsymbol{A}|}$，则 $\boldsymbol{A}^* = |\boldsymbol{A}|\boldsymbol{A}^{-1}$，

有　$|\boldsymbol{A}^*| = ||\boldsymbol{A}|\boldsymbol{A}^{-1}| = |\boldsymbol{A}|^n|\boldsymbol{A}^{-1}| = \dfrac{|\boldsymbol{A}|^n}{|\boldsymbol{A}|} = |\boldsymbol{A}|^{n-1}$.

(6) 设 $\boldsymbol{A} = \begin{pmatrix} \boldsymbol{A}_1 & \boldsymbol{O} & \cdots & \boldsymbol{O} \\ \boldsymbol{O} & \boldsymbol{A}_2 & \cdots & \boldsymbol{O} \\ \vdots & \vdots & \ddots & \vdots \\ \boldsymbol{O} & \boldsymbol{O} & \cdots & \boldsymbol{A}_S \end{pmatrix}$，其中 $\boldsymbol{A}_i (i = 1, 2, \cdots, s)$ 可逆时，$\boldsymbol{A}$ 可逆，且

$$\boldsymbol{A}^{-1} = \begin{pmatrix} \boldsymbol{A}_1^{-1} & \boldsymbol{O} & \cdots & \boldsymbol{O} \\ \boldsymbol{O} & \boldsymbol{A}_2^{-1} & \cdots & \boldsymbol{O} \\ \vdots & \vdots & \ddots & \vdots \\ \boldsymbol{O} & \boldsymbol{O} & \cdots & \boldsymbol{A}_s^{-1} \end{pmatrix}.$$

例 4 设$A=\begin{pmatrix}1&0&0\\2&3&0\\3&5&6\end{pmatrix}$，求$(A^*)^{-1}$.

解 $|A|=18$，

$$(A^*)^{-1}=(|A|A^{-1})^{-1}=\frac{1}{|A|}A=\frac{1}{18}\begin{pmatrix}1&0&0\\2&3&0\\3&5&6\end{pmatrix}.$$

例 5 设A为三阶方阵，A^*为伴随矩阵，$|A|=\frac{1}{8}$，求$\left|\left(\frac{1}{3}A\right)^{-1}-8A^*\right|$.

解 $\left|\left(\frac{1}{3}A\right)^{-1}-8A^*\right|=|3A^{-1}-8|A|A^{-1}|=|2A^{-1}|=8|A^{-1}|=64.$

例 6 设A为三阶方阵，$|A|=3$，A^*为A的伴随矩阵，若交换A的第1行与第2行得矩阵B，求$|BA^*|$.

解 由于B是由A的第1行与第2行交换所得，知$|B|=-|A|$，$|A^*|=|A|^2$，故$|BA^*|=|B||A^*|=-|A|^3=-27$.

定理 3 设A为$m\times n$阶矩阵，P，Q分别为m，n阶可逆方阵，则

$$R(A)=R(PA)=R(AQ)=R(PAQ).$$

证明 由秩的性质3可知$R(PA)\leqslant R(A)$，又因为

$$R(A)=R(P^{-1}PA)\leqslant R(PA),$$

所以

$$R(A)=R(PA).$$

同理可证
$$R(AQ)=R(A).$$

因为 $R(PAQ)\leqslant R(PA)=R(A)$，$R(A)=R(PA)=R(PAQQ^{-1})\leqslant R(PAQ)$，可得 $R(PAQ)=R(A)$，则有

$$R(A)=R(PA)=R(AQ)=R(PAQ).$$

四、用矩阵的初等行变换求逆矩阵

由求逆矩阵的公式$A^{-1}=\frac{1}{|A|}A^*$求逆矩阵，对于三阶以上的方阵就比较麻烦.为了作出n阶矩阵的伴随矩阵，需要计算n^2个$n-1$阶行列式，这是一件繁重的工作，所以此公式只适宜求低阶矩阵的逆矩阵.下面介绍利用初等行变换求逆矩阵的方法，这种方法常用于实际计算.

我们已知 $\boldsymbol{A}$ 为满秩矩阵，一个满秩方阵仅用初等行变换一定可以化为单位阵，也就是说一个可逆矩阵(即满秩方阵)一定存在着初等阵 $\boldsymbol{P}_1, \boldsymbol{P}_2, \cdots, \boldsymbol{P}_s$，使得

$$\boldsymbol{P}_s\boldsymbol{P}_{s-1}\cdots\boldsymbol{P}_2\boldsymbol{P}_1\boldsymbol{A}=\boldsymbol{E}. \tag{1}$$

其中 $\boldsymbol{P}_k(k=1, 2, \cdots, s)$ 表示对 $\boldsymbol{A}$ 进行第 k 次初等行变换所对应的初等矩阵.

将式(1)两边右乘 $\boldsymbol{A}^{-1}$，得到

$$\boldsymbol{P}_s\boldsymbol{P}_{s-1}\cdots\boldsymbol{P}_2\boldsymbol{P}_1\boldsymbol{A}\boldsymbol{A}^{-1}=\boldsymbol{E}\boldsymbol{A}^{-1},$$

则有

$$\boldsymbol{P}_s\boldsymbol{P}_{s-1}\cdots\boldsymbol{P}_2\boldsymbol{P}_1\boldsymbol{E}=\boldsymbol{P}_s\boldsymbol{P}_{s-1}\cdots\boldsymbol{P}_2\boldsymbol{P}_1=\boldsymbol{A}^{-1}. \tag{2}$$

当然直接求 $\boldsymbol{P}_s\boldsymbol{P}_{s-1}\cdots\boldsymbol{P}_2\boldsymbol{P}_1$ 是困难的.

由式(1)可知：当 $\boldsymbol{A}$ 可逆时，对 $\boldsymbol{A}$ 进行一系列初等行变换化为单位阵 $\boldsymbol{E}$；由式(2)可知：对 $\boldsymbol{E}$ 进行与式(1)相同的一系列初等行变换把单位阵 $\boldsymbol{E}$ 化为 $\boldsymbol{A}^{-1}$.

定理 4 任一逆矩阵可表示成若干初等矩阵的乘积.

下面给出的就是对 $\boldsymbol{E}$ 和 $\boldsymbol{A}$ 同时作同样的初等行变换，当 $\boldsymbol{A}$ 变成了 $\boldsymbol{E}$ 时，则 $\boldsymbol{E}$ 也就变成了 $\boldsymbol{A}^{-1}$. 具体做法是，在矩阵 $\boldsymbol{A}$ 的右边添写一个同阶的单位阵 $\boldsymbol{E}$，形成新的 $n\times 2n$ 矩阵，简记为

$$(\boldsymbol{A}\vdots\boldsymbol{E}).$$

可以验明，如果以 $\boldsymbol{A}^{-1}$乘上面的矩阵，则得出

$$\boldsymbol{A}^{-1}(\boldsymbol{A}\vdots\boldsymbol{E})=(\boldsymbol{E}\vdots\boldsymbol{A}^{-1}).$$

这就是用初等行变换求逆矩阵的方法. 此法是求逆矩阵的主要方法.

例 7 如果矩阵可逆，求其逆矩阵.

(1) $\boldsymbol{A}=\begin{pmatrix}1&4&7\\2&4&8\\3&6&13\end{pmatrix}$； (2) $\boldsymbol{B}=\begin{pmatrix}1&3&4\\2&-2&0\\3&4&7\end{pmatrix}$.

解 (1) $(\boldsymbol{A}\vdots\boldsymbol{E})=\left(\begin{array}{ccc:ccc}1&4&7&1&0&0\\2&4&8&0&1&0\\3&6&13&0&0&1\end{array}\right)$.

现对 $\boldsymbol{A}$ 与 $\boldsymbol{E}$ 同时进行初等行变换：

$$(\boldsymbol{A}\vdots\boldsymbol{E})\xrightarrow[r_3-3r_1]{r_2-2r_1}\left(\begin{array}{ccc:ccc}1&4&7&1&0&0\\0&-4&-6&-2&1&0\\0&-6&-8&-3&0&1\end{array}\right)$$

$$\xrightarrow[r_3+6r_2]{\substack{r_1+r_2 \\ -\frac{1}{4}r_2}} \begin{pmatrix} 1 & 0 & 1 & \vdots & -1 & 1 & 0 \\ 0 & 1 & \frac{3}{2} & \vdots & \frac{1}{2} & -\frac{1}{4} & 0 \\ 0 & 0 & 1 & \vdots & 0 & -\frac{3}{2} & 1 \end{pmatrix}$$

$$\xrightarrow[r_1-r_3]{r_2-\frac{3}{2}r_3} \begin{pmatrix} 1 & 0 & 0 & \vdots & -1 & \frac{5}{2} & -1 \\ 0 & 1 & 0 & \vdots & \frac{1}{2} & 2 & -\frac{3}{2} \\ 0 & 0 & 1 & \vdots & 0 & -\frac{3}{2} & 1 \end{pmatrix}$$

$$= (\boldsymbol{E} \vdots \boldsymbol{A}^{-1}).$$

则 $$\boldsymbol{A}^{-1} = \begin{pmatrix} -1 & \frac{5}{2} & -1 \\ \frac{1}{2} & 2 & -\frac{3}{2} \\ 0 & -\frac{3}{2} & 1 \end{pmatrix} = -\frac{1}{2}\begin{pmatrix} 2 & -5 & 2 \\ -1 & -4 & 3 \\ 0 & 3 & -2 \end{pmatrix}.$$

(2) $$(\boldsymbol{B} \vdots \boldsymbol{E}) = \begin{pmatrix} 1 & 3 & 4 & \vdots & 1 & 0 & 0 \\ 2 & -2 & 0 & \vdots & 0 & 1 & 0 \\ 3 & 4 & 7 & \vdots & 0 & 0 & 1 \end{pmatrix}$$

$$\xrightarrow[r_3-3r_1]{r_2-2r_1} \begin{pmatrix} 1 & 3 & 4 & \vdots & 1 & 0 & 0 \\ 0 & -8 & -8 & \vdots & -2 & 1 & 0 \\ 0 & -5 & -5 & \vdots & -3 & 0 & 1 \end{pmatrix}.$$

到此不用再算下去了，而且可断言 $\boldsymbol{B}$ 的逆矩阵不存在. 这是因为

$$\begin{vmatrix} 1 & 3 & 4 \\ 0 & -8 & -8 \\ 0 & -5 & -5 \end{vmatrix} = 0,$$

故 $|\boldsymbol{B}| = 0$，即 $\boldsymbol{B}$ 不可逆.

求逆矩阵有以下三种方法：

第一种，用定义，即用待定系数法求，如例 1，此法只适用于低阶矩阵；

第二种，用公式法，即用 $\boldsymbol{A}^{-1} = \frac{1}{|\boldsymbol{A}|}\boldsymbol{A}^*$ 求，此法也只适用于低阶矩阵；

第三种，用矩阵的初等行变换法求，即 $(\boldsymbol{A} \vdots \boldsymbol{E}) \longrightarrow (\boldsymbol{E} \vdots \boldsymbol{A}^{-1})$，这是最常用的方法.

注意 (1) 用公式法求逆矩阵，首先要求矩阵的行列式，从而判断它是否可逆. 而利用初等行变换求逆矩阵，可不必首先计算矩阵的行列式的值来判断矩阵是否可逆，而是在矩阵变换中随时判断，一旦发现矩阵行列式为零，即可判断矩阵不可逆，从而停止往下变换.

(2) 用初等行变换求逆矩阵时要注意 $\boldsymbol{A}$ 与 $\boldsymbol{E}$ 每一行变换必须同步.

五、利用逆矩阵可解某些方程

设 n 元线性非齐次方程组

$$\begin{cases} a_{11}x_1 + a_{12}x_2 + \cdots + a_{1n}x_n = b_1, \\ a_{21}x_1 + a_{22}x_2 + \cdots + a_{2n}x_n = b_2, \\ \qquad\qquad\qquad\vdots \\ a_{n1}x_1 + a_{n2}x_2 + \cdots + a_{nn}x_n = b_n. \end{cases}$$

将其写成矩阵方程

$$\begin{pmatrix} a_{11} & a_{12} & \cdots & a_{1n} \\ a_{21} & a_{22} & \cdots & a_{2n} \\ \vdots & \vdots & & \vdots \\ a_{n1} & a_{n2} & \cdots & a_{nn} \end{pmatrix} \begin{pmatrix} x_1 \\ x_2 \\ \vdots \\ x_n \end{pmatrix} = \begin{pmatrix} b_1 \\ b_2 \\ \vdots \\ b_n \end{pmatrix},$$

即

$$\boldsymbol{A}\boldsymbol{x} = \boldsymbol{b}. \tag{3}$$

若 $|\boldsymbol{A}| \neq 0$，则 $\boldsymbol{A}$ 一定有逆矩阵 $\boldsymbol{A}^{-1}$.

将式(3)两边左乘 $\boldsymbol{A}^{-1}$ 得到 $\boldsymbol{A}^{-1}\boldsymbol{A}\boldsymbol{x} = \boldsymbol{A}^{-1}\boldsymbol{b}$，

即

$$\boldsymbol{x} = \boldsymbol{A}^{-1}\boldsymbol{b}. \tag{4}$$

式(4)就是式(3)的解，此解是用矩阵表示.

注意 用逆矩阵解矩阵方程，要求 $\boldsymbol{A}$ 是方阵，且 $|\boldsymbol{A}| \neq 0$，否则不行.

定理 5 设 $\boldsymbol{A}$，$\boldsymbol{B}$ 为 n 阶方阵，且 $\boldsymbol{A}$ 可逆，则

$$(\boldsymbol{A} \vdots \boldsymbol{B}) \xrightarrow{\text{初等行变换}} (\boldsymbol{E} \vdots \boldsymbol{A}^{-1}\boldsymbol{B}).$$

证明 因为 n 阶方阵 $\boldsymbol{A}$ 可逆，故

$$\boldsymbol{A} \xrightarrow{\text{有限次初等行变换}} \boldsymbol{E},$$

即存在初等方阵 $\boldsymbol{P}_1$，$\boldsymbol{P}_2$，$\cdots$，$\boldsymbol{P}_s$ 使

$$(P_sP_{s-1}\cdots P_1)A = E.$$

则有
$$P_sP_{s-1}\cdots P_1 = A^{-1}.$$
所以
$$(P_sP_{s-1}\cdots P_1)B = A^{-1}B.$$
即
$$(A \vdots B) \to (E \vdots A^{-1}B).$$
若 $AX = B$，且 A 可逆，则 $X = A^{-1}B$.

例 8 求解下列矩阵方程.

(1) $\begin{pmatrix} 3 & 0 & 8 \\ 3 & -1 & 6 \\ -2 & 0 & -5 \end{pmatrix} X = \begin{pmatrix} 1 & -1 & 2 \\ -1 & 3 & 4 \\ -2 & 0 & 5 \end{pmatrix}$；

(2) $X \begin{pmatrix} 1 & -1 & 1 \\ 1 & 1 & 0 \\ 2 & 1 & 1 \end{pmatrix} = \begin{pmatrix} 1 & 2 & -3 \\ 2 & 0 & 4 \\ 0 & -1 & 5 \end{pmatrix}$；

(3) $\begin{pmatrix} 0 & 1 & 0 \\ 1 & 0 & 0 \\ 0 & 0 & 1 \end{pmatrix} X \begin{pmatrix} 1 & 0 & 0 \\ 0 & 0 & 1 \\ 0 & 1 & 0 \end{pmatrix} = \begin{pmatrix} 1 & -4 & 3 \\ 2 & 0 & -1 \\ 1 & -2 & 0 \end{pmatrix}$.

解 (1) 矩阵方程简写为 $AX = B$，则 $X = A^{-1}B$，

$$(A \vdots B) = \left(\begin{array}{ccc:ccc} 3 & 0 & 8 & 1 & -1 & 2 \\ 3 & -1 & 6 & -1 & 3 & 4 \\ -2 & 0 & -5 & -2 & 0 & 5 \end{array}\right) \to \left(\begin{array}{ccc:ccc} 1 & 0 & 3 & -1 & -1 & 7 \\ 0 & -1 & -2 & -2 & 4 & 2 \\ 0 & 0 & 1 & -4 & -2 & 19 \end{array}\right)$$

$$\to \left(\begin{array}{ccc:ccc} 1 & 0 & 0 & 11 & 5 & -50 \\ 0 & 1 & 0 & 10 & 0 & -40 \\ 0 & 0 & 1 & -4 & -2 & 19 \end{array}\right) = (E \vdots A^{-1}B) = (E \vdots X).$$

则 $X = \begin{pmatrix} 11 & 5 & -50 \\ 10 & 0 & -40 \\ -4 & -2 & 19 \end{pmatrix}$.

(2) 矩阵方程简写为 $XA = B$，则 $X = BA^{-1}$.

$$(A \vdots E) = \left(\begin{array}{ccc:ccc} 1 & -1 & 1 & 1 & 0 & 0 \\ 1 & 1 & 0 & 0 & 1 & 0 \\ 2 & 1 & 1 & 0 & 0 & 1 \end{array}\right) \to \begin{pmatrix} 1 & 0 & 0 & 1 & 2 & -1 \\ 0 & 1 & 0 & -1 & -1 & 1 \\ 0 & 0 & 1 & -1 & -3 & 2 \end{pmatrix}.$$

则 $A^{-1} = \begin{pmatrix} 1 & 2 & -1 \\ -1 & -1 & 1 \\ -3 & -3 & 2 \end{pmatrix}$.

故 $\quad \boldsymbol{X}=\boldsymbol{B}\boldsymbol{A}^{-1}=\begin{pmatrix}1 & 2 & -3\\ 2 & 0 & 4\\ 0 & -1 & 5\end{pmatrix}\begin{pmatrix}1 & 2 & -1\\ -1 & -1 & 1\\ -1 & -3 & 2\end{pmatrix}=\begin{pmatrix}2 & 9 & -5\\ -2 & -8 & 6\\ -4 & -14 & 9\end{pmatrix}.$

(3) 矩阵方程简写为 $\boldsymbol{AXB}=\boldsymbol{C}$，则 $\boldsymbol{X}=\boldsymbol{A}^{-1}\boldsymbol{C}\boldsymbol{B}^{-1}=(\boldsymbol{A}^{-1}\boldsymbol{C})\boldsymbol{B}^{-1}$.

$$(\boldsymbol{A}\vdots\boldsymbol{C})=\begin{pmatrix}0 & 1 & 0 & 1 & -4 & 3\\ 1 & 0 & 0 & 2 & 0 & -1\\ 0 & 0 & 1 & 1 & -2 & 0\end{pmatrix}\to\begin{pmatrix}1 & 0 & 0 & 2 & 0 & -1\\ 0 & 1 & 0 & 1 & -4 & 3\\ 0 & 0 & 1 & 1 & -2 & 0\end{pmatrix}$$

$$=(\boldsymbol{E}\vdots\boldsymbol{A}^{-1}\boldsymbol{C}).$$

$$(\boldsymbol{B}\vdots\boldsymbol{E})=\begin{pmatrix}1 & 0 & 0 & 1 & 0 & 0\\ 0 & 0 & 1 & 0 & 1 & 0\\ 0 & 1 & 0 & 0 & 0 & 1\end{pmatrix}\to\begin{pmatrix}1 & 0 & 0 & 1 & 0 & 0\\ 0 & 1 & 0 & 0 & 0 & 1\\ 0 & 0 & 1 & 0 & 1 & 0\end{pmatrix}=(\boldsymbol{E}\vdots\boldsymbol{B}^{-1}).$$

$$\boldsymbol{X}=\begin{pmatrix}2 & 0 & -1\\ 1 & -4 & 3\\ 1 & -2 & 0\end{pmatrix}\begin{pmatrix}1 & 0 & 0\\ 0 & 0 & 1\\ 0 & 1 & 0\end{pmatrix}=\begin{pmatrix}2 & -1 & 0\\ 1 & 3 & -4\\ 1 & 0 & -2\end{pmatrix}.$$

例 9 利用逆矩阵解线性方程组

$$\begin{cases}x_1+2x_2+3x_3=4,\\ 2x_1+3x_2+x_3=0,\\ 3x_1+x_2+2x_3=5.\end{cases}$$

解 此方程组可写成 $\boldsymbol{AX}=\boldsymbol{B}$，其中

$$\boldsymbol{A}=\begin{pmatrix}1 & 2 & 3\\ 2 & 3 & 1\\ 3 & 1 & 2\end{pmatrix},\quad \boldsymbol{X}=\begin{pmatrix}x_1\\ x_2\\ x_3\end{pmatrix},\quad \boldsymbol{B}=\begin{pmatrix}4\\ 0\\ 5\end{pmatrix},$$

则 $\quad \boldsymbol{X}=\boldsymbol{A}^{-1}\boldsymbol{B}.$

$$(\boldsymbol{A}\vdots\boldsymbol{B})=\left(\begin{array}{ccc:c}1 & 2 & 3 & 4\\ 2 & 3 & 1 & 0\\ 3 & 1 & 2 & 5\end{array}\right)\to\left(\begin{array}{ccc:c}1 & 2 & 3 & 4\\ 0 & -1 & -5 & -8\\ 0 & -4 & -2 & 1\end{array}\right)$$

$$\rightarrow\begin{pmatrix}1 & 0 & -7 & \vdots & -12\\ 0 & 1 & 5 & \vdots & 8\\ 0 & 0 & 18 & \vdots & 33\end{pmatrix}\rightarrow\begin{pmatrix}1 & 0 & 0 & \vdots & \dfrac{15}{18}\\ 0 & 1 & 0 & \vdots & -\dfrac{21}{18}\\ 0 & 0 & 1 & \vdots & \dfrac{33}{18}\end{pmatrix}$$

$$=(\boldsymbol{E}\vdots\boldsymbol{A}^{-1}\boldsymbol{B})=(\boldsymbol{E}\vdots\boldsymbol{X}).$$

则 $x_1=\dfrac{5}{6},\quad x_2=-\dfrac{7}{6},\quad x_3=\dfrac{11}{6}.$

例 10 已知 $\boldsymbol{A}^2+\boldsymbol{A}-4\boldsymbol{E}=\boldsymbol{O}$，求 $(\boldsymbol{A}-\boldsymbol{E})^{-1}$.

解 因为 $(\boldsymbol{A}-\boldsymbol{E})(\boldsymbol{A}+2\boldsymbol{E})=2\boldsymbol{E}$，所以

$$(\boldsymbol{A}-\boldsymbol{E})^{-1}=\frac{1}{2}(\boldsymbol{A}+2\boldsymbol{E}).$$

例 11 已知 $\boldsymbol{A}^2=\boldsymbol{A}$，求 $(\boldsymbol{A}+\boldsymbol{E})^{-1}$，$(\boldsymbol{A}-2\boldsymbol{E})^{-1}$.

解 因为 $\boldsymbol{A}^2-\boldsymbol{A}-2\boldsymbol{E}=-2\boldsymbol{E}$，有

$$(\boldsymbol{A}-2\boldsymbol{E})(\boldsymbol{A}+\boldsymbol{E})=-2\boldsymbol{E},$$

所以

$$(\boldsymbol{A}+\boldsymbol{E})^{-1}=-\frac{1}{2}(\boldsymbol{A}-2\boldsymbol{E}),$$

$$(\boldsymbol{A}-2\boldsymbol{E})^{-1}=-\frac{1}{2}(\boldsymbol{A}+\boldsymbol{E}).$$

例 12 已知 $\boldsymbol{A}^{-1}\boldsymbol{B}\boldsymbol{A}=6\boldsymbol{A}+\boldsymbol{B}\boldsymbol{A}$，求 $\boldsymbol{B}$，其中 $\boldsymbol{A}=\begin{pmatrix}\frac{1}{3} & 0 & 0\\ 0 & \frac{1}{4} & 0\\ 0 & 0 & \frac{1}{7}\end{pmatrix}$.

解 等式两边右乘 $\boldsymbol{A}^{-1}$ 得 $\boldsymbol{A}^{-1}\boldsymbol{B}=6\boldsymbol{E}+\boldsymbol{B}$，等式整理为 $(\boldsymbol{A}^{-1}-\boldsymbol{E})\boldsymbol{B}=6\boldsymbol{E}$，则

$$\boldsymbol{B}=6(\boldsymbol{A}^{-1}-\boldsymbol{E})^{-1}.$$

又 $\boldsymbol{A}^{-1}=\begin{pmatrix}3 & 0 & 0\\ 0 & 4 & 0\\ 0 & 0 & 7\end{pmatrix}$，$\boldsymbol{A}^{-1}-\boldsymbol{E}=\begin{pmatrix}2 & 0 & 0\\ 0 & 3 & 0\\ 0 & 0 & 6\end{pmatrix}$，$(\boldsymbol{A}^{-1}-\boldsymbol{E})^{-1}=\begin{pmatrix}\frac{1}{2} & 0 & 0\\ 0 & \frac{1}{3} & 0\\ 0 & 0 & \frac{1}{6}\end{pmatrix}$，

所以 $$B = 6\begin{pmatrix} \frac{1}{2} & 0 & 0 \\ 0 & \frac{1}{3} & 0 \\ 0 & 0 & \frac{1}{6} \end{pmatrix} = \begin{pmatrix} 3 & 0 & 0 \\ 0 & 2 & 0 \\ 0 & 0 & 1 \end{pmatrix}.$$

例 13 设矩阵 $\boldsymbol{X}$ 满足 $\boldsymbol{A}^*\boldsymbol{X} = 2\boldsymbol{A}^{-1} - \boldsymbol{X}$，求 $\boldsymbol{X}$，其中 $\boldsymbol{A} = \begin{pmatrix} 0 & 1 & 0 \\ 2 & 0 & 0 \\ 0 & 0 & \frac{1}{2} \end{pmatrix}$.

解 因为 $|\boldsymbol{A}| = -1$，$\boldsymbol{A}\boldsymbol{A}^* = |\boldsymbol{A}|\boldsymbol{E} = -\boldsymbol{E}$，方程两边同时左乘 $\boldsymbol{A}$ 得

$$-\boldsymbol{X} = 2\boldsymbol{E} - \boldsymbol{A}\boldsymbol{X},$$

整理得 $\boldsymbol{A}\boldsymbol{X} - \boldsymbol{X} = 2\boldsymbol{E}$，即 $\boldsymbol{X} = 2(\boldsymbol{A} - \boldsymbol{E})^{-1}$.

$$\boldsymbol{A} - \boldsymbol{E} = \begin{pmatrix} -1 & 1 & 0 \\ 2 & -1 & 0 \\ 0 & 0 & -\frac{1}{2} \end{pmatrix},$$

$$(\boldsymbol{A} - \boldsymbol{E})^{-1} = \begin{pmatrix} \begin{pmatrix} -1 & 1 \\ 2 & -1 \end{pmatrix}^{-1} & 0 \\ 0 & \left(-\frac{1}{2}\right)^{-1} \end{pmatrix} = \begin{pmatrix} 1 & 1 & 0 \\ 2 & 1 & 0 \\ 0 & 0 & -2 \end{pmatrix},$$

则 $$\boldsymbol{X} = 2\begin{pmatrix} 1 & 1 & 0 \\ 2 & 1 & 0 \\ 0 & 0 & -2 \end{pmatrix} = \begin{pmatrix} 2 & 2 & 0 \\ 4 & 2 & 0 \\ 0 & 0 & -4 \end{pmatrix}.$$

例 14 设矩阵 $\boldsymbol{A} = \begin{pmatrix} 2 & 1 & 0 \\ 1 & 2 & 0 \\ 0 & 0 & 1 \end{pmatrix}$，矩阵 $\boldsymbol{B}$ 满足 $\boldsymbol{A}\boldsymbol{B}\boldsymbol{A}^* = 2\boldsymbol{B}\boldsymbol{A}^* + \boldsymbol{E}$，求 $|\boldsymbol{B}|$.

解 因为 $|\boldsymbol{A}| = 3$，$\boldsymbol{A}^* = |\boldsymbol{A}|\boldsymbol{A}^{-1} = 3\boldsymbol{A}^{-1}$，原方程整理为

$$3\boldsymbol{A}\boldsymbol{B}\boldsymbol{A}^{-1} = 6\boldsymbol{B}\boldsymbol{A}^{-1} + \boldsymbol{A}\boldsymbol{A}^{-1}.$$

方程两边右乘 $\boldsymbol{A}$ 后整理得

$$3\boldsymbol{AB}-6\boldsymbol{B}=\boldsymbol{A},\quad (\boldsymbol{A}-2\boldsymbol{E})\boldsymbol{B}=\frac{1}{3}\boldsymbol{A},$$

则
$$\boldsymbol{B}=\frac{1}{3}(\boldsymbol{A}-2\boldsymbol{E})^{-1}\boldsymbol{A}.$$

又因为 $|\boldsymbol{A}-2\boldsymbol{E}|=1=|(\boldsymbol{A}-2\boldsymbol{E})^{-1}|$，得

$$|\boldsymbol{B}|=\frac{|\boldsymbol{A}|}{3^3}=\frac{1}{9}.$$

例 15 设 $\boldsymbol{A}$ 为 n 方阵，$n\geqslant 2$，求证 $R(\boldsymbol{A}^*)=\begin{cases}n, & R(\boldsymbol{A})=n,\\ 1, & R(\boldsymbol{A})=n-1,\\ 0, & R(\boldsymbol{A})\leqslant n-2.\end{cases}$

证明 若 $R(\boldsymbol{A})=n$，则 $|\boldsymbol{A}|\neq 0$，由于 $|\boldsymbol{A}^*|=|\boldsymbol{A}|^{n-1}\neq 0$，则 $R(\boldsymbol{A}^*)=n$；

若 $R(\boldsymbol{A})<n-1$，则 $|\boldsymbol{A}|$ 的所有代数余子式均为零，即 $\boldsymbol{A}^*=\boldsymbol{O}$; $R(\boldsymbol{A}^*)=0$；

若 $R(\boldsymbol{A})=n-1$，$\boldsymbol{A}$ 中至少存在一个 $n-1$ 阶子式不为零，即 $\boldsymbol{A}^*\neq\boldsymbol{O}$, $R(\boldsymbol{A}^*)\geqslant 1$；

又由 $\boldsymbol{AA}^*=\boldsymbol{A}^*\boldsymbol{A}=|\boldsymbol{A}|\boldsymbol{E}=\boldsymbol{O}\Rightarrow R(\boldsymbol{A})+R(\boldsymbol{A}^*)\leqslant n\Rightarrow R(\boldsymbol{A}^*)\leqslant 1$，故 $R(\boldsymbol{A}^*)=1$.

习 题 2.6

1. 用公式法求矩阵的逆矩阵.

(1) $\boldsymbol{A}=\begin{pmatrix}1&2\\2&3\end{pmatrix}$；　(2) $\boldsymbol{A}=\begin{pmatrix}1&0&1\\0&1&0\\0&0&1\end{pmatrix}$；

(3) 设 $ad-bc=2$，求 $\begin{pmatrix}a&b&0\\c&d&0\\0&0&2\end{pmatrix}^{-1}$.（注意用块阵求逆的方法.）

2. 用初等行变换求矩阵的逆矩阵.

(1) $\boldsymbol{A}=\begin{pmatrix}1&0&-1\\2&1&3\\3&-1&2\end{pmatrix}$；　(2) $\boldsymbol{A}=\begin{pmatrix}2&2&3\\1&-1&0\\-1&2&1\end{pmatrix}$；　(3) $\boldsymbol{A}=\begin{pmatrix}0&2&-2&-4\\1&2&7&3\\0&3&2&-1\\1&1&3&0\end{pmatrix}$.

3. 求解矩阵方程.

(1) $\begin{pmatrix}1&2&-3\\3&2&-4\\2&-1&0\end{pmatrix}\boldsymbol{X}=\begin{pmatrix}1&-3&0\\10&2&7\\10&7&8\end{pmatrix}$；　(2) $\boldsymbol{X}\begin{pmatrix}1&-2&0\\4&-2&-1\\-3&1&2\end{pmatrix}=\begin{pmatrix}3&0&-2\\-1&4&1\end{pmatrix}$；

(3) $\begin{pmatrix} 0 & 1 \\ 1 & 0 \end{pmatrix} \boldsymbol{X} \begin{pmatrix} 1 & 1 & -1 \\ 2 & 1 & 0 \\ 1 & -1 & 0 \end{pmatrix} = \begin{pmatrix} 1 & 2 & 3 \\ 4 & 5 & 6 \end{pmatrix}$.

4. 已知

$$\boldsymbol{A} = \begin{pmatrix} 111 & 2 & 1 \\ 3 & 122 & -4 \\ 2 & 0 & 133 \end{pmatrix}, \quad \boldsymbol{B} = \begin{pmatrix} -109 & -2 & -1 \\ -3 & -119 & 4 \\ -2 & 0 & -129 \end{pmatrix}.$$

求矩阵 $\boldsymbol{X}$,使得 $\boldsymbol{AX} + \boldsymbol{BX} = \boldsymbol{X} + \boldsymbol{E}$.

5. 设矩阵 $\boldsymbol{C} = \boldsymbol{A}[(\boldsymbol{A}^{-1})^2 + \boldsymbol{A}^* \boldsymbol{BA}^{-1}]\boldsymbol{A}$, 求 $|\boldsymbol{C}|$,其中

$$\boldsymbol{A} = \begin{pmatrix} 1 & 1 & 0 \\ 0 & 1 & 1 \\ 1 & 1 & 1 \end{pmatrix}, \quad \boldsymbol{B} = \begin{pmatrix} 1 & 2 & 3 \\ 4 & 5 & 6 \\ 7 & 8 & 9 \end{pmatrix}.$$

6. 设 $\boldsymbol{A}$ 为三阶方阵,且 $|\boldsymbol{A}| = \dfrac{1}{2}$,求 $|(3\boldsymbol{A})^{-1} - 2\boldsymbol{A}^*|$.

7. 设方阵 $\boldsymbol{A}$ 可逆,且 $\boldsymbol{A}^* \boldsymbol{X} = \boldsymbol{A}^{-1} + \boldsymbol{X}$, 证明 $\boldsymbol{X}$ 是可逆的,当 $\boldsymbol{A} = \begin{pmatrix} 2 & 6 & 0 \\ 0 & 2 & 6 \\ 0 & 0 & 2 \end{pmatrix}$ 时,求 $\boldsymbol{X}$.

8. 设 $\boldsymbol{P}^{-1}\boldsymbol{AP} = \boldsymbol{\Lambda}$, 其中 $\boldsymbol{P} = \begin{pmatrix} -1 & -4 \\ 1 & 1 \end{pmatrix}$, $\boldsymbol{\Lambda} = \begin{pmatrix} -1 & 0 \\ 0 & 2 \end{pmatrix}$, 求 $\boldsymbol{A}^{11}$.

9. 设矩阵 $\boldsymbol{A}$ 的伴随矩阵 $\boldsymbol{A}^* = \begin{pmatrix} 1 & 0 & 0 \\ 1 & 2 & 0 \\ 0 & 1 & 2 \end{pmatrix}$, 且 $|\boldsymbol{A}| = 2$,求矩阵 $\boldsymbol{A}$.

10. 设 $\boldsymbol{AP}=\boldsymbol{PB}$,其中 $\boldsymbol{P}=\begin{pmatrix} 1 & 1 & 1 \\ 1 & 0 & -2 \\ 1 & -1 & 1 \end{pmatrix}$, $\boldsymbol{B}=\begin{pmatrix} -1 & 0 & 0 \\ 0 & 1 & 0 \\ 0 & 0 & 5 \end{pmatrix}$,求 $f(\boldsymbol{A})=\boldsymbol{A}^8(5\boldsymbol{E}-6\boldsymbol{A}+\boldsymbol{A}^2)$.

自 测 题 二

1. 设 $\boldsymbol{A} = \begin{pmatrix} 1 & 0 & 1 \\ 0 & 1 & 1 \\ 1 & 0 & 0 \end{pmatrix}$, $\boldsymbol{B} = \begin{pmatrix} 1 & 2 & 4 \\ 1 & 0 & 0 \\ 0 & 0 & 1 \end{pmatrix}$, 求 $3\boldsymbol{AB} - 2\boldsymbol{BA}$, $4\boldsymbol{AA}^{\mathrm{T}} + \boldsymbol{BB}^{\mathrm{T}}$.

2. 设 $\boldsymbol{A}_1 = \begin{pmatrix} 1 & 2 & 3 \\ 3 & 2 & 1 \\ 2 & 1 & 3 \end{pmatrix}$, $\boldsymbol{A}_2 = \begin{pmatrix} 1 & -1 & 1 & -1 \\ -1 & 1 & 1 & -1 \\ 1 & 1 & -1 & -1 \\ 1 & -1 & -1 & 1 \end{pmatrix}$, 判断 $\boldsymbol{A}_1$, $\boldsymbol{A}_2$ 是否可逆,并求它们的秩.

3. 设矩阵

$$A=\begin{pmatrix}1&4&0&0&0\\1&3&0&0&0\\0&0&1&1&0\\0&0&3&5&0\\0&0&0&0&8\end{pmatrix},\quad B=\begin{pmatrix}1&0&2&3&0\\2&0&1&2&0\\1&1&0&0&1\end{pmatrix},$$

用矩阵分块法求 A^{-1}，$A^{-1}B^{\mathrm{T}}$.

4. 求矩阵的逆矩阵.

(1) $A=\begin{pmatrix}4&7\\11&10\end{pmatrix}$； (2) $B=\begin{pmatrix}1&3&3\\1&4&3\\1&3&4\end{pmatrix}$.

5. 用逆矩阵的方法解矩阵方程

$$\begin{pmatrix}1&2&3\\2&2&1\\3&4&3\end{pmatrix}\begin{pmatrix}x_1\\x_2\\x_3\end{pmatrix}=\begin{pmatrix}1\\-1\\2\end{pmatrix}.$$

6. 解矩阵方程.

(1) $A+2B-2X=2A$,其中 $A=\begin{pmatrix}8&0&5\\3&7&0\end{pmatrix}$, $B=\begin{pmatrix}1&7&2\\2&0&3\end{pmatrix}$;

(2) $(A-3X)B=C$, 其中

$$A=\begin{pmatrix}4&-3&1\\-1&20&4\\1&18&4\end{pmatrix},\quad B=\begin{pmatrix}1&0&0\\0&2&1\\0&5&3\end{pmatrix},\quad C=\begin{pmatrix}1&-4&3\\2&0&-1\\1&2&0\end{pmatrix};$$

(3) $X+6B=XB$,其中 $B=\begin{pmatrix}1&-3&0\\2&1&0\\0&0&2\end{pmatrix}$.

7. 若 $A^2-A+2E=O$, 判别 A 及 $(A-2E)$ 可逆,并求其逆矩阵.

8. 设 $A^3-9E=O$,求$(A-2E)^{-1}$ 及$(A-E)^{-1}$.

9. 设 A, B 都是三阶可逆方阵,如果 $|A|=2$, $|B|=1$, (1) 计算 $|(4A)^{-1}|$, $|(A^{-1})^*|$, $|A^*-(3A)^{-1}|$. (2) 设 $A=(A_1, A_2, A_3)$, $B=(A_1, B_2, A_3)$, 计算 $|A+B|$.

10. 解矩阵方程 $\left[\left(\frac{1}{2}A\right)^*\right]^{-1}XA^{-1}=2AX+12E$, 其中 $A=\begin{pmatrix}1&2&0&0\\1&3&0&0\\0&0&0&2\\0&0&-1&0\end{pmatrix}$,求 X.

11. 已知矩阵 $A_{4\times 3}$, $B_{3\times 4}$,求证 $|AB|=0$.

第三章　线性方程组

线性方程组在工程技术和生产实际中经常遇到，因此线性方程组的理论是数学中的一个重要的基础理论，也是线性代数的基本内容.

前面我们已介绍了解线性方程组的克莱姆法则和求逆矩阵法，但引用这些方法是要求方程组中方程的个数与未知数的个数相等，而且系数行列式不为零，可是，由实际问题得到的方程组往往是方程的个数与未知量的个数不相等；或方程的个数与未知数的个数虽相等，但系数行列式却为零，此时这些方法就不适用了. 为此要讨论线性方程组的一般理论.

§3.1　向量及其线性运算

本节主要介绍 n 元线性方程组的解法，n 维向量及其运算.

一、线性方程组的解法

设 n 元线性非齐次方程组

$$\begin{cases} a_{11}x_1+a_{12}x_2+\cdots+a_{1n}x_n=b_1, \\ a_{21}x_1+a_{22}x_2+\cdots+a_{2n}x_n=b_2, \\ \qquad\qquad\vdots \\ a_{m1}x_1+a_{m2}x_2+\cdots+a_{mn}x_n=b_m. \end{cases} \tag{1}$$

可以得到增广矩阵

$$\overline{\boldsymbol{A}}=\begin{pmatrix} a_{11} & a_{12} & \cdots & a_{1n} & b_1 \\ a_{21} & a_{22} & \cdots & a_{2n} & b_2 \\ \vdots & \vdots & & \vdots & \vdots \\ a_{m1} & a_{m2} & \cdots & a_{mn} & b_m \end{pmatrix}. \tag{2}$$

由第二章可知，对方程组(1)反复施行初等行变换可化成阶梯形方程组，从而可求出方程组的解. 这相当于对式(2)增广矩阵反复施行初等行变换化为阶梯形阵,从而求出方程组的解.这就是用矩阵的初等行变换来求方程组的解.

下面,用初等行变换求解线性方程组.

例 1 解下列非齐次线性方程组.

(1) $\begin{cases} 2x_1 - x_2 + 2x_3 = 4, \\ x_1 + x_2 + 2x_3 = 1, \\ 4x_1 + x_2 + 4x_3 = 2; \end{cases}$ (2) $\begin{cases} -3x_2 - 2x_3 = 2, \\ x_1 + x_2 + 2x_3 = 1, \\ 4x_1 + x_2 + 6x_3 = 6; \end{cases}$

(3) $\begin{cases} 2x_1 + x_2 - x_3 = 1, \\ 4x_1 + 2x_2 - 2x_3 = 3, \\ 2x_1 + x_2 + x_3 = 1. \end{cases}$

解 (1) 对方程组的增广矩阵$\overline{\mathbf{A}}$进行初等行变换

$$\overline{\mathbf{A}} = \begin{pmatrix} 2 & -1 & 2 & 4 \\ 1 & 1 & 2 & 1 \\ 4 & 1 & 4 & 2 \end{pmatrix} \xrightarrow{r_1 \leftrightarrow r_2} \begin{pmatrix} 1 & 1 & 2 & 1 \\ 2 & -1 & 2 & 4 \\ 4 & 1 & 4 & 2 \end{pmatrix} \xrightarrow[r_3 - 4r_1]{r_2 - 2r_1} \begin{pmatrix} 1 & 1 & 2 & 1 \\ 0 & -3 & -2 & 2 \\ 0 & -3 & -4 & -2 \end{pmatrix}$$

$$\xrightarrow{r_3 - r_2} \begin{pmatrix} 1 & 1 & 2 & 1 \\ 0 & -3 & -2 & 2 \\ 0 & 0 & -2 & -4 \end{pmatrix} \xrightarrow[-\frac{1}{2}r_3]{-r_2 + r_3} \begin{pmatrix} 1 & 1 & 2 & 1 \\ 0 & 3 & 0 & -6 \\ 0 & 0 & 1 & 2 \end{pmatrix}$$

$$\xrightarrow[r_1 - 2r_3]{\frac{1}{3}r_2} \begin{pmatrix} 1 & 1 & 0 & -3 \\ 0 & 1 & 0 & -2 \\ 0 & 0 & 1 & 2 \end{pmatrix} \xrightarrow{r_1 - r_2} \begin{pmatrix} 1 & 0 & 0 & -1 \\ 0 & 1 & 0 & -2 \\ 0 & 0 & 1 & 2 \end{pmatrix}.$$

与最后一个矩阵(行最简梯形矩阵)相对应的同解线性方程组为

$$\begin{cases} x_1 = -1, \\ x_2 = -2, \\ x_3 = 2, \end{cases}$$

即为原方程组的解

(2) 对方程组的增广矩阵$\overline{\mathbf{A}}$进行初等行变换

$$\overline{\mathbf{A}} = \begin{pmatrix} 0 & -3 & -2 & 2 \\ 1 & 1 & 2 & 1 \\ 4 & 1 & 6 & 6 \end{pmatrix} \xrightarrow{r_1 \leftrightarrow r_2} \begin{pmatrix} 1 & 1 & 2 & 1 \\ 0 & -3 & -2 & 2 \\ 4 & 1 & 6 & 6 \end{pmatrix}$$

$$\xrightarrow{r_3 - 4r_1} \begin{pmatrix} 1 & 1 & 2 & 1 \\ 0 & -3 & -2 & 2 \\ 0 & -3 & -2 & 2 \end{pmatrix} \xrightarrow{r_3 - r_2} \begin{pmatrix} 1 & 1 & 2 & 1 \\ 0 & -3 & -2 & 2 \\ 0 & 0 & 0 & 0 \end{pmatrix}$$

$$\xrightarrow{-\frac{1}{3}r_2}\begin{pmatrix}1 & 1 & 2 & 1\\ 0 & 1 & \frac{2}{3} & -\frac{2}{3}\\ 0 & 0 & 0 & 0\end{pmatrix}\xrightarrow{r_1-r_2}\begin{pmatrix}1 & 0 & \frac{4}{3} & \frac{5}{3}\\ 0 & 1 & \frac{2}{3} & -\frac{2}{3}\\ 0 & 0 & 0 & 0\end{pmatrix}.$$

与最后一个矩阵相对应的同解方程组为

$$\begin{cases}x_1=\frac{5}{3}-\frac{4}{3}x_3,\\ x_2=-\frac{2}{3}-\frac{2}{3}x_3.\end{cases}$$

其中 x_3 可任意取值，称为自由未知量，故原方程组有无穷多解. 这种自由未知量表示的无穷多解称为方程组的**一般解**.

令 $x_3=3k$(k 为任意常数)，则原方程组的一般解为

$$\begin{cases}x_1=\frac{5}{3}-4k,\\ x_2=-\frac{2}{3}-2k,\\ x_3=3k.\end{cases}$$

(3) $$\overline{\boldsymbol{A}}=\begin{pmatrix}2 & 1 & -1 & 1\\ 4 & 2 & -2 & 3\\ 2 & 1 & 1 & 1\end{pmatrix}\longrightarrow\begin{pmatrix}2 & 1 & -1 & 1\\ 0 & 0 & 0 & 1\\ 0 & 0 & 2 & 0\end{pmatrix}\longrightarrow\begin{pmatrix}2 & 1 & 0 & 0\\ 0 & 0 & 1 & 0\\ 0 & 0 & 0 & 1\end{pmatrix}.$$

与最后一个矩阵相对应的同解方程组为 $$\begin{cases}2x_1+x_2=0,\\ x_3=0,\\ 0=1.\end{cases}$$

由第三个方程得 $0=1$ 为矛盾方程，故原方程组无解. 由此例看到，一个线性方程组的解有三种情况：有唯一解，有无穷多解以及无解.

利用矩阵的初等行变换解方程组的步骤如下：

第一步，写出线性方程组的增广矩阵 $\overline{\boldsymbol{A}}$；

第二步，对 $\overline{\boldsymbol{A}}$ 施行初等行变换，将 $\overline{\boldsymbol{A}}$ 化为行最简阶梯阵 $\boldsymbol{B}$；

第三步，写出以 $\boldsymbol{B}$ 为增广矩阵的同解方程组；

第四步，判别是否有解？有解时解此同解方程组得解.

如何判别一个线性非齐次线性方程组解的类型呢？由例 1 中三个方程组的最简阶梯形阵可知：若方程组中未知数的个数为 n，

(1) 对于第一个方程组,因 $R(\boldsymbol{A})=R(\overline{\boldsymbol{A}})=3=n$,故方程组有唯一解;

(2) 对于第二个方程组,因 $R(\boldsymbol{A})=R(\overline{\boldsymbol{A}})=2<n$,故方程组有无穷多个解;

(3) 对于第三个方程组,因 $R(\boldsymbol{A})=2$, $R(\overline{\boldsymbol{A}})=3$,即 $R(\boldsymbol{A})\neq R(\overline{\boldsymbol{A}})$,故方程组无解.

例 2 解齐次线性方程组

$$\begin{cases} -3x_2-2x_3+2x_4=0, \\ x_1+x_2+2x_3+x_4=0, \\ 4x_1+x_2+6x_3+6x_4=0. \end{cases}$$

解 对方程组的系数矩阵 $\boldsymbol{A}$ 进行初等行变换:

$$\boldsymbol{A}=\begin{pmatrix} 0 & -3 & -2 & 2 \\ 1 & 1 & 2 & 1 \\ 4 & 1 & 6 & 6 \end{pmatrix} \xrightarrow{r_1\leftrightarrow r_2} \begin{pmatrix} 1 & 1 & 2 & 1 \\ 0 & -3 & -2 & 2 \\ 4 & 1 & 6 & 6 \end{pmatrix}$$

$$\xrightarrow{r_3-4r_1} \begin{pmatrix} 1 & 1 & 2 & 1 \\ 0 & -3 & -2 & 2 \\ 0 & -3 & -2 & 2 \end{pmatrix} \xrightarrow{r_3-r_2} \begin{pmatrix} 1 & 1 & 2 & 1 \\ 0 & -3 & -2 & 2 \\ 0 & 0 & 0 & 0 \end{pmatrix}$$

$$\xrightarrow{-\frac{1}{3}r_2} \begin{pmatrix} 1 & 1 & 2 & 1 \\ 0 & 1 & \frac{2}{3} & -\frac{2}{3} \\ 0 & 0 & 0 & 0 \end{pmatrix} \xrightarrow{r_1-r_2} \begin{pmatrix} 1 & 0 & \frac{4}{3} & \frac{5}{3} \\ 0 & 1 & \frac{2}{3} & -\frac{2}{3} \\ 0 & 0 & 0 & 0 \end{pmatrix}.$$

与最后一个矩阵(行最简阶梯形矩阵)相对应的同解线性方程组为

$$\begin{cases} x_1=-\frac{4}{3}x_3-\frac{5}{3}x_4, \\ x_2=-\frac{2}{3}x_3+\frac{2}{3}x_4. \end{cases}$$

取 $x_3=3k_1$, $x_4=3k_2$,则原方程的所有解为

$$\begin{cases} x_1=-4k_1-5k_2, \\ x_2=-2k_1+2k_2, \\ x_3=3k_1, \\ x_4=3k_2 \end{cases} \quad (k_1, k_2 \text{ 为任意实数}),$$

故原方程组有无穷多组解.

由例 2 可知，当 $R(\boldsymbol{A})<n$ 时，齐次线性方程组有非零解；当 $R(\boldsymbol{A})=n$ 时，齐次方程组只有零解.

为了进一步讨论一般的线性方程的有解性以及解的结构，先讨论向量及向量组的线性相关性.

二、n 维向量

在空间内的点，可分别用有序数组(x, y, z)来表示. 而一个 n 元线性方程 $a_1x_1+a_2x_2+\cdots+a_nx_n=b$，就可以用 $n+1$ 个有序的数组 $a_1, a_2, \cdots, a_n, b$ 来描述，即$(a_1, a_2, \cdots, a_n, b)$. 因为这个方程完全由这 $n+1$ 个数确定，至于未知量采用什么字母表示是非本质的. 由此，我们引入抽象的数学概念.

定义 1　由 n 个数 $a_1, a_2, \cdots, a_n$ 组成的有序数组$(a_1, a_2, \cdots, a_n)$称为 **n 维向量**. 其中 a_k 称为这个向量的**第 k 个分量**，$k=1, 2, \cdots, n$.

$(a_1, a_2, \cdots, a_n)$称为 n **维行向量**；$\begin{pmatrix} a_1 \\ a_2 \\ \vdots \\ a_n \end{pmatrix}$ 称为 n **维列向量**. 它们的区别只是同一个向量在写法上的不同.

一般，我们用希腊字母 $\boldsymbol{\alpha}, \boldsymbol{\beta}, \boldsymbol{\gamma}, \boldsymbol{\eta}, \cdots$表示向量；用 $a, b, c, x, \cdots$表示数.

说明　在高等数学中把既有大小又有方向的量称为向量. 这只能在二维和三维空间适用，因为这时的“方向”有确切的含义，即方位与指向，因此称为几何向量. 对 n 维向量来说，“方向”已无意义，只能用一组有序数组来定义，如三维向量为(x_1, y_1, z_1)，其中 x_1, y_1, z_1 为向量在 x, y, z 轴上的投影. 所以现在讲的向量是几何向量的推广.

定义 2　若两个 n 维向量

$$\boldsymbol{\alpha}=(a_1, a_2, \cdots, a_n)^{\mathrm{T}}, \quad \boldsymbol{\beta}=(b_1, b_2, \cdots, b_n)^{\mathrm{T}}$$

的对应分量相等，即

$$a_k=b_k \quad (k=1, 2, \cdots, n),$$

则称这两个向量**相等**. 故有

$$\boldsymbol{\alpha}=\boldsymbol{\beta} \Longleftrightarrow a_k=b_k \quad (k=1, 2, \cdots, n).$$

定义 3　分量全为零的向量称为**零向量**，记为 $\mathbf{0}$，即

$$\mathbf{0}=(0, 0, \cdots, 0)^{\mathrm{T}}.$$

定义 4 向量 $\boldsymbol{\alpha}=(a_1, a_2, \cdots, a_n)^{\mathrm{T}}$ 的**负向量**为 $(-a_1, -a_2, \cdots, -a_n)^{\mathrm{T}}$，记为 $-\boldsymbol{\alpha}$，即

$$-\boldsymbol{\alpha}=-(a_1, a_2, \cdots, a_n)^{\mathrm{T}}=(-a_1, -a_2, \cdots, -a_n)^{\mathrm{T}}.$$

定义 5 设有 n 维向量 $\boldsymbol{\alpha}=(a_1, a_2, \cdots, a_n)$，称量

$$\|\boldsymbol{\alpha}\|=\sqrt{a_1^2+a_2^2+\cdots+a_n^2}$$

为**向量 $\boldsymbol{\alpha}$ 的模.**

若 $\boldsymbol{\alpha}$ 为非零向量，则有 $\|\boldsymbol{\alpha}\|>0$，只有当 $\boldsymbol{\alpha}$ 为零向量时，$\|\boldsymbol{\alpha}\|=0$；

若 $\|\boldsymbol{\alpha}\|=1$，则称 $\boldsymbol{\alpha}$ 为**单位向量.**

例如，$\boldsymbol{i}=\begin{pmatrix}1\\0\\0\end{pmatrix}$，$\boldsymbol{j}=\begin{pmatrix}0\\1\\0\end{pmatrix}$，$\boldsymbol{k}=\begin{pmatrix}0\\0\\1\end{pmatrix}$ 称为**三维基本单位向量，**而 $\boldsymbol{\beta}=\begin{pmatrix}-\frac{2}{3}\\\frac{2}{3}\\\frac{1}{3}\end{pmatrix}$ 是三维单位向量.

我们称 n 维向量中的

$$\boldsymbol{e}_1=\begin{pmatrix}1\\0\\0\\\vdots\\0\end{pmatrix}, \boldsymbol{e}_2=\begin{pmatrix}0\\1\\0\\\vdots\\0\end{pmatrix}, \cdots, \boldsymbol{e}_n=\begin{pmatrix}0\\0\\0\\\vdots\\1\end{pmatrix}$$

为 n **维基本单位向量.**

若 $n=3$ 时，$\boldsymbol{e}_1=\boldsymbol{i}$，$\boldsymbol{e}_2=\boldsymbol{j}$，$\boldsymbol{e}_3=\boldsymbol{k}$.

m 个 n 维向量组成的集合，称为一个 n 维**向量组.**

三、向量的线性运算

向量的线性运算包括向量的加法及数乘.

1. 向量的加法

定义 6 设 $\boldsymbol{\alpha}, \boldsymbol{\beta}$ 为两个 n 维向量，

$$\boldsymbol{\alpha}=(a_1, a_2, \cdots, a_n), \quad \boldsymbol{\beta}=(b_1, b_2, \cdots, b_n),$$

则称 n 维向量 $(a_1+b_1, a_2+b_2, \cdots, a_n+b_n)$ 为**向量 $\boldsymbol{\alpha}$ 与 $\boldsymbol{\beta}$ 之和，记为 $\boldsymbol{\alpha}+\boldsymbol{\beta}$，**即

$$\boldsymbol{\alpha}+\boldsymbol{\beta}=(a_1+b_1,\ a_2+b_2,\ \cdots,\ a_n+b_n).$$

对于任意 n 维向量 $\boldsymbol{\alpha}$，显然有

$$\boldsymbol{\alpha}+\mathbf{0}=\mathbf{0}+\boldsymbol{\alpha}=\boldsymbol{\alpha},\quad \boldsymbol{\alpha}+(-\boldsymbol{\alpha})=\mathbf{0}.$$

利用负向量可定义向量的减法

$$\boldsymbol{\alpha}-\boldsymbol{\beta}=\boldsymbol{\alpha}+(-\boldsymbol{\beta})=(a_1-b_1,\ a_2-b_2,\ \cdots,\ a_n-b_n).$$

2. 数量与向量的乘法(简称向量的数乘)

定义 7 向量$(ka_1,\ ka_2,\ \cdots,\ ka_n)$称为向量 $\boldsymbol{\alpha}=(a_1,\ a_2,\ \cdots,\ a_n)$与数 k 的乘积，记为 $k\boldsymbol{\alpha}$，即

$$k\boldsymbol{\alpha}=k(a_1,\ a_2,\ \cdots,\ a_n)=(ka_1,\ ka_2,\ \cdots,\ ka_n).$$

例 3 求 $x,\ y,\ z$，使得$(2,\ -3,\ 4)=x(1,\ 1,\ 1)+y(1,\ 1,\ 0)+z(1,\ 0,\ 0)$.

解
$$\begin{aligned}(2,\ -3,\ 4)&=(x,\ x,\ x)+(y,\ y,\ 0)+(z,\ 0,\ 0)\\&=(x+y+z,\ x+y,\ x).\end{aligned}$$

因各分量对应相等，得方程组

$$\begin{cases}x+y+z=2,\\x+y\quad\ =-3,\\x\qquad\quad=4.\end{cases}$$

解方程组得 $x=4,\quad y=-7,\quad z=5.$

3. 运算律

直接从定义容易证明向量的加法，数乘满足以下八条运算规律：

(1) $\boldsymbol{\alpha}+\boldsymbol{\beta}=\boldsymbol{\beta}+\boldsymbol{\alpha}$； (2) $(\boldsymbol{\alpha}+\boldsymbol{\beta})+\boldsymbol{\gamma}=\boldsymbol{\alpha}+(\boldsymbol{\beta}+\boldsymbol{\gamma})$；

(3) $\boldsymbol{\alpha}+\mathbf{0}=\boldsymbol{\alpha}$； (4) $\boldsymbol{\alpha}+(-\boldsymbol{\alpha})=\mathbf{0}$；

(5) $1\boldsymbol{\alpha}=\boldsymbol{\alpha}$； (6) $k(\mu\boldsymbol{\alpha})=(k\mu)\boldsymbol{\alpha}$；

(7) $k(\boldsymbol{\alpha}+\boldsymbol{\beta})=k\boldsymbol{\alpha}+k\boldsymbol{\beta}$； (8) $(k+\mu)\boldsymbol{\alpha}=k\boldsymbol{\alpha}+\mu\boldsymbol{\alpha}$.

其中 $k,\ \mu$ 为常数. 满足这八条运算律的向量的加法和数乘运算称为向量的**线性运算**.

例 4 设 $\boldsymbol{\alpha}=\begin{pmatrix}1\\0\\1\end{pmatrix}$，$\boldsymbol{\beta}=\begin{pmatrix}-3\\-2\\-1\end{pmatrix}$，求一向量 $\boldsymbol{\gamma}$，使 $2(\boldsymbol{\alpha}-\boldsymbol{\gamma})=\boldsymbol{\gamma}-\boldsymbol{\beta}$.

解 因为 $2(\boldsymbol{\alpha}-\boldsymbol{\gamma})=\boldsymbol{\gamma}-\boldsymbol{\beta},\quad 2\boldsymbol{\alpha}-2\boldsymbol{\gamma}=\boldsymbol{\gamma}-\boldsymbol{\beta}$,

所以

$$\gamma=\frac{1}{3}(2\boldsymbol{\alpha}+\boldsymbol{\beta})=\frac{1}{3}\left[2\begin{pmatrix}1\\0\\1\end{pmatrix}+\begin{pmatrix}-3\\-2\\-1\end{pmatrix}\right]=\frac{1}{3}\begin{pmatrix}-1\\-2\\1\end{pmatrix}.$$

习　题　3.1

1. 设 $\boldsymbol{\alpha}=\begin{pmatrix}1\\-3\\2\\4\end{pmatrix}$，$\boldsymbol{\beta}=\begin{pmatrix}3\\5\\-1\\-2\end{pmatrix}$，求 $\boldsymbol{\alpha}+\boldsymbol{\beta}$，$2\boldsymbol{\alpha}-3\boldsymbol{\beta}$.

2. 求下式中的向量 $\boldsymbol{\alpha}$，使得

$$3(\boldsymbol{\alpha}_1-\boldsymbol{\alpha})+2(\boldsymbol{\alpha}_2+\boldsymbol{\alpha})=5(\boldsymbol{\alpha}_3+\boldsymbol{\alpha}).$$

其中 $\boldsymbol{\alpha}_1=\begin{pmatrix}2\\5\\1\\3\end{pmatrix}$，$\boldsymbol{\alpha}_2=\begin{pmatrix}10\\1\\5\\10\end{pmatrix}$，$\boldsymbol{\alpha}_3=\begin{pmatrix}4\\1\\-1\\1\end{pmatrix}$.

3. 利用初等变换求解线性方程组.

(1) $\begin{cases}2x_1-x_2+3x_3=1,\\2x_1+x_2+x_3=5,\\4x_1+x_2+2x_3=5;\end{cases}$　　(2) $\begin{cases}x_1-x_2+x_3+2x_4=1,\\2x_1-3x_3+x_4=0,\\2x_2+x_3-3x_4=0,\\3x_1+x_2+4x_4=0.\end{cases}$

§3.2　向量间的线性关系

本节主要介绍向量组的线性相关性及其有关定理；向量组的最大线性无关组的几个基本概念及性质以备引用. 这些是线性代数的理论基础，学习时必须深刻理解向量组线性相关性的含义及其判别方法，在此基础上明确 n 元线性方程组解的结构. 这是学好本节的关键.

一、线性组合与线性表示

定义 1　设 $\boldsymbol{\alpha}_1,\boldsymbol{\alpha}_2,\cdots,\boldsymbol{\alpha}_m$ 是 m 个 n 维向量，则称

$$k_1\boldsymbol{\alpha}_1+k_2\boldsymbol{\alpha}_2+\cdots+k_m\boldsymbol{\alpha}_m$$

为向量组 $\boldsymbol{\alpha}_1,\boldsymbol{\alpha}_2,\cdots,\boldsymbol{\alpha}_m$ 的**线性组合**，其中 $k_1,k_2,\cdots,k_m$ 称为**组合系数**.

向量 $\boldsymbol{\beta}$ 如果能够表示成向量组 $\boldsymbol{\alpha}_1,\boldsymbol{\alpha}_2,\cdots,\boldsymbol{\alpha}_m$ 的某个线性组合，即存在一组

数 $k_1, k_2, \cdots, k_m$,使得

$$\boldsymbol{\beta} = k_1\boldsymbol{\alpha}_1 + k_2\boldsymbol{\alpha}_2 + \cdots + k_m\boldsymbol{\alpha}_m,$$

则称 $\boldsymbol{\beta}$ 可由 $\boldsymbol{\alpha}_1, \boldsymbol{\alpha}_2, \cdots, \boldsymbol{\alpha}_m$ **线性表示**.

注意 只有同维向量组才有线性表示的问题.

例 1 证明:任意 n 维向量 $\boldsymbol{\alpha} = \begin{pmatrix} a_1 \\ a_2 \\ \vdots \\ a_n \end{pmatrix}$ 可由 n 个 n 维单位向量

$$\boldsymbol{e}_1 = \begin{pmatrix} 1 \\ 0 \\ 0 \\ \vdots \\ 0 \end{pmatrix}, \ \boldsymbol{e}_2 = \begin{pmatrix} 0 \\ 1 \\ 0 \\ \vdots \\ 0 \end{pmatrix}, \ \cdots, \ \boldsymbol{e}_n = \begin{pmatrix} 0 \\ 0 \\ 0 \\ \vdots \\ 1 \end{pmatrix}$$

线性表示.

证明

$$\boldsymbol{\alpha} = \begin{pmatrix} a_1 \\ a_2 \\ a_3 \\ \vdots \\ a_n \end{pmatrix} = \begin{pmatrix} a_1 \\ 0 \\ 0 \\ \vdots \\ 0 \end{pmatrix} + \begin{pmatrix} 0 \\ a_2 \\ 0 \\ \vdots \\ 0 \end{pmatrix} + \begin{pmatrix} 0 \\ 0 \\ a_3 \\ \vdots \\ 0 \end{pmatrix} + \cdots + \begin{pmatrix} 0 \\ 0 \\ 0 \\ \vdots \\ a_n \end{pmatrix}$$

$$= a_1\begin{pmatrix} 1 \\ 0 \\ 0 \\ \vdots \\ 0 \end{pmatrix} + a_2\begin{pmatrix} 0 \\ 1 \\ 0 \\ \vdots \\ 0 \end{pmatrix} + a_3\begin{pmatrix} 0 \\ 0 \\ 1 \\ \vdots \\ 0 \end{pmatrix} + \cdots + a_n\begin{pmatrix} 0 \\ 0 \\ 0 \\ \vdots \\ 1 \end{pmatrix}$$

$$= a_1\boldsymbol{e}_1 + a_2\boldsymbol{e}_2 + \cdots + a_n\boldsymbol{e}_n.$$

例 2 已知 $\boldsymbol{\alpha}_1 = \begin{pmatrix} 1 \\ 1 \\ 1 \end{pmatrix}, \boldsymbol{\alpha}_2 = \begin{pmatrix} 1 \\ 0 \\ -1 \end{pmatrix}; \boldsymbol{\beta}_1 = \begin{pmatrix} -1 \\ -3 \\ -5 \end{pmatrix}, \boldsymbol{\beta}_2 = \begin{pmatrix} 3 \\ -1 \\ 1 \end{pmatrix}$.

问:(1) $\boldsymbol{\beta}_1$ 能否由 $\boldsymbol{\alpha}_1, \boldsymbol{\alpha}_2$ 线性表示?(2) $\boldsymbol{\beta}_2$ 能否由 $\boldsymbol{\alpha}_1, \boldsymbol{\alpha}_2$ 线性表示?

解 (1) 设 $\boldsymbol{\beta}_1 = k_1\boldsymbol{\alpha}_1 + k_2\boldsymbol{\alpha}_2$,即

$$\begin{pmatrix}-1\\-3\\-5\end{pmatrix}=k_1\begin{pmatrix}1\\1\\1\end{pmatrix}+k_2\begin{pmatrix}1\\0\\-1\end{pmatrix}=\begin{pmatrix}k_1+k_2\\k_1\\k_1-k_2\end{pmatrix},$$

比较两边分量得线性方程组

$$\begin{cases}k_1+k_2=-1,\\k_1=-3,\\k_1-k_2=-5,\end{cases}\quad 得\quad \begin{cases}k_1=-3,\\k_2=2.\end{cases}$$

故 $\boldsymbol{\beta}_1$ 可由 $\boldsymbol{\alpha}_1$，$\boldsymbol{\alpha}_2$ 线性表示且表示法唯一，即 $\boldsymbol{\beta}_1=-3\boldsymbol{\alpha}_1+2\boldsymbol{\alpha}_2$.

(2) 设 $\boldsymbol{\beta}_2=k_1\boldsymbol{\alpha}_1+k_2\boldsymbol{\alpha}_2$，即

$$\begin{pmatrix}3\\-1\\1\end{pmatrix}=k_1\begin{pmatrix}1\\1\\1\end{pmatrix}+k_2\begin{pmatrix}1\\0\\-1\end{pmatrix}.$$

于是得线性方程组

$$\begin{cases}k_1+k_2=3,\\k_1=-1,\\k_1-k_2=1.\end{cases}$$

将 $k_1=-1$ 代入第一个方程中，得 $k_2=4$；代入第三个方程中，得 $k_2=-2$，此方程组无解. 即 $\boldsymbol{\beta}_2$ 不可用 $\boldsymbol{\alpha}_1$，$\boldsymbol{\alpha}_2$ 线性表示.

小结 判断一个向量 $\boldsymbol{\beta}$ 是否是向量组 $\boldsymbol{\alpha}_1$，$\boldsymbol{\alpha}_2$，…，$\boldsymbol{\alpha}_m$ 的线性组合(即 $\boldsymbol{\beta}$ 可否由 $\boldsymbol{\alpha}_1$，$\boldsymbol{\alpha}_2$，…，$\boldsymbol{\alpha}_m$ 线性表示)的步骤如下：

第一步，设 $\boldsymbol{\beta}=k_1\boldsymbol{\alpha}_1+k_2\boldsymbol{\alpha}_2+\cdots+k_m\boldsymbol{\alpha}_m$. (5)

第二步，代入具体向量得到线性方程组，有

$$\begin{cases}a_{11}k_1+a_{12}k_2+\cdots+a_{1m}k_m=b_1,\\a_{21}k_1+a_{22}k_2+\cdots+a_{2m}k_m=b_2,\\\qquad\vdots\\a_{n1}k_1+a_{n2}k_2+\cdots+a_{nm}k_m=b_n;\end{cases}\tag{6}$$

$$\boldsymbol{\alpha}_1=\begin{pmatrix}a_{11}\\a_{21}\\\vdots\\a_{n1}\end{pmatrix},\ \boldsymbol{\alpha}_2=\begin{pmatrix}a_{12}\\a_{22}\\\vdots\\a_{n2}\end{pmatrix},\ \cdots,\ \boldsymbol{\alpha}_m=\begin{pmatrix}a_{1m}\\a_{2m}\\\vdots\\a_{nm}\end{pmatrix},\ \boldsymbol{\beta}=\begin{pmatrix}b_1\\b_2\\\vdots\\b_n\end{pmatrix}.$$

第三步，解方程组(6)，若方程组有解，则 $\boldsymbol{\beta}$ 可由 $\boldsymbol{\alpha}_1$，$\boldsymbol{\alpha}_2$，…，$\boldsymbol{\alpha}_m$ 线性表示；若

方程组无解，则 $\boldsymbol{\beta}$ 不可由 $\boldsymbol{\alpha}_1, \boldsymbol{\alpha}_2, \cdots, \boldsymbol{\alpha}_m$ 线性表示.

注意方程组(6)的书写规律：x_i 的系数构成列向量 $\boldsymbol{\alpha}_i (i=1, 2, \cdots, m)$，常数项构成 $\boldsymbol{\beta}$ 的列向量.

定理 1 设 $\boldsymbol{\alpha}_1, \boldsymbol{\alpha}_2, \cdots, \boldsymbol{\alpha}_m, \boldsymbol{\beta}$ 是 n 维列向量组，$\boldsymbol{\beta}$ 可由 $\boldsymbol{\alpha}_1, \boldsymbol{\alpha}_2, \cdots, \boldsymbol{\alpha}_m$ 线性表示，则非齐次线性方程组 $\boldsymbol{A}\boldsymbol{x}=\boldsymbol{\beta}$ 有解.

即 $R(\boldsymbol{A})=R(\boldsymbol{A}, \boldsymbol{\beta})$，其中 $\boldsymbol{A}=(\boldsymbol{\alpha}_1, \boldsymbol{\alpha}_2, \cdots, \boldsymbol{\alpha}_m)$.

例 3 已知向量组

$$\boldsymbol{\alpha}_1=\begin{pmatrix}1\\0\\2\\1\end{pmatrix}, \quad \boldsymbol{\alpha}_2=\begin{pmatrix}1\\2\\0\\1\end{pmatrix}, \quad \boldsymbol{\alpha}_3=\begin{pmatrix}2\\-1\\5\\0\end{pmatrix}, \quad \boldsymbol{\beta}=\begin{pmatrix}2\\5\\-1\\4\end{pmatrix}.$$

问 $\boldsymbol{\beta}$ 是否可由 $\boldsymbol{\alpha}_1, \boldsymbol{\alpha}_2, \boldsymbol{\alpha}_3$ 线性表示？如能线性表示，写出表达式.

解 设存在数 x_1, x_2, x_3，使得

$$x_1\boldsymbol{\alpha}_1+x_2\boldsymbol{\alpha}_2+x_3\boldsymbol{\alpha}_3=\boldsymbol{\beta}.$$

即

$$\overline{\boldsymbol{A}}=(\boldsymbol{\alpha}_1, \boldsymbol{\alpha}_2, \boldsymbol{\alpha}_3, \boldsymbol{\beta})=\begin{pmatrix}1&1&2&2\\0&2&-1&5\\2&0&5&-1\\1&1&0&4\end{pmatrix}\rightarrow\begin{pmatrix}1&0&0&2\\0&1&0&2\\0&0&1&-1\\0&0&0&0\end{pmatrix}.$$

因为 $R(\boldsymbol{A})=R(\overline{\boldsymbol{A}})=3$，

有唯一解 $x_1=2, x_2=2, x_3=-1$.

所以 $$\boldsymbol{\beta}=2\boldsymbol{\alpha}_1+2\boldsymbol{\alpha}_2-\boldsymbol{\alpha}_3.$$

例 4 已知向量组

$$\boldsymbol{\alpha}_1=\begin{pmatrix}-1\\0\\1\\2\end{pmatrix}, \quad \boldsymbol{\alpha}_2=\begin{pmatrix}3\\4\\-2\\5\end{pmatrix}, \quad \boldsymbol{\alpha}_3=\begin{pmatrix}1\\4\\0\\9\end{pmatrix}, \quad \boldsymbol{\beta}=\begin{pmatrix}5\\4\\-4\\1\end{pmatrix}.$$

问 $\boldsymbol{\beta}$ 是否可由 $\boldsymbol{\alpha}_1, \boldsymbol{\alpha}_2, \boldsymbol{\alpha}_3$ 线性表示？如能线性表示就写出表达式.

解 设有数 x_1, x_2, x_3，使得

$$x_1\boldsymbol{\alpha}_1+x_2\boldsymbol{\alpha}_2+x_3\boldsymbol{\alpha}_3=\boldsymbol{\beta}.$$

即 $$\overline{\mathbf{A}}=(\boldsymbol{\alpha}_1,\boldsymbol{\alpha}_2,\boldsymbol{\alpha}_3,\boldsymbol{\beta})=\begin{pmatrix}-1&3&1&5\\0&4&4&4\\1&-2&0&-4\\2&5&9&1\end{pmatrix}$$

$$\to\begin{pmatrix}-1&3&1&5\\0&1&1&1\\0&0&0&0\\0&0&0&0\end{pmatrix}\to\begin{pmatrix}1&0&2&-2\\0&1&1&1\\0&0&0&0\\0&0&0&0\end{pmatrix}.$$

得同解方程组 $\begin{cases}x_1=-2x_3-2,\\x_2=-x_3+1.\end{cases}$

令 $x_3=k$(k 为任意实数),得

$$x_1=-2-2k,\quad x_2=1-k,$$

$$\boldsymbol{\beta}=(-2-2k)\boldsymbol{\alpha}_1+(1-k)\boldsymbol{\alpha}_2+k\boldsymbol{\alpha}_3.$$

例 5 判断 $\boldsymbol{\beta}=\begin{pmatrix}4\\3\\0\\11\end{pmatrix}$ 是否为向量组 $\boldsymbol{\alpha}_1=\begin{pmatrix}1\\2\\-1\\5\end{pmatrix}$, $\boldsymbol{\alpha}_2=\begin{pmatrix}2\\-1\\1\\1\end{pmatrix}$ 的线性组合.

解 设有数 x_1, x_2,使得 $x_1\boldsymbol{\alpha}_1+x_2\boldsymbol{\alpha}_2=\boldsymbol{\beta}$.

$$\overline{\mathbf{A}}=(\boldsymbol{\alpha}_1,\boldsymbol{\alpha}_2,\boldsymbol{\beta})=\begin{pmatrix}1&2&4\\2&-1&3\\-1&1&0\\5&1&11\end{pmatrix}\to\begin{pmatrix}1&2&4\\0&1&1\\0&0&1\\0&0&0\end{pmatrix}.$$

因为 $R(\mathbf{A})=2$, $R(\overline{\mathbf{A}})=3$,所以 $\boldsymbol{\beta}$ 不是 $\boldsymbol{\alpha}_1$, $\boldsymbol{\alpha}_2$ 的线性组合.

例 6 设向量组 $\boldsymbol{\alpha}_1=\begin{pmatrix}t+1\\1\\1\end{pmatrix}$, $\boldsymbol{\alpha}_2=\begin{pmatrix}1\\t+1\\1\end{pmatrix}$, $\boldsymbol{\alpha}_3=\begin{pmatrix}1\\1\\t+1\end{pmatrix}$, $\boldsymbol{\beta}=\begin{pmatrix}2\\-1\\t+2\end{pmatrix}$,问 t 取何值时

(1) $\boldsymbol{\beta}$ 可由 $\boldsymbol{\alpha}_1$, $\boldsymbol{\alpha}_2$, $\boldsymbol{\alpha}_3$ 线性表示,且表示法唯一;

(2) $\boldsymbol{\beta}$ 不可由 $\boldsymbol{\alpha}_1$, $\boldsymbol{\alpha}_2$, $\boldsymbol{\alpha}_3$ 线性表示;

(3) $\boldsymbol{\beta}$ 可由 $\boldsymbol{\alpha}_1$, $\boldsymbol{\alpha}_2$, $\boldsymbol{\alpha}_3$ 线性表示,表示法不唯一,并求出所有的表达式.

解 设存在数 x_1, x_2, x_3 使得 $x_1\boldsymbol{\alpha}_1+x_2\boldsymbol{\alpha}_2+x_3\boldsymbol{\alpha}_3=\boldsymbol{\beta}$, $\boldsymbol{A}=(\boldsymbol{\alpha}_1, \boldsymbol{\alpha}_2, \boldsymbol{\alpha}_3)$, 即考察方程组 $\boldsymbol{Ax}=\boldsymbol{\beta}$ 是否有解.

$$|\boldsymbol{A}|=\begin{vmatrix} t+1 & 1 & 1 \\ 1 & t+1 & 1 \\ 1 & 1 & t+1 \end{vmatrix}=t^2(t+3).$$

(1) 当 $|\boldsymbol{A}|\neq 0$ 时,即 $t\neq 0$ 且 $t\neq -3$ 时, $\boldsymbol{Ax}=\boldsymbol{\beta}$ 有唯一的解;

(2) 当 $t=0$ 时, $\overline{A}=(\boldsymbol{A}\ \boldsymbol{\beta})=\begin{pmatrix} 1 & 1 & 1 & 2 \\ 1 & 1 & 1 & -1 \\ 1 & 1 & 1 & 2 \end{pmatrix}\to\begin{pmatrix} 1 & 1 & 1 & 0 \\ 0 & 0 & 0 & 1 \\ 0 & 0 & 0 & 0 \end{pmatrix}$, 方程组 $\boldsymbol{Ax}=\boldsymbol{\beta}$ 无解, $\boldsymbol{\beta}$ 不可由 $\boldsymbol{\alpha}_1, \boldsymbol{\alpha}_2, \boldsymbol{\alpha}_3$ 线性表示;

(3)当 $t=-3$ 时, $\overline{\boldsymbol{A}}=\begin{pmatrix} -2 & 1 & 1 & 2 \\ 1 & -2 & 1 & -1 \\ 1 & 1 & -2 & -2 \end{pmatrix}\to\begin{pmatrix} 1 & 0 & -1 & -1 \\ 0 & 1 & -1 & 0 \\ 0 & 0 & 0 & 0 \end{pmatrix}$, 得同解方程组 $\begin{cases} x_1=x_3-1, \\ x_2=x_3, \end{cases}$ 解得 $x_1=k-1$, $x_2=x_3=k$, $k\in\mathbf{R}$, $\boldsymbol{\beta}=(k-1)\boldsymbol{\alpha}_1+k\boldsymbol{\alpha}_2+k\boldsymbol{\alpha}_3$, 方程组有无穷多解, $\boldsymbol{\beta}$ 可由 $\boldsymbol{\alpha}_1, \boldsymbol{\alpha}_2, \boldsymbol{\alpha}_3$ 线性表示.

二、线性相关与线性无关的概念

定义 2 设 $\boldsymbol{\alpha}_1, \boldsymbol{\alpha}_2, \cdots, \boldsymbol{\alpha}_m$ 是 m 个 n 维向量,如果有不全为零的 m 个数 $k_1, k_2, \cdots, k_m$,使得

$$k_1\boldsymbol{\alpha}_1+k_2\boldsymbol{\alpha}_2+\cdots+k_m\boldsymbol{\alpha}_m=\mathbf{0} \tag{1}$$

成立,则称 $\boldsymbol{\alpha}_1, \boldsymbol{\alpha}_2, \cdots, \boldsymbol{\alpha}_m$ **线性相关**;如果只有当 $k_1=k_2=\cdots=k_m=0$ 时,式(1)才成立,则称向量组 $\boldsymbol{\alpha}_1, \boldsymbol{\alpha}_2, \cdots, \boldsymbol{\alpha}_m$ **线性无关**.

注意 只有同维向量才有线性相关问题. 一个同维向量组不是线性相关,就是线性无关.

例 7 考察两个向量组的线性相关性.

(1) $\boldsymbol{\alpha}_1=\begin{pmatrix} 1 \\ 2 \\ 3 \end{pmatrix}$, $\boldsymbol{\alpha}_2=\begin{pmatrix} 2 \\ 4 \\ 6 \end{pmatrix}$; (2) $\boldsymbol{\beta}_1=\begin{pmatrix} 1 \\ 2 \\ 3 \end{pmatrix}$, $\boldsymbol{\beta}_2=\begin{pmatrix} 1 \\ 2 \\ 4 \end{pmatrix}$.

解 (1) 组中,显然有 $2\boldsymbol{\alpha}_1=\boldsymbol{\alpha}_2$,即

$$2\boldsymbol{\alpha}_1-\boldsymbol{\alpha}_2=\mathbf{0}.$$

上式表明，对于向量 $\boldsymbol{\alpha}_1$，$\boldsymbol{\alpha}_2$ 来说，有不全为零的两个数 $k_1=2$，$k_2=-1$，使得

$$k_1\boldsymbol{\alpha}_1+k_2\boldsymbol{\alpha}_2=\mathbf{0}$$

成立，则称 $\boldsymbol{\alpha}_1$ 与 $\boldsymbol{\alpha}_2$ 线性相关，几何上说向量 $\boldsymbol{\alpha}_1$，$\boldsymbol{\alpha}_2$ 共线.

(2) 因为 $\boldsymbol{\beta}_1$，$\boldsymbol{\beta}_2$ 对应分量不成比例，所以 $\boldsymbol{\beta}_1$，$\boldsymbol{\beta}_2$ 不共线. 因此对于不全为零的两个数 k_1，k_2 不能有如上的线性等式成立，即

$$k_1\boldsymbol{\beta}_1+k_2\boldsymbol{\beta}_2\neq\mathbf{0}.$$

这就说明 $\boldsymbol{\beta}_1$ 与 $\boldsymbol{\beta}_2$ 之间不存在线性关系，这时称 $\boldsymbol{\beta}_1$ 与 $\boldsymbol{\beta}_2$ 线性无关. 即说明不存在不全为零的两个数 k_1，k_2，使得 $k_1\boldsymbol{\beta}_1+k_2\boldsymbol{\beta}_2=\mathbf{0}$ 成立.

注意 定义中指出，如果有不全为零的数 k_1，k_2，…，k_m 使得式(1)成立，则称 $\boldsymbol{\alpha}_1$，$\boldsymbol{\alpha}_2$，…，$\boldsymbol{\alpha}_m$ 线性相关. 这里只要求 k_1，k_2，…，k_m 不全为零，并不是要求 k_1，k_2，…，k_m 都不等于零.

特别地，一个零向量必定线性相关，这是因为对任意不为零的数 k，都有 $k\mathbf{0}=\mathbf{0}$；任意一个非零向量 $\boldsymbol{\alpha}$ 必线性无关，这是因为对任意不为零的数 k，都有 $k\boldsymbol{\alpha}\neq\mathbf{0}$.

例 8 求证含有零向量的任一组向量必线性相关.

证明 设向量组 $\boldsymbol{\alpha}_1$，$\boldsymbol{\alpha}_2$，…，$\boldsymbol{\alpha}_k$，…，$\boldsymbol{\alpha}_m$ 中 $\boldsymbol{\alpha}_k$ 为零向量，则取 λ_1，λ_2，…，λ_k，…，λ_m，其中 $\lambda_k\neq0$，$\lambda_1=\lambda_2=\cdots=\lambda_{k-1}=\lambda_{k+1}=\cdots=\lambda_m=0$. 则

$$\lambda_1\boldsymbol{\alpha}_1+\lambda_2\boldsymbol{\alpha}_2+\cdots+\lambda_k\boldsymbol{\alpha}_k+\cdots+\lambda_m\boldsymbol{\alpha}_m=\mathbf{0}.$$

故 $\boldsymbol{\alpha}_1$，$\boldsymbol{\alpha}_2$，…，$\boldsymbol{\alpha}_m$ 线性相关.

定理 2 设向量组 $\boldsymbol{\alpha}_1$，$\boldsymbol{\alpha}_2$，…，$\boldsymbol{\alpha}_\gamma$ 线性相关，则 $\boldsymbol{\alpha}_1$，$\boldsymbol{\alpha}_2$，…，$\boldsymbol{\alpha}_\gamma$，$\boldsymbol{\alpha}_{r+1}$，…，$\boldsymbol{\alpha}_m$，也线性相关.

证明 因为 $\boldsymbol{\alpha}_1$，$\boldsymbol{\alpha}_2$，…，$\boldsymbol{\alpha}_\gamma$ 线性相关，则存在着不全为零的数 k_1，k_2，…，k_γ，使得

$$k_1\boldsymbol{\alpha}_1+k_2\boldsymbol{\alpha}_2+\cdots+k_\gamma\boldsymbol{\alpha}_r=\mathbf{0}$$

成立，因此有

$$k_1\boldsymbol{\alpha}_1+k_2\boldsymbol{\alpha}_2+\cdots+k_r\boldsymbol{\alpha}_\gamma+0\cdot\boldsymbol{\alpha}_{r+1}+\cdots+0\cdot\boldsymbol{\alpha}_m=\mathbf{0}.$$

其中 k_1，k_2，…，k_r 不全为零，所以 $\boldsymbol{\alpha}_1$，$\boldsymbol{\alpha}_2$，…，$\boldsymbol{\alpha}_r$，$\boldsymbol{\alpha}_{r+1}$，…，$\boldsymbol{\alpha}_m$ 线性相关.

由此定理可知：若 $\boldsymbol{\alpha}_1$，$\boldsymbol{\alpha}_2$，…，$\boldsymbol{\alpha}_\gamma$ 线性相关，再增加任意多个同维向量后仍线性相关. 即若一个向量组中的部分向量组线性相关，则整个向量组也线性相关.

定理 3 设向量组 $\boldsymbol{\alpha}_1$，$\boldsymbol{\alpha}_2$，…，$\boldsymbol{\alpha}_m$ 线性无关，那么其中任意 $\gamma(\gamma<m)$ 个向量也线性无关.

证明 可利用定理 1 用反证法.

定理 2 与定理 3 说明了全体向量组与其部分向量组之间的关系.

三、向量组线性相关性的判别

下面分别对用字母表示的抽象向量组的线性相关性和对用数字表示的具体向量组的线性相关性进行判别.

1. 用字母表示的向量组的线性相关性的判别

对于这一类抽象向量组的线性相关性的判别方法主要是用定义判别和反证法判别.

例 9 设向量组 $\boldsymbol{\alpha}_1, \boldsymbol{\alpha}_2, \boldsymbol{\alpha}_3$ 线性无关,讨论下列向量组的线性相关性.

(1) $\boldsymbol{\beta}_1=\boldsymbol{\alpha}_1+\boldsymbol{\alpha}_2, \boldsymbol{\beta}_2=\boldsymbol{\alpha}_2+\boldsymbol{\alpha}_3, \boldsymbol{\beta}_3=\boldsymbol{\alpha}_3+\boldsymbol{\alpha}_1$;

(2) $\boldsymbol{\beta}_1=\boldsymbol{\alpha}_1-\boldsymbol{\alpha}_2, \boldsymbol{\beta}_2=\boldsymbol{\alpha}_2+2\boldsymbol{\alpha}_3, \boldsymbol{\beta}_3=\boldsymbol{\alpha}_3+\frac{1}{2}\boldsymbol{\alpha}_1$.

解 (1) 用定义证明. 设有数 x_1, x_2, x_3 使得 $x_1\boldsymbol{\beta}_1+x_2\boldsymbol{\beta}_2+x_3\boldsymbol{\beta}_3=\mathbf{0}$, 即

$$x_1(\boldsymbol{\alpha}_1+\boldsymbol{\alpha}_2)+x_2(\boldsymbol{\alpha}_2+\boldsymbol{\alpha}_3)+x_3(\boldsymbol{\alpha}_3+\boldsymbol{\alpha}_1)=\mathbf{0}, \tag{2}$$

整理后得 $$(x_1+x_3)\boldsymbol{\alpha}_1+(x_1+x_2)\boldsymbol{\alpha}_2+(x_2+x_3)\boldsymbol{\alpha}_3=\mathbf{0}.$$

因为 $\boldsymbol{\alpha}_1, \boldsymbol{\alpha}_2, \boldsymbol{\alpha}_3$ 线性无关,所以只有

$$\begin{cases} x_1 \quad\quad + x_3 = 0, \\ x_1 + x_2 \quad\quad = 0, \\ \quad\quad x_2 + x_3 = 0. \end{cases}$$

其系数行列式

$$D=\begin{vmatrix} 1 & 0 & 1 \\ 1 & 1 & 0 \\ 0 & 1 & 1 \end{vmatrix} \xlongequal{r_2-r_1} \begin{vmatrix} 1 & 0 & 1 \\ 0 & 1 & -1 \\ 0 & 1 & 1 \end{vmatrix}=2\neq 0.$$

则该方程组只有零解,即当 $x_1=x_2=x_3=0$ 时式(2)才成立,所以 $\boldsymbol{\beta}_1, \boldsymbol{\beta}_2, \boldsymbol{\beta}_3$ 线性无关.

(2) 设有数 x_1, x_2, x_3 使得 $x_1\boldsymbol{\beta}_1+x_2\boldsymbol{\beta}_2+x_3\boldsymbol{\beta}_3=\mathbf{0}$,即

$$x_1(\boldsymbol{\alpha}_1-\boldsymbol{\alpha}_2)+x_2(\boldsymbol{\alpha}_2+2\boldsymbol{\alpha}_3)+x_3\left(\boldsymbol{\alpha}_3+\frac{1}{2}\boldsymbol{\alpha}_1\right)=\mathbf{0}.$$

整理后得 $$\left(x_1+\frac{1}{2}x_3\right)\boldsymbol{\alpha}_1+(-x_1+x_2)\boldsymbol{\alpha}_2+(2x_2+x_3)\boldsymbol{\alpha}_3=\mathbf{0}.$$

因为 $\boldsymbol{\alpha}_1, \boldsymbol{\alpha}_2, \boldsymbol{\alpha}_3$ 线性无关,则得齐次线性方程组

$$\begin{cases} x_1 \quad\quad + \dfrac{1}{2}x_3 = 0, \\ -x_1 + x_2 \quad\quad = 0, \\ \quad\quad + 2x_2 + x_3 = 0. \end{cases}$$

其系数行列式

$$D = \begin{vmatrix} 1 & 0 & \dfrac{1}{2} \\ -1 & 1 & 0 \\ 0 & 2 & 1 \end{vmatrix} \xlongequal{r_2 + r_1} \begin{vmatrix} 1 & 0 & \dfrac{1}{2} \\ 0 & 1 & \dfrac{1}{2} \\ 0 & 2 & 1 \end{vmatrix} = 0.$$

则方程组有非零解，即存在不全为零的 x_1, x_2, x_3，所以 $\boldsymbol{\beta}_1, \boldsymbol{\beta}_2, \boldsymbol{\beta}_3$ 线性相关.

2. 用数字表示的向量组的线性相关性的判别

例 10 判断下列向量组

$$\boldsymbol{\alpha}_1 = \begin{pmatrix} 1 \\ -2 \\ -1 \\ -2 \end{pmatrix}, \quad \boldsymbol{\alpha}_2 = \begin{pmatrix} 4 \\ 1 \\ 2 \\ 1 \end{pmatrix}, \quad \boldsymbol{\alpha}_3 = \begin{pmatrix} 2 \\ 5 \\ 4 \\ -1 \end{pmatrix}, \quad \boldsymbol{\alpha}_4 = \begin{pmatrix} 1 \\ 1 \\ 1 \\ 1 \end{pmatrix}$$

的线性相关性.

解 设有数 x_1, x_2, x_3, x_4 使得

$$x_1\boldsymbol{\alpha}_1 + x_2\boldsymbol{\alpha}_2 + x_3\boldsymbol{\alpha}_3 + x_4\boldsymbol{\alpha}_4 = \mathbf{0}.$$

代入题中的向量得

$$x_1\begin{pmatrix} 1 \\ -2 \\ -1 \\ -2 \end{pmatrix} + x_2\begin{pmatrix} 4 \\ 1 \\ 2 \\ 1 \end{pmatrix} + x_3\begin{pmatrix} 2 \\ 5 \\ 4 \\ -1 \end{pmatrix} + x_4\begin{pmatrix} 1 \\ 1 \\ 1 \\ 1 \end{pmatrix} = \begin{pmatrix} 0 \\ 0 \\ 0 \\ 0 \end{pmatrix},$$

即
$$\begin{cases} x_1 + 4x_2 + 2x_3 + x_4 = 0, \\ -2x_1 + x_2 + 5x_3 + x_4 = 0, \\ -x_1 + 2x_2 + 4x_3 + x_4 = 0, \\ -2x_1 + x_2 - x_3 + x_4 = 0. \end{cases}$$

用矩阵的初等行变换解此齐次线性方程组

$$A=\begin{pmatrix}1&4&2&1\\-2&1&5&1\\-1&2&4&1\\-2&1&-1&1\end{pmatrix}\longrightarrow\begin{pmatrix}1&4&2&1\\0&9&9&3\\0&6&6&2\\0&0&-6&0\end{pmatrix}$$

$$\longrightarrow\begin{pmatrix}1&4&0&1\\0&3&0&1\\0&0&1&0\\0&0&0&0\end{pmatrix}\longrightarrow\begin{pmatrix}1&1&0&0\\0&3&0&1\\0&0&1&0\\0&0&0&0\end{pmatrix}.$$

得同解方程组

$$\begin{cases}x_1=-x_2,\\x_3=0,\\x_4=-3x_2.\end{cases}$$

令 $x_2=k(k\in\mathbf{R})$，则方程组有无穷多个解

$$x_1=-k,\quad x_2=k,\quad x_3=0,\quad x_4=-3k.$$

所以向量组 $\boldsymbol{\alpha}_1$，$\boldsymbol{\alpha}_2$，$\boldsymbol{\alpha}_3$，$\boldsymbol{\alpha}_4$ 线性相关.

由此例可见：用定义来判别一个数字表示的向量组的线性相关性问题，可归结为求一组数 x_1，x_2，…，x_m 的问题，其方法步骤如下：

第一步，设存在数 x_1，x_2，…，x_m，使得

$$x_1\boldsymbol{\alpha}_1+x_2\boldsymbol{\alpha}_2+\cdots+x_m\boldsymbol{\alpha}_m=\mathbf{0}.\tag{3}$$

第二步，将 $\boldsymbol{\alpha}_1=\begin{pmatrix}a_{11}\\a_{21}\\\vdots\\a_{n1}\end{pmatrix}$，$\boldsymbol{\alpha}_2=\begin{pmatrix}a_{12}\\a_{22}\\\vdots\\a_{n2}\end{pmatrix}$，…，$\boldsymbol{\alpha}_m=\begin{pmatrix}a_{1m}\\a_{2m}\\\vdots\\a_{nm}\end{pmatrix}$，代入式(3)得线性齐次方程组

$$\begin{cases}a_{11}x_1+a_{12}x_2+\cdots+a_{1m}x_m=0,\\a_{21}x_1+a_{22}x_2+\cdots+a_{2m}x_m=0,\\\qquad\qquad\vdots\\a_{n1}x_1+a_{n2}x_2+\cdots+a_{nm}x_m=0.\end{cases}\tag{4}$$

方程组(4)只有零解$\Longleftrightarrow\boldsymbol{\alpha}_1$，$\boldsymbol{\alpha}_2$，…，$\boldsymbol{\alpha}_m$ 线性无关；

方程组(4)有非零解$\Longleftrightarrow\boldsymbol{\alpha}_1$，$\boldsymbol{\alpha}_2$，…，$\boldsymbol{\alpha}_m$ 线性相关.

下面介绍一种利用矩阵的秩来判别向量组线性相关性的方法，它是判别向量组线性相关性的主要方法.

定理 4 m 个 n 维向量 $\boldsymbol{\alpha}_k=\begin{pmatrix}a_{1k}\\a_{2k}\\\vdots\\a_{nk}\end{pmatrix}(k=1,2,\cdots,m)$ 线性相关的充要条件是以 $\boldsymbol{\alpha}_k$ 为列组成的矩阵

$$\mathbf{A}=\begin{pmatrix}a_{11}&a_{12}&\cdots&a_{1m}\\a_{21}&a_{22}&\cdots&a_{2m}\\\vdots&\vdots&&\vdots\\a_{n1}&a_{n2}&\cdots&a_{nm}\end{pmatrix}$$

的秩 $R(\mathbf{A})<m$.

证明 齐次线性方程组

$$x_1\boldsymbol{\alpha}_1+x_2\boldsymbol{\alpha}_2+\cdots+x_m\boldsymbol{\alpha}_m=\mathbf{0}$$

有非零解的充分必要条件是：系数矩阵的秩小于未知数的个数 m，由此定理得证.

例 11 判断下列向量组的线性相关性.

(1) $\boldsymbol{\alpha}_1=\begin{pmatrix}1\\-2\\0\end{pmatrix}$，$\boldsymbol{\alpha}_2=\begin{pmatrix}2\\5\\-1\end{pmatrix}$，$\boldsymbol{\alpha}_3=\begin{pmatrix}3\\4\\1\end{pmatrix}$；

(2) $\boldsymbol{\alpha}_1=\begin{pmatrix}3\\4\\-2\\5\end{pmatrix}$，$\boldsymbol{\alpha}_2=\begin{pmatrix}2\\-5\\0\\-3\end{pmatrix}$，$\boldsymbol{\alpha}_3=\begin{pmatrix}5\\0\\-1\\2\end{pmatrix}$，$\boldsymbol{\alpha}_4=\begin{pmatrix}3\\3\\-3\\5\end{pmatrix}$.

解 (1) $\mathbf{A}=(\boldsymbol{\alpha}_1,\boldsymbol{\alpha}_2,\boldsymbol{\alpha}_3)$

$$=\begin{pmatrix}1&2&3\\-2&5&4\\0&-1&1\end{pmatrix}\xrightarrow{r_2+2r_1}\begin{pmatrix}1&2&3\\0&9&10\\0&-1&1\end{pmatrix}\xrightarrow[r_3+9r_2]{r_2\leftrightarrow r_3}\begin{pmatrix}1&2&3\\0&1&-1\\0&0&19\end{pmatrix}.$$

因为 $R(\mathbf{A})=3=m$，则向量组 $\boldsymbol{\alpha}_1,\boldsymbol{\alpha}_2,\boldsymbol{\alpha}_3$ 线性无关.

(2) $\mathbf{A}=(\boldsymbol{\alpha}_1,\boldsymbol{\alpha}_2,\boldsymbol{\alpha}_3,\boldsymbol{\alpha}_4)=\begin{pmatrix}3&2&5&3\\4&-5&0&3\\-2&0&-1&-3\\5&-3&2&5\end{pmatrix}$

$$\xrightarrow[r_2+2r_3]{\substack{r_4-r_1+r_3\\ r_1+r_3}}\begin{pmatrix}1&2&4&0\\0&-5&-2&-3\\-2&0&-1&-3\\0&-5&-4&-1\end{pmatrix}\xrightarrow[r_4-r_2]{r_3+2r_1}\begin{pmatrix}1&2&4&0\\0&-5&-2&-3\\0&4&7&-3\\0&0&-2&2\end{pmatrix}$$

$$\xrightarrow[-\frac{1}{2}r_4]{r_2+r_3}\begin{pmatrix}1&2&4&0\\0&-1&5&-6\\0&4&7&-3\\0&0&1&-1\end{pmatrix}\xrightarrow{r_3+4r_2}\begin{pmatrix}1&2&4&0\\0&-1&5&-6\\0&0&27&-27\\0&0&1&-1\end{pmatrix}$$

$$\xrightarrow[r_4-r_3]{\frac{1}{27}r_3}\begin{pmatrix}1&2&4&0\\0&-1&5&-6\\0&0&1&-1\\0&0&0&0\end{pmatrix}.$$

因为 $R(\boldsymbol{A})=3<m$,所以向量组 $\boldsymbol{\alpha}_1, \boldsymbol{\alpha}_2, \boldsymbol{\alpha}_3, \boldsymbol{\alpha}_4$ 线性相关.

推论 1 n 个 n 维向量构成的方阵 $\boldsymbol{A}$. 当 $|\boldsymbol{A}|\neq 0$ 时,向量组线性无关;当 $|\boldsymbol{A}|=0$ 时,向量组线性相关.

例 12 试确定 k 的值,使向量组

$$\boldsymbol{\alpha}_1=\begin{pmatrix}1\\k\\1\end{pmatrix},\quad \boldsymbol{\alpha}_2=\begin{pmatrix}-2\\k+2\\-1\end{pmatrix},\quad \boldsymbol{\alpha}_3=\begin{pmatrix}1\\k\\2\end{pmatrix}$$

线性相关.

解 向量组构成了三阶方阵 $\boldsymbol{A}=(\boldsymbol{\alpha}_1, \boldsymbol{\alpha}_2, \boldsymbol{\alpha}_3)$,计算 $\boldsymbol{A}$ 的行列式

$$|\boldsymbol{A}|=\begin{vmatrix}1&-2&1\\k&k+2&k\\1&-1&2\end{vmatrix}\xlongequal{c_3-c_1}\begin{vmatrix}1&-2&0\\k&k+2&0\\1&-1&1\end{vmatrix}=3k+2.$$

由推论 1 知,当 $3k+2=0$ 时,即 $k=-\dfrac{2}{3}$ 时,$\boldsymbol{\alpha}_1, \boldsymbol{\alpha}_2, \boldsymbol{\alpha}_3$ 线性相关.

推论 2 当 $m>n$ 时,m 个 n 维向量 $\boldsymbol{\alpha}_1, \boldsymbol{\alpha}_2, \cdots, \boldsymbol{\alpha}_m$ 线性相关.

证明 设 n 维向量组 $\boldsymbol{\alpha}_1, \boldsymbol{\alpha}_2, \cdots, \boldsymbol{\alpha}_m(m>n)$ 排成矩阵 $\boldsymbol{A}=(\boldsymbol{\alpha}_1, \boldsymbol{\alpha}_2, \cdots, \boldsymbol{\alpha}_m)$,$\boldsymbol{A}$ 是 $n\times m$ 矩阵,而 $R(\boldsymbol{A})\leqslant\min\{m, n\}=n<m$,用定理 4 可知向量组 $\boldsymbol{\alpha}_1, \boldsymbol{\alpha}_2, \cdots, \boldsymbol{\alpha}_m$ 线性相关.

推论 3 设 r 维向量组 $\boldsymbol{A}$:

$$\boldsymbol{\alpha}_i = \begin{pmatrix} a_{1i} \\ a_{2i} \\ \vdots \\ a_{ri} \end{pmatrix} \quad (i = 1, 2, \cdots, m),$$

每个向量添上 $n-r$ 个分量,成为 n 维向量组 $\boldsymbol{B}$:

$$\boldsymbol{\beta}_i = \begin{pmatrix} a_{1i} \\ a_{2i} \\ \vdots \\ a_{ri} \\ a_{r+1i} \\ \vdots \\ a_{ni} \end{pmatrix} \quad (i = 1, 2, \cdots, m),$$

如果向量组 $\boldsymbol{A}$ 线性无关,则向量组 $\boldsymbol{B}$ 也线性无关.

证明 设向量组 $\boldsymbol{A}$ 构成 $\boldsymbol{A}=(\boldsymbol{\alpha}_1, \boldsymbol{\alpha}_2, \cdots, \boldsymbol{\alpha}_m)$ 为 $r\times m$ 矩阵,向量组 $\boldsymbol{B}$ 构成 $n\times m$矩阵,$R(\boldsymbol{B})\geqslant R(\boldsymbol{A})=m$,而 $R(\boldsymbol{B})\geqslant m$,而 $\boldsymbol{B}$ 只能有 m 列,即知向量组 $\boldsymbol{B}$ 线性无关.

定理 5 m 个 n 维向量 $\boldsymbol{\alpha}_1, \boldsymbol{\alpha}_2, \cdots, \boldsymbol{\alpha}_m$ 线性相关的充分必要条件是 $\boldsymbol{\alpha}_1, \boldsymbol{\alpha}_2, \cdots, \boldsymbol{\alpha}_m$ 中至少有一个向量可由其余 $m-1$ 个向量线性表示.

证明 必要性. 已知 $\boldsymbol{\alpha}_1, \boldsymbol{\alpha}_2, \cdots, \boldsymbol{\alpha}_m$ 线性相关,所以存在着不全为零的数 $k_1, k_2, \cdots, k_m$,使得

$$k_1\boldsymbol{\alpha}_1 + k_2\boldsymbol{\alpha}_2 + \cdots + k_m\boldsymbol{\alpha}_m = \mathbf{0}$$

成立,假设 $k_i\neq 0$,于是有

$$\boldsymbol{\alpha}_i = -\frac{k_1}{k_i}\boldsymbol{\alpha}_1 - \cdots - \frac{k_{i-1}}{k_i}\boldsymbol{\alpha}_{i-1} - \frac{k_{i+1}}{k_i}\boldsymbol{\alpha}_{i+1} - \cdots - \frac{k_m}{k_i}\boldsymbol{\alpha}_m.$$

这就证明了 $\boldsymbol{\alpha}_i$ 可由 $\boldsymbol{\alpha}_i, \cdots, \boldsymbol{\alpha}_{i-1}, \boldsymbol{\alpha}_{i+1}, \cdots, \boldsymbol{\alpha}_m$ 线性表示.

充分性. 已知 $\boldsymbol{\alpha}_1, \boldsymbol{\alpha}_2, \cdots, \boldsymbol{\alpha}_m$ 中至少有一个向量可由其余 $m-1$ 个向量线性表示,即

$$\boldsymbol{\alpha}_i = k_1\boldsymbol{\alpha}_1 + \cdots + k_{i-1}\boldsymbol{\alpha}_{i-1} + k_{i+1}\boldsymbol{\alpha}_{i+1} + \cdots + k_m\boldsymbol{\alpha}_m.$$

则
$$k_1\boldsymbol{\alpha}_1 + k_2\boldsymbol{\alpha}_2 + \cdots + (-1)\boldsymbol{\alpha}_i + \cdots + k_m\boldsymbol{\alpha}_m = \mathbf{0}.$$

因为系数 $k_1, k_2, \cdots, (-1), \cdots, k_m$ 不全为零,所以 $\boldsymbol{\alpha}_1, \boldsymbol{\alpha}_2, \cdots, \boldsymbol{\alpha}_m$ 线性相关.

定理 6 设向量组 $\boldsymbol{\alpha}_1, \boldsymbol{\alpha}_2, \cdots, \boldsymbol{\alpha}_m$ 线性无关,而 $\boldsymbol{\alpha}_1, \boldsymbol{\alpha}_2, \cdots, \boldsymbol{\alpha}_m, \boldsymbol{\beta}$ 线性相关,则 $\boldsymbol{\beta}$ 可由 $\boldsymbol{\alpha}_1, \boldsymbol{\alpha}_2, \cdots, \boldsymbol{\alpha}_m$ 线性表示,且表达式唯一.

证明 因为 $\boldsymbol{\alpha}_1, \boldsymbol{\alpha}_2, \cdots, \boldsymbol{\alpha}_m, \boldsymbol{\beta}$ 线性相关,则存在一组不全为零的数 $x_1, x_2, \cdots, x_m, x$,使得

$$x_1\boldsymbol{\alpha}_1 + x_2\boldsymbol{\alpha}_2 + \cdots + x_m\boldsymbol{\alpha}_m + x\boldsymbol{\beta} = \mathbf{0}$$

成立,由于 $\boldsymbol{\alpha}_1, \boldsymbol{\alpha}_2, \cdots, \boldsymbol{\alpha}_m$ 线性无关,必定有 $x \neq 0$.

故
$$\boldsymbol{\beta} = \left(-\frac{x_1}{x}\right)\boldsymbol{\alpha}_1 + \left(-\frac{x_2}{x}\right)\boldsymbol{\alpha}_2 + \cdots + \left(-\frac{x_m}{x}\right)\boldsymbol{\alpha}_m.$$

又设 $\boldsymbol{\beta} = k_1\boldsymbol{\alpha}_1 + k_2\boldsymbol{\alpha}_2 + \cdots + k_m\boldsymbol{\alpha}_m$ 是另一种表示形式,两式相减得

$$\left(k_1 + \frac{x_1}{x}\right)\boldsymbol{\alpha}_1 + \left(k_2 + \frac{x_2}{x}\right)\boldsymbol{\alpha}_2 + \cdots + \left(k_m + \frac{x_m}{x}\right)\boldsymbol{\alpha}_m = \mathbf{0}.$$

已知 $\boldsymbol{\alpha}_1, \boldsymbol{\alpha}_2, \cdots, \boldsymbol{\alpha}_m$ 线性无关,必有

$$k_i + \frac{x_i}{x} = 0, \quad k_i = -\frac{x_i}{x} \quad (i = 1, 2, \cdots, m).$$

故表示法唯一.

习 题 3.2

1. 判断结论是否正确.

(1) 如果 $\boldsymbol{\alpha}_1, \boldsymbol{\alpha}_2, \boldsymbol{\alpha}_3$ 线性相关,则对于任一组不全为零的数 k_1, k_2, k_3,使得 $k_1\boldsymbol{\alpha}_1 + k_2\boldsymbol{\alpha}_2 + k_3\boldsymbol{\alpha}_3 = \mathbf{0}$;

(2) 如果对任一组不全为零的数 k_1, k_2, k_3 都有 $k_1\boldsymbol{\alpha}_1 + k_2\boldsymbol{\alpha}_2 + k_3\boldsymbol{\alpha}_3 \neq \mathbf{0}$,则 $\boldsymbol{\alpha}_1, \boldsymbol{\alpha}_2, \boldsymbol{\alpha}_3$ 线性无关;

(3) 若 $\boldsymbol{\alpha}_1, \boldsymbol{\alpha}_2, \boldsymbol{\alpha}_3$ 线性相关,则 $\boldsymbol{\alpha}_1$ 一定可由 $\boldsymbol{\alpha}_2, \boldsymbol{\alpha}_3$ 线性表示;

(4) 设三阶方阵 $\boldsymbol{A}$ 的列分块矩阵为 $\boldsymbol{A} = (\boldsymbol{\alpha}_1, \boldsymbol{\alpha}_2, \boldsymbol{\alpha}_3)$,若 $\boldsymbol{\alpha}_3 = k_1\boldsymbol{\alpha}_1 + k_2\boldsymbol{\alpha}_2$, k_1, k_2 为实数,则 $|\boldsymbol{A}| = 0$.

2. 将向量 $\boldsymbol{\beta}$ 表示为 $\boldsymbol{\alpha}_1, \boldsymbol{\alpha}_2, \boldsymbol{\alpha}_3, \boldsymbol{\alpha}_4$ 的线性组合.

(1) $\boldsymbol{\alpha}_1 = \begin{pmatrix} 1 \\ 0 \\ 0 \\ 0 \end{pmatrix}, \boldsymbol{\alpha}_2 = \begin{pmatrix} 1 \\ 1 \\ 0 \\ 0 \end{pmatrix}, \boldsymbol{\alpha}_3 = \begin{pmatrix} 1 \\ 1 \\ 1 \\ 0 \end{pmatrix}, \boldsymbol{\alpha}_4 = \begin{pmatrix} 1 \\ 1 \\ 1 \\ 1 \end{pmatrix}, \boldsymbol{\beta} = \begin{pmatrix} 2 \\ 1 \\ -1 \\ 3 \end{pmatrix}$;

(2) $\boldsymbol{\alpha}_1 = \begin{pmatrix} 1 \\ 1 \\ 1 \\ 1 \end{pmatrix}, \boldsymbol{\alpha}_2 = \begin{pmatrix} 1 \\ 1 \\ -1 \\ -1 \end{pmatrix}, \boldsymbol{\alpha}_3 = \begin{pmatrix} 1 \\ -1 \\ 1 \\ -1 \end{pmatrix}, \boldsymbol{\alpha}_4 = \begin{pmatrix} 1 \\ -1 \\ -1 \\ 1 \end{pmatrix}, \boldsymbol{\beta} = \begin{pmatrix} 1 \\ 2 \\ 1 \\ 1 \end{pmatrix}$.

3. 已知 $\boldsymbol{\alpha}_1=\begin{pmatrix}1\\1\\1\\1\end{pmatrix}$，$\boldsymbol{\alpha}_2=\begin{pmatrix}-1\\0\\2\\1\end{pmatrix}$，$\boldsymbol{\alpha}_3=\begin{pmatrix}1\\2\\4\\3\end{pmatrix}$，$\boldsymbol{\alpha}_4=\begin{pmatrix}2\\2\\2\\2\end{pmatrix}$，$\boldsymbol{\beta}=\begin{pmatrix}2\\0\\0\\3\end{pmatrix}$，问 $\boldsymbol{\beta}$ 可否由 $\boldsymbol{\alpha}_1$，$\boldsymbol{\alpha}_2$，$\boldsymbol{\alpha}_3$，$\boldsymbol{\alpha}_4$ 线性表示.

4. 已知 $\boldsymbol{\alpha}_1=\begin{pmatrix}1\\0\\2\\3\end{pmatrix}$，$\boldsymbol{\alpha}_2=\begin{pmatrix}1\\1\\3\\5\end{pmatrix}$，$\boldsymbol{\alpha}_3=\begin{pmatrix}1\\-1\\a+2\\1\end{pmatrix}$，$\boldsymbol{\alpha}_4=\begin{pmatrix}1\\2\\4\\a+8\end{pmatrix}$，$\boldsymbol{\beta}=\begin{pmatrix}1\\1\\b+3\\5\end{pmatrix}$，问

(1) a，b 取何值时 $\boldsymbol{\beta}$ 不可由 $\boldsymbol{\alpha}_1$，$\boldsymbol{\alpha}_2$，$\boldsymbol{\alpha}_3$，$\boldsymbol{\alpha}_4$ 线性表示？

(2) a，b 取何值时 $\boldsymbol{\beta}$ 可由 $\boldsymbol{\alpha}_1$，$\boldsymbol{\alpha}_2$，$\boldsymbol{\alpha}_3$，$\boldsymbol{\alpha}_4$ 线性表示，并写出所有的表达式.

5. 判定向量组的线性相关性.

(1) $\begin{pmatrix}1\\-2\\4\\-8\end{pmatrix}$，$\begin{pmatrix}1\\3\\9\\27\end{pmatrix}$，$\begin{pmatrix}1\\4\\16\\64\end{pmatrix}$，$\begin{pmatrix}1\\-1\\1\\-1\end{pmatrix}$；　(2) $\begin{pmatrix}1\\4\\11\\-2\end{pmatrix}$，$\begin{pmatrix}2\\-1\\7\\3\end{pmatrix}$，$\begin{pmatrix}3\\-6\\3\\8\end{pmatrix}$，$\begin{pmatrix}1\\2\\-1\\1\end{pmatrix}$.

6. 已知 $\boldsymbol{\alpha}_1=\begin{pmatrix}1\\2\\3\end{pmatrix}$，$\boldsymbol{\alpha}_2=\begin{pmatrix}3\\-1\\2\end{pmatrix}$，$\boldsymbol{\alpha}_3=\begin{pmatrix}2\\3\\k\end{pmatrix}$，

问(1) 当 k 为何值时 $\boldsymbol{\alpha}_1$，$\boldsymbol{\alpha}_2$，$\boldsymbol{\alpha}_3$ 线性无关？(2) 当 k 为何值时 $\boldsymbol{\alpha}_1$，$\boldsymbol{\alpha}_2$，$\boldsymbol{\alpha}_3$ 线性相关？

7. 已知 $\boldsymbol{\alpha}_1$，$\boldsymbol{\alpha}_2$，$\boldsymbol{\alpha}_3$，$\boldsymbol{\alpha}_4$ 线性无关，判断下列向量组线性相关，还是线性无关？

(1) $\boldsymbol{\beta}_1=\boldsymbol{\alpha}_1+\boldsymbol{\alpha}_2$，$\boldsymbol{\beta}_2=\boldsymbol{\alpha}_2+\boldsymbol{\alpha}_3$，$\boldsymbol{\beta}_3=\boldsymbol{\alpha}_3+\boldsymbol{\alpha}_4$，$\boldsymbol{\beta}_4=\boldsymbol{\alpha}_4+\boldsymbol{\alpha}_1$；

(2) $\boldsymbol{\beta}_1=2\boldsymbol{\alpha}_1-2\boldsymbol{\alpha}_2$，$\boldsymbol{\beta}_2=2\boldsymbol{\alpha}_1-2\boldsymbol{\alpha}_2+\boldsymbol{\alpha}_3$，$\boldsymbol{\beta}_3=\boldsymbol{\alpha}_2+4\boldsymbol{\alpha}_3$.

8. 已知向量组 $\boldsymbol{\alpha}_1$，$\boldsymbol{\alpha}_2$，$\boldsymbol{\alpha}_3$ 线性无关，且

$$\boldsymbol{\beta}_1=a\boldsymbol{\alpha}_1-\boldsymbol{\alpha}_2,\quad \boldsymbol{\beta}_2=2\boldsymbol{\alpha}_2-b\boldsymbol{\alpha}_3,\quad \boldsymbol{\beta}_3=\boldsymbol{\alpha}_3-3\boldsymbol{\alpha}_1.$$

问 a，b 满足什么条件时，向量组 $\boldsymbol{\beta}_1$，$\boldsymbol{\beta}_2$，$\boldsymbol{\beta}_3$ 也线性无关.

9. 设 $\boldsymbol{\alpha}_1$，$\boldsymbol{\alpha}_2$，$\boldsymbol{\alpha}_3$ 均为三维列向量，记 $\boldsymbol{A}=(\boldsymbol{\alpha}_1,\boldsymbol{\alpha}_2,\boldsymbol{\alpha}_3)$，如果 $|\boldsymbol{A}|=1$，$\boldsymbol{B}=(\boldsymbol{\alpha}_1+\boldsymbol{\alpha}_2+\boldsymbol{\alpha}_3,\ \boldsymbol{\alpha}_1+2\boldsymbol{\alpha}_2+4\boldsymbol{\alpha}_3,\ \boldsymbol{\alpha}_1+3\boldsymbol{\alpha}_2+9\boldsymbol{\alpha}_3)$，求 $|\boldsymbol{B}|$.

§3.3 向量组的秩

上一节我们讨论了一个向量组的线性相关性，本节将要揭示向量组线性相关性的本质不变量——**秩**，用它来刻画一个向量组中最多含多少个线性无关的向量.为此介绍两个向量组的等价；向量组的最大线性无关组；向量组的秩与矩阵秩的

关系.

一、两个向量组的等价性

定义 1 若向量组 $\boldsymbol{B}:\boldsymbol{\beta}_1, \boldsymbol{\beta}_2, \cdots, \boldsymbol{\beta}_s$ 中的每个向量都能由向量组 $\boldsymbol{A}:\boldsymbol{\alpha}_1, \boldsymbol{\alpha}_2, \cdots, \boldsymbol{\alpha}_m$ 线性表示,则称向量组 $\boldsymbol{B}$ 能由向量组 $\boldsymbol{A}$ 线性表示.

定理 1 向量组 $\boldsymbol{B}: \boldsymbol{\beta}_1, \boldsymbol{\beta}_2, \cdots, \boldsymbol{\beta}_s$ 可由向量组 $\boldsymbol{A}: \boldsymbol{\alpha}_1, \boldsymbol{\alpha}_2, \cdots, \boldsymbol{\alpha}_m$ 线性表示的充要条件是 $R(\boldsymbol{A}) = R(\boldsymbol{A} \vdots \boldsymbol{B})$.

证明 设 $\boldsymbol{B} = (\boldsymbol{\beta}_1, \boldsymbol{\beta}_2, \cdots, \boldsymbol{\beta}_s)$, $\boldsymbol{A} = (\boldsymbol{\alpha}_1, \boldsymbol{\alpha}_2, \cdots, \boldsymbol{\alpha}_m)$, $\boldsymbol{X} = \begin{pmatrix} x_{11} & x_{12} & \cdots & x_{1s} \\ x_{21} & x_{22} & \cdots & x_{2s} \\ \vdots & \vdots & & \vdots \\ x_{m1} & x_{m2} & \cdots & x_{ms} \end{pmatrix}$. 向量组 $\boldsymbol{B}: \boldsymbol{\beta}_1, \boldsymbol{\beta}_2, \cdots, \boldsymbol{\beta}_s$ 可由向量组 $\boldsymbol{A}: \boldsymbol{\alpha}_1, \boldsymbol{\alpha}_2, \cdots, \boldsymbol{\alpha}_m$ 线性表示,即存在矩阵 $\boldsymbol{X}$, 使

$$(\boldsymbol{\beta}_1, \boldsymbol{\beta}_2, \cdots, \boldsymbol{\beta}_s) = (\boldsymbol{\alpha}_1, \boldsymbol{\alpha}_2, \cdots, \boldsymbol{\alpha}_m)\begin{pmatrix} x_{11} & x_{12} & \cdots & x_{1s} \\ x_{21} & x_{22} & \cdots & x_{2s} \\ \vdots & \vdots & & \vdots \\ x_{m1} & x_{m2} & \cdots & x_{ms} \end{pmatrix}, \tag{1}$$

其中 $\boldsymbol{\beta}_j = x_{1j}\boldsymbol{\alpha}_1 + x_{2j}\boldsymbol{\alpha}_2 + \cdots + x_{mj}\boldsymbol{\alpha}_m\ (j = 1, 2, \cdots, s)$, 则式(1)可记为

$$\boldsymbol{AX} = \boldsymbol{B}. \tag{2}$$

向量组 $\boldsymbol{B}$ 可由向量组 $\boldsymbol{A}$ 线性表示充分必要条件为方程(2)有解. 而方程(2)有解的充要条件为 $R(\boldsymbol{A})=R(\boldsymbol{A} \vdots \boldsymbol{B})$.

定义 2 若两个 n 维向量组 $\boldsymbol{A}: \boldsymbol{\alpha}_1, \boldsymbol{\alpha}_2, \cdots, \boldsymbol{\alpha}_m$ 与 $\boldsymbol{B}: \boldsymbol{\beta}_1, \boldsymbol{\beta}_2, \cdots, \boldsymbol{\beta}_s$ 能相互表示,则称这两个向量组等价,记为 $\boldsymbol{A} \cong \boldsymbol{B}$.

定理 2 向量组 $\boldsymbol{A}: \boldsymbol{\alpha}_1, \boldsymbol{\alpha}_2, \cdots, \boldsymbol{\alpha}_m$ 与向量组 $\boldsymbol{B}: \boldsymbol{\beta}_1, \boldsymbol{\beta}_2, \cdots, \boldsymbol{\beta}_s$ 等价的充分必要条件为 $R(\boldsymbol{A}) = R(\boldsymbol{B}) = R(\boldsymbol{A} \vdots \boldsymbol{B})$.

证明 根据定理 1,向量组 $\boldsymbol{B}: \boldsymbol{\beta}_1, \boldsymbol{\beta}_2, \cdots, \boldsymbol{\beta}_s$ 可由向量组 $\boldsymbol{A}: \boldsymbol{\alpha}_1, \boldsymbol{\alpha}_2, \cdots, \boldsymbol{\alpha}_m$ 线性表示,充分必要条件为 $R(\boldsymbol{A}) = R(\boldsymbol{A} \vdots \boldsymbol{B})$.

向量组 $\boldsymbol{A}:\boldsymbol{\alpha}_1, \boldsymbol{\alpha}_2, \cdots, \boldsymbol{\alpha}_m$ 可由向量组 $\boldsymbol{B}:\boldsymbol{\beta}_1, \boldsymbol{\beta}_2, \cdots, \boldsymbol{\beta}_s$ 线性表示的充分必要条件为 $R(\boldsymbol{B}) = R(\boldsymbol{B} \vdots \boldsymbol{A})$. 又因为 $R(\boldsymbol{A} \vdots \boldsymbol{B}) = R(\boldsymbol{B} \vdots \boldsymbol{A})$, 所以向量组 $\boldsymbol{A}: \boldsymbol{\alpha}_1, \boldsymbol{\alpha}_2, \cdots, \boldsymbol{\alpha}_m$ 与向量组 $\boldsymbol{B}:\boldsymbol{\beta}_1, \boldsymbol{\beta}_2, \cdots, \boldsymbol{\beta}_s$ 等价充分必要条件 $R(\boldsymbol{A}) = R(\boldsymbol{B}) = R(\boldsymbol{A} \vdots \boldsymbol{B})$.

例 1 设 $\boldsymbol{\alpha}_1=\begin{pmatrix}1\\-1\\1\\-1\end{pmatrix}$，$\boldsymbol{\alpha}_2=\begin{pmatrix}3\\1\\1\\3\end{pmatrix}$，$\boldsymbol{\beta}_1=\begin{pmatrix}2\\0\\1\\1\end{pmatrix}$，$\boldsymbol{\beta}_2=\begin{pmatrix}1\\1\\0\\2\end{pmatrix}$，$\boldsymbol{\beta}_3=\begin{pmatrix}3\\-1\\2\\0\end{pmatrix}$. 证明向量组 α_1，$\boldsymbol{\alpha}_2$ 与向量组 $\boldsymbol{\beta}_1$，$\boldsymbol{\beta}_2$，$\boldsymbol{\beta}_3$ 等价.

证明 记 $\boldsymbol{A}=(\boldsymbol{\alpha}_1,\boldsymbol{\alpha}_2)$，$\boldsymbol{B}=(\boldsymbol{\beta}_1,\boldsymbol{\beta}_2,\boldsymbol{\beta}_3)$，

$$(\boldsymbol{A}\vdots\boldsymbol{B})=\begin{pmatrix}1&3&2&1&3\\-1&1&0&1&-1\\1&1&1&0&2\\-1&3&1&2&0\end{pmatrix}\to\begin{pmatrix}1&3&2&1&3\\0&2&1&1&1\\0&0&0&0&0\\0&0&0&0&0\end{pmatrix},$$

可见 $R(\boldsymbol{A})=R(\boldsymbol{A}\vdots\boldsymbol{B})=2$.

$$\boldsymbol{B}=\begin{pmatrix}2&1&3\\0&1&-1\\1&0&2\\1&2&0\end{pmatrix}\to\begin{pmatrix}1&0&2\\0&1&-1\\0&0&0\\0&0&0\end{pmatrix},$$

可见 $R(\boldsymbol{B})=2$.

综上，$R(\boldsymbol{A})=R(\boldsymbol{B})=R(\boldsymbol{A}\vdots\boldsymbol{B})=2$. 向量组 $\boldsymbol{\alpha}_1$，$\boldsymbol{\alpha}_2$ 与向量组 $\boldsymbol{\beta}_1$，$\boldsymbol{\beta}_2$，$\boldsymbol{\beta}_3$ 等价.

例 2 判断下列两个向量组是否等价.

(1) $\boldsymbol{\alpha}_1=\begin{pmatrix}1\\2\\0\end{pmatrix}$，$\boldsymbol{\alpha}_2=\begin{pmatrix}2\\0\\1\end{pmatrix}$； (2) $\boldsymbol{e}_1=\begin{pmatrix}1\\0\\0\end{pmatrix}$，$\boldsymbol{e}_2=\begin{pmatrix}0\\1\\0\end{pmatrix}$，$\boldsymbol{e}_3=\begin{pmatrix}0\\0\\1\end{pmatrix}$.

解 设

$$\overline{\boldsymbol{A}}=(\boldsymbol{\alpha}_1,\boldsymbol{\alpha}_2,\boldsymbol{e}_1)=\begin{pmatrix}1&2&1\\2&0&0\\0&1&0\end{pmatrix}\to\begin{pmatrix}1&2&1\\0&1&0\\0&-4&-2\end{pmatrix}\to\begin{pmatrix}1&2&1\\0&1&0\\0&0&-2\end{pmatrix}.$$

则 $R(\boldsymbol{A})=2$，$R(\overline{\boldsymbol{A}})=3$.

故 $\boldsymbol{\alpha}_1$，$\boldsymbol{\alpha}_2$，$\boldsymbol{e}_1$ 线性无关，$\boldsymbol{e}_1$ 不能由 $\boldsymbol{\alpha}_1$，$\boldsymbol{\alpha}_2$ 线性表示.

即向量(2)不能由向量组(1)线性表示，则式(1)与式(2)不等价.

二、向量组的秩与其最大线性无关组

向量组的秩是反映一个向量组中线性无关向量的最多个数的一个数量特征. 设有 n 维向量组 $\boldsymbol{\alpha}_1$，$\boldsymbol{\alpha}_2$，…，$\boldsymbol{\alpha}_m$. 该向量组有不全为零的向量，即至少有一个向量

不为零，因而它至少有一个向量组成的部分向量组线性无关；再考察两个向量组成的部分向量组，如果有两个向量组成的向量组线性无关，则再考察三个向量的部分组；依此类推，最后总能达到向量组中有 $r(r\leqslant m)$ 个向量组成的部分向量组线性无关，而任 $r+1$ 个向量（如果存在）线性相关，则向量组中 r 个向量构成的线性无关向量组，就是最大的线性无关的部分组.

1. 定义

定义 3 设有 n 维向量组 $\boldsymbol{A}:\boldsymbol{\alpha}_1, \boldsymbol{\alpha}_2, \cdots, \boldsymbol{\alpha}_r, \cdots, \boldsymbol{\alpha}_m$；部分向量组 $\boldsymbol{B}:\boldsymbol{\alpha}_{k1}, \boldsymbol{\alpha}_{k2}, \cdots, \boldsymbol{\alpha}_{kr}$. 若满足：

(1) $\boldsymbol{B}$ 线性无关；

(2) $\boldsymbol{A}$ 中任 $r+1$ 个向量（如果存在）线性相关.

则称 $\boldsymbol{B}$ 是 $\boldsymbol{A}$ 的一个**最大线性无关组**. $\boldsymbol{B}$ 中所含向量的个数称为向量组 $\boldsymbol{A}$ 的**秩**，记为$R(\boldsymbol{A})=r$.

例 3 已知 $\boldsymbol{\alpha}_1=\begin{pmatrix}1\\2\end{pmatrix}$, $\boldsymbol{\alpha}_2=\begin{pmatrix}2\\3\end{pmatrix}$, $\boldsymbol{\alpha}_3=\begin{pmatrix}3\\5\end{pmatrix}$，求 $\boldsymbol{\alpha}_1, \boldsymbol{\alpha}_2, \boldsymbol{\alpha}_3$ 的一个最大无关组.

解 由于 $\boldsymbol{\alpha}_1, \boldsymbol{\alpha}_2$ 线性无关（对应分量不成比例）；$\boldsymbol{\alpha}_1, \boldsymbol{\alpha}_2, \boldsymbol{\alpha}_3$ 线性相关（向量的个数大于分量的个数）. 则 $\boldsymbol{\alpha}_1, \boldsymbol{\alpha}_2$ 是一个最大无关组，且 $\boldsymbol{\alpha}_3=\boldsymbol{\alpha}_1+\boldsymbol{\alpha}_2$.

同理，$\boldsymbol{\alpha}_1, \boldsymbol{\alpha}_3$ 也是一个最大线性无关组 $\boldsymbol{\alpha}_2=\boldsymbol{\alpha}_3-\boldsymbol{\alpha}_1$；$\boldsymbol{\alpha}_2, \boldsymbol{\alpha}_3$ 也是一个最大线性无关组 $\boldsymbol{\alpha}_1=\boldsymbol{\alpha}_3-\boldsymbol{\alpha}_2$.

可见，若向量组 $\boldsymbol{\alpha}_1, \boldsymbol{\alpha}_2, \cdots, \boldsymbol{\alpha}_r$ 与 $\boldsymbol{\beta}_1, \boldsymbol{\beta}_2, \cdots, \boldsymbol{\beta}_s$ 都是某个向量组的任两个不同的最大线性无关组，则 $r=s$.

2. 最大线性无关组和秩的性质

性质 1 如果向量组的秩是 r，则该向量组中任意 r 个线性无关的向量都可以作为最大线性无关组.

性质 2 矩阵 $\boldsymbol{A}$ 经过有限次的初等行（列）变换变为矩阵 $\boldsymbol{B}$，则 $\boldsymbol{A}$ 的列（行）向量组与 $\boldsymbol{B}$ 的列（行）向量组等价，且 $R(\boldsymbol{A})=R(\boldsymbol{B})$.（证明略.）

性质 3 任何向量组与自己的最大线性无关组等价.

证明 设 $\boldsymbol{T}: \boldsymbol{\alpha}_1, \boldsymbol{\alpha}_2, \cdots, \boldsymbol{\alpha}_r, \cdots, \boldsymbol{\alpha}_m$；$\boldsymbol{T}_1: \boldsymbol{\alpha}_1, \boldsymbol{\alpha}_2, \cdots, \boldsymbol{\alpha}_r$ 为 $\boldsymbol{T}$ 的一个最大线性无关组.

首先，向量组 $\boldsymbol{T}_1$ 可由向量组 $\boldsymbol{T}$ 线性表示，显然

$$\boldsymbol{\alpha}_k=0\cdot\boldsymbol{\alpha}_1+\cdots+0\cdot\boldsymbol{\alpha}_{k-1}+\boldsymbol{\alpha}_k+0\cdot\boldsymbol{\alpha}_{k+1}+\cdots+0\cdot\boldsymbol{\alpha}_m \quad (k=1, 2, \cdots, r).$$

其次，向量组 $\boldsymbol{T}$ 可由向量组 $\boldsymbol{T}_1$ 线性表示，即

当 $k=1, 2, \cdots, r$ 时，$\boldsymbol{\alpha}_k$ 可由 $\boldsymbol{\alpha}_1, \boldsymbol{\alpha}_2, \cdots, \boldsymbol{\alpha}_r$ 线性表示；

当 $k=r+1, r+2, \cdots, m$ 时，$\boldsymbol{\alpha}_1, \boldsymbol{\alpha}_2, \cdots, \boldsymbol{\alpha}_r, \boldsymbol{\alpha}_k$ 线性相关，故 $\boldsymbol{\alpha}_k$ 可由 $\boldsymbol{\alpha}_1, \boldsymbol{\alpha}_2, \cdots, \boldsymbol{\alpha}_r$ 线性表示. 故 $\boldsymbol{T} \cong \boldsymbol{T}_1$.

性质 4 如果向量组 $\boldsymbol{B}$ 可由向量组 $\boldsymbol{A}$ 线性表示，则 $R(\boldsymbol{B}) \leqslant R(\boldsymbol{A})$.

证明 已知向量组 $\boldsymbol{B}$ 可由向量组 $\boldsymbol{A}$ 线性表示，则方程组 $\boldsymbol{AX}=\boldsymbol{B}$ 有解，即

$$R(\boldsymbol{A}) = R(\boldsymbol{A} \vdots \boldsymbol{B}),$$

因为 $R(\boldsymbol{B}) \leqslant R(\boldsymbol{A} \vdots \boldsymbol{B})$，所以 $R(\boldsymbol{B}) \leqslant R(\boldsymbol{A})$.

3. 最大线性无关组的求法

定理 3 矩阵的初等行变换不改变矩阵的列向量组对应的线性相关性.

证明 设 $\boldsymbol{A}=(\boldsymbol{\alpha}_1, \boldsymbol{\alpha}_2, \cdots, \boldsymbol{\alpha}_m)$，$\boldsymbol{B}=(\boldsymbol{\beta}_1, \boldsymbol{\beta}_2, \cdots, \boldsymbol{\beta}_m)$. 由于 $\boldsymbol{A}$ 经有限次初等行变换变到 $\boldsymbol{B}$，则存在可逆矩阵 $\boldsymbol{P}$，使 $\boldsymbol{B}=\boldsymbol{PA}$，这样有 $\boldsymbol{Ax}=\boldsymbol{0}$ 与 $\boldsymbol{Bx}=\boldsymbol{0}$ 为同解方程组. 即

$$x_1\boldsymbol{\alpha}_1 + x_2\boldsymbol{\alpha}_2 + \cdots + x_m\boldsymbol{\alpha}_m = \boldsymbol{0}$$

与 $x_1\boldsymbol{\beta}_1 + x_2\boldsymbol{\beta}_2 + \cdots + x_m\boldsymbol{\beta}_m = \boldsymbol{0}$ 为同解方程组.

所以列向量组 $\boldsymbol{\alpha}_1, \boldsymbol{\alpha}_2, \cdots, \boldsymbol{\alpha}_r$ 与 $\boldsymbol{\beta}_1, \boldsymbol{\beta}_2, \cdots, \boldsymbol{\beta}_r$ 有相同的线性相关性.

由此定理可知，对 $\boldsymbol{A}$ 施以有限次初等行变换将 $\boldsymbol{A}$ 化为 $\boldsymbol{B}$，则 $\boldsymbol{B}$ 的列向量组的最大线性无关组对应 $\boldsymbol{A}$ 的列向量组的最大线性无关组. 从而可以对矩阵 $\boldsymbol{A}$ 施以初等行变换，将 $\boldsymbol{A}$ 化成阶梯形矩阵来求 $\boldsymbol{A}$ 的列向量组的秩，列向量组的最大线性无关组及各列向量之间的线性关系.

例 4 求向量组

$$\boldsymbol{\alpha}_1 = \begin{pmatrix} 2 \\ 2 \\ 1 \end{pmatrix}, \quad \boldsymbol{\alpha}_2 = \begin{pmatrix} -3 \\ 12 \\ 3 \end{pmatrix}, \quad \boldsymbol{\alpha}_3 = \begin{pmatrix} 8 \\ -2 \\ 1 \end{pmatrix}, \quad \boldsymbol{\alpha}_4 = \begin{pmatrix} 2 \\ 12 \\ 4 \end{pmatrix}$$

的一个最大线性无关组，并用此最大线性无关组表示其他列向量.

解 设 $\boldsymbol{A}=(\boldsymbol{\alpha}_1, \boldsymbol{\alpha}_2, \boldsymbol{\alpha}_3, \boldsymbol{\alpha}_4)=\begin{pmatrix} 2 & -3 & 8 & 2 \\ 2 & 12 & -2 & 12 \\ 1 & 3 & 1 & 4 \end{pmatrix} \to \begin{pmatrix} 1 & 3 & 1 & 4 \\ 0 & 6 & -4 & 4 \\ 0 & -9 & 6 & -6 \end{pmatrix}$

$$\to \begin{pmatrix} 1 & 3 & 1 & 4 \\ 0 & 6 & -4 & 4 \\ 0 & 0 & 0 & 0 \end{pmatrix} \to \begin{pmatrix} 1 & 0 & 3 & 2 \\ 0 & 1 & -\frac{2}{3} & \frac{2}{3} \\ 0 & 0 & 0 & 0 \end{pmatrix} = (\boldsymbol{\beta}_1, \boldsymbol{\beta}_2, \boldsymbol{\beta}_3, \boldsymbol{\beta}_4) = \boldsymbol{B}.$$

因为 $R(\boldsymbol{B})=2$，$R(\boldsymbol{A})=2$，$\boldsymbol{\beta}_1, \boldsymbol{\beta}_2$ 是 $\boldsymbol{B}$ 的列向量组的一个最大线性无关组，从

而 $\boldsymbol{\alpha}_1$，$\boldsymbol{\alpha}_2$ 是 $\boldsymbol{A}$ 的列向量组的一个最大线性无关组.

$\boldsymbol{B}$ 中列向量组的线性关系为

$$\boldsymbol{\beta}_3 = 3\boldsymbol{\beta}_1 - \frac{2}{3}\boldsymbol{\beta}_2, \quad \boldsymbol{\beta}_4 = 2\boldsymbol{\beta}_1 + \frac{2}{3}\boldsymbol{\beta}_2.$$

所以,$\boldsymbol{A}$ 的列向量组也有线性关系

$$\boldsymbol{\alpha}_3 = 3\boldsymbol{\alpha}_1 - \frac{2}{3}\boldsymbol{\alpha}_2, \quad \boldsymbol{\alpha}_4 = 2\boldsymbol{\alpha}_1 + \frac{2}{3}\boldsymbol{\alpha}_2.$$

求最大线性无关组的步骤如下：

第一步,以向量组为列向量作矩阵 $\boldsymbol{A}$；

第二步,用初等行变换将 $\boldsymbol{A}$ 化为阶梯形矩阵,进而化为最简阶梯形矩阵；

第三步,最简阶梯形矩阵中,只含有一个非零元素 1 对应的列所在位置对应的向量组,构成所求的最大线性无关组.

例 5 求下列向量组的秩及一个最大线性无关组,并把剩余向量用此最大线性无关组表示.

(1) $\boldsymbol{\alpha}_1 = \begin{pmatrix} 1 \\ 1 \\ 1 \\ 2 \end{pmatrix}$, $\boldsymbol{\alpha}_2 = \begin{pmatrix} 3 \\ 1 \\ 2 \\ 5 \end{pmatrix}$, $\boldsymbol{\alpha}_3 = \begin{pmatrix} 2 \\ 0 \\ 1 \\ 3 \end{pmatrix}$, $\boldsymbol{\alpha}_4 = \begin{pmatrix} 1 \\ -1 \\ 0 \\ 1 \end{pmatrix}$;

(2) $\boldsymbol{\alpha}_1 = \begin{pmatrix} 1 \\ 2 \\ 4 \\ 7 \end{pmatrix}$, $\boldsymbol{\alpha}_2 = \begin{pmatrix} 1 \\ 3 \\ 9 \\ 13 \end{pmatrix}$, $\boldsymbol{\alpha}_3 = \begin{pmatrix} 1 \\ 4 \\ 16 \\ 21 \end{pmatrix}$, $\boldsymbol{\alpha}_4 = \begin{pmatrix} 1 \\ 5 \\ 25 \\ 31 \end{pmatrix}$.

解 (1) 写出矩阵

$$\boldsymbol{A} = (\boldsymbol{\alpha}_1, \boldsymbol{\alpha}_2, \boldsymbol{\alpha}_3, \boldsymbol{\alpha}_4) = \begin{pmatrix} 1 & 3 & 2 & 1 \\ 1 & 1 & 0 & -1 \\ 1 & 2 & 1 & 0 \\ 2 & 5 & 3 & 1 \end{pmatrix} \to \begin{pmatrix} 1 & 3 & 2 & 1 \\ 0 & -2 & -2 & -2 \\ 0 & -1 & -1 & -1 \\ 0 & -1 & -1 & -1 \end{pmatrix}$$

$$\to \begin{pmatrix} 1 & 0 & -1 & -2 \\ 0 & 1 & 1 & 1 \\ 0 & 0 & 0 & 0 \\ 0 & 0 & 0 & 0 \end{pmatrix}. \text{ 故 } R(\boldsymbol{A}) = 2.$$

$\boldsymbol{\alpha}_1$，$\boldsymbol{\alpha}_2$ 为一个最大线性无关组，且

$$\boldsymbol{\alpha}_3=-\boldsymbol{\alpha}_1+\boldsymbol{\alpha}_2,\quad \boldsymbol{\alpha}_4=-2\boldsymbol{\alpha}_1+\boldsymbol{\alpha}_2.$$

注意　矩阵 $\boldsymbol{A}$ 是以 $\boldsymbol{\alpha}_1$，$\boldsymbol{\alpha}_2$，$\boldsymbol{\alpha}_3$，$\boldsymbol{\alpha}_4$ 为列向量写成，不要写成行向量，免得求最大线性无关组时麻烦.

(2) $\boldsymbol{A}=(\boldsymbol{\alpha}_1,\boldsymbol{\alpha}_2,\boldsymbol{\alpha}_3,\boldsymbol{\alpha}_3)=\begin{pmatrix}1&1&1&1\\2&3&4&5\\4&9&16&25\\7&13&21&31\end{pmatrix}\rightarrow\begin{pmatrix}1&1&1&1\\0&1&2&3\\0&3&8&15\\0&0&0&0\end{pmatrix}$

$\rightarrow\begin{pmatrix}1&0&-1&-2\\0&1&2&3\\0&0&2&6\\0&0&0&0\end{pmatrix}\rightarrow\begin{pmatrix}1&0&0&1\\0&1&0&-3\\0&0&1&3\\0&0&0&0\end{pmatrix}$. 故 $R(\boldsymbol{A})=3$.

$\boldsymbol{\alpha}_1$，$\boldsymbol{\alpha}_2$，$\boldsymbol{\alpha}_3$ 为一个最大线性无关组，且

$$\boldsymbol{\alpha}_4=\boldsymbol{\alpha}_1-3\boldsymbol{\alpha}_2+3\boldsymbol{\alpha}_3.$$

三、向量组的秩与矩阵的秩的关系

定理 4　$R(\boldsymbol{A})=\boldsymbol{A}$ 的列向量的秩$=\boldsymbol{A}$ 的行向量的秩(三秩相等).

注意　由三秩相等定理知，有限向量组的秩就是其排成的矩阵的秩. 因此，前面定理中出现的矩阵的秩又可看成向量组的秩.

例 6　设向量组 $\boldsymbol{\alpha}_1$，$\boldsymbol{\alpha}_2$，$\boldsymbol{\alpha}_3$ 线性无关，讨论下列向量组 $\boldsymbol{\beta}_1$，$\boldsymbol{\beta}_2$，$\boldsymbol{\beta}_3$ 的线性相关性.

(1) $\boldsymbol{\beta}_1=\boldsymbol{\alpha}_1+\boldsymbol{\alpha}_2$，$\boldsymbol{\beta}_2=\boldsymbol{\alpha}_2+\boldsymbol{\alpha}_3$，$\boldsymbol{\beta}_3=\boldsymbol{\alpha}_3+\boldsymbol{\alpha}_1$；

(2) $\boldsymbol{\alpha}_1=\boldsymbol{\beta}_1-\boldsymbol{\beta}_2-\boldsymbol{\beta}_3$，$\boldsymbol{\alpha}_2=-\boldsymbol{\beta}_1+\boldsymbol{\beta}_2-\boldsymbol{\beta}_3$，$\boldsymbol{\alpha}_3=-\boldsymbol{\beta}_1-\boldsymbol{\beta}_2+\boldsymbol{\beta}_3$.

解　已知向量组 $\boldsymbol{A}$:$\boldsymbol{\alpha}_1$，$\boldsymbol{\alpha}_2$，$\boldsymbol{\alpha}_3$. 线性无关，则 $R(\boldsymbol{A})=3$. $\boldsymbol{A}$ 为满秩矩阵.

(1) 由于$(\boldsymbol{\beta}_1,\boldsymbol{\beta}_2,\boldsymbol{\beta}_3)=(\boldsymbol{\alpha}_1,\boldsymbol{\alpha}_2,\boldsymbol{\alpha}_3)\begin{pmatrix}1&0&1\\1&1&0\\0&1&1\end{pmatrix}$，记 $\boldsymbol{B}=\boldsymbol{AC}$，其中

$$\boldsymbol{C}=\begin{pmatrix}1&0&1\\1&1&0\\0&1&1\end{pmatrix}\rightarrow\begin{pmatrix}1&0&1\\0&1&-1\\0&0&1\end{pmatrix},$$

因为 $R(\boldsymbol{B})=R(\boldsymbol{AC})=R(\boldsymbol{C})=3$，所以 $\boldsymbol{\beta}_1$，$\boldsymbol{\beta}_2$，$\boldsymbol{\beta}_3$ 线性无关.

(2) 由于$(\boldsymbol{\alpha}_1 \quad \boldsymbol{\alpha}_2 \quad \boldsymbol{\alpha}_3)=(\boldsymbol{\beta}_1 \quad \boldsymbol{\beta}_2 \quad \boldsymbol{\beta}_3)\begin{pmatrix} 1 & -1 & -1 \\ -1 & 1 & -1 \\ -1 & -1 & 1 \end{pmatrix}$,记$\boldsymbol{A}=\boldsymbol{BC}$,其中

$$\boldsymbol{C}=\begin{pmatrix} 1 & -1 & -1 \\ -1 & 1 & -1 \\ -1 & -1 & 1 \end{pmatrix} \to \begin{pmatrix} 1 & 0 & 0 \\ 0 & 1 & 0 \\ 0 & 0 & 1 \end{pmatrix},$$

因为$R(\boldsymbol{A})=R(\boldsymbol{BC})=R(\boldsymbol{B})=3$,所以$\boldsymbol{\beta}_1, \boldsymbol{\beta}_2, \boldsymbol{\beta}_3$ 线性无关.

定理 5 设矩阵$\boldsymbol{A}_{m\times n}$和矩阵$\boldsymbol{B}_{n\times t}$,则有$R(\boldsymbol{AB}) \leqslant R(\boldsymbol{A})$, $R(\boldsymbol{AB}) \leqslant R(\boldsymbol{B})$,即$R(\boldsymbol{AB}) \leqslant \min\{R(\boldsymbol{A}), R(\boldsymbol{B})\}$.

证明 设$\boldsymbol{AB}=(\boldsymbol{\eta}_1, \boldsymbol{\eta}_2, \cdots, \boldsymbol{\eta}_t)$,

$$\boldsymbol{B}=\begin{pmatrix} b_{11} & b_{12} & \cdots & b_{1t} \\ b_{21} & b_{22} & \cdots & b_{2t} \\ \vdots & \vdots & & \vdots \\ b_{n1} & b_{n2} & \cdots & b_{nt} \end{pmatrix},$$

$$\boldsymbol{AB}=(\boldsymbol{\alpha}_1, \boldsymbol{\alpha}_2, \cdots, \boldsymbol{\alpha}_n)\begin{pmatrix} b_{11} & b_{12} & \cdots & b_{1t} \\ b_{21} & b_{22} & \cdots & b_{2t} \\ \vdots & \vdots & & \vdots \\ b_{n1} & b_{n2} & \cdots & b_{nt} \end{pmatrix}=(\eta_1, \eta_2, \cdots, \eta_t).$$

可见,矩阵$\boldsymbol{AB}$的列向量可由矩阵$\boldsymbol{A}$的列向量线性表示,则$R(\boldsymbol{AB}) \leqslant R(\boldsymbol{A})$,类似可以证明$R(\boldsymbol{AB}) \leqslant R(\boldsymbol{B})$.

例 7 已知向量组$\boldsymbol{\alpha}_1, \boldsymbol{\alpha}_2, \boldsymbol{\alpha}_3$ 线性无关,判断向量组$\boldsymbol{\beta}_1=\boldsymbol{\alpha}_1-\boldsymbol{\alpha}_2$, $\boldsymbol{\beta}_2=\boldsymbol{\alpha}_2+2\boldsymbol{\alpha}_3$, $\boldsymbol{\beta}_3=\boldsymbol{\alpha}_3+\frac{1}{2}\boldsymbol{\alpha}_1$ 的线性相关性.

解 由于 $(\boldsymbol{\beta}_1, \boldsymbol{\beta}_2, \boldsymbol{\beta}_3)=(\boldsymbol{\alpha}_1, \boldsymbol{\alpha}_2, \boldsymbol{\alpha}_3)\begin{pmatrix} 1 & 0 & \frac{1}{2} \\ -1 & 1 & 0 \\ 0 & 2 & 1 \end{pmatrix}$,记$\boldsymbol{B}=\boldsymbol{AC}$,因为

$$\boldsymbol{C}=\begin{pmatrix} 1 & 0 & \frac{1}{2} \\ -1 & 1 & 0 \\ 0 & 2 & 1 \end{pmatrix} \to \begin{pmatrix} 1 & 0 & \frac{1}{2} \\ 0 & 1 & \frac{1}{2} \\ 0 & 0 & 0 \end{pmatrix},$$

由定理 5 可知，$R(\boldsymbol{B})=R(\boldsymbol{AC})\leqslant R(\boldsymbol{C})=2<3$，则 $\boldsymbol{\beta}_1,\boldsymbol{\beta}_2,\boldsymbol{\beta}_3$ 线性相关.

习 题 3.3

1. 判断两个向量组是否等价.

(1) $\boldsymbol{\alpha}_1=\begin{pmatrix}1\\0\\0\\1\end{pmatrix},\boldsymbol{\alpha}_2=\begin{pmatrix}0\\1\\0\\2\end{pmatrix},\boldsymbol{\alpha}_3=\begin{pmatrix}0\\0\\1\\3\end{pmatrix}$；

(2) $\boldsymbol{\beta}_1=\begin{pmatrix}1\\-1\\2\\5\end{pmatrix},\boldsymbol{\beta}_2=\begin{pmatrix}2\\2\\-3\\-3\end{pmatrix},\boldsymbol{\beta}_3=\begin{pmatrix}-1\\1\\0\\1\end{pmatrix},\boldsymbol{\beta}_4=\begin{pmatrix}0\\-1\\1\\1\end{pmatrix}$.

2. 设向量组 $\boldsymbol{\alpha}_1=\begin{pmatrix}a\\3\\1\end{pmatrix},\boldsymbol{\alpha}_2=\begin{pmatrix}2\\b\\3\end{pmatrix},\boldsymbol{\alpha}_3=\begin{pmatrix}1\\3\\2\end{pmatrix},\boldsymbol{\alpha}_4=\begin{pmatrix}2\\3\\1\end{pmatrix}$ 的秩为 2，求 a,b 的值.

3. 求向量组的一个最大线性无关组，并把剩余向量用该最大线性无关组表示.

(1) $\boldsymbol{\alpha}_1=\begin{pmatrix}1\\-1\\1\\1\end{pmatrix},\boldsymbol{\alpha}_2=\begin{pmatrix}1\\3\\3\\5\end{pmatrix},\boldsymbol{\alpha}_3=\begin{pmatrix}-3\\-1\\-5\\-7\end{pmatrix},\boldsymbol{\alpha}_4=\begin{pmatrix}4\\-2\\5\\6\end{pmatrix},\boldsymbol{\alpha}_5=\begin{pmatrix}1\\1\\2\\3\end{pmatrix}$；

(2) $\boldsymbol{\alpha}_1=\begin{pmatrix}1\\1\\2\\2\\1\end{pmatrix},\boldsymbol{\alpha}_2=\begin{pmatrix}0\\2\\1\\5\\-1\end{pmatrix},\boldsymbol{\alpha}_3=\begin{pmatrix}2\\0\\3\\-1\\3\end{pmatrix},\boldsymbol{\alpha}_4=\begin{pmatrix}1\\1\\0\\4\\-1\end{pmatrix}$.

4. 已知 $\boldsymbol{\alpha}_1=\begin{pmatrix}1\\2\\-1\\0\end{pmatrix},\boldsymbol{\alpha}_2=\begin{pmatrix}0\\0\\1\\1\end{pmatrix},\boldsymbol{\alpha}_3=\begin{pmatrix}-2\\-4\\0\\-2\end{pmatrix},\boldsymbol{\alpha}_4=\begin{pmatrix}1\\3\\0\\1\end{pmatrix},\boldsymbol{\alpha}_5=\begin{pmatrix}-1\\-2\\2\\1\end{pmatrix}$. 求

(1) 向量组 $\boldsymbol{\alpha}_1,\boldsymbol{\alpha}_2,\boldsymbol{\alpha}_3$ 及 $\boldsymbol{\alpha}_1,\boldsymbol{\alpha}_2,\boldsymbol{\alpha}_4$ 的秩，并判断 $\boldsymbol{\alpha}_1,\boldsymbol{\alpha}_2,\boldsymbol{\alpha}_3$ 及 $\boldsymbol{\alpha}_1,\boldsymbol{\alpha}_2,\boldsymbol{\alpha}_4$ 的线性相关性；

(2) 向量组 $\boldsymbol{\alpha}_1,\boldsymbol{\alpha}_2,\boldsymbol{\alpha}_4$ 及 $\boldsymbol{\alpha}_1,\boldsymbol{\alpha}_2,\boldsymbol{\alpha}_3,\boldsymbol{\alpha}_4,\boldsymbol{\alpha}_5$ 的一个最大线性无关组.

5. 已知 n 维向量组 $\boldsymbol{B}$：$\boldsymbol{\beta}_1,\boldsymbol{\beta}_2,\cdots,\boldsymbol{\beta}_s$ 可由 n 维向量组 $\boldsymbol{A}$：$\boldsymbol{\alpha}_1,\boldsymbol{\alpha}_2,\cdots,\boldsymbol{\alpha}_m$ 线性表示，且 $s>m$，求证向量组 $\boldsymbol{B}$ 线性相关.

6. 已知 n 维向量组 $\boldsymbol{A}$：$\boldsymbol{\alpha}_1,\boldsymbol{\alpha}_2,\boldsymbol{\alpha}_3$；$\boldsymbol{B}$：$\boldsymbol{\alpha}_1,\boldsymbol{\alpha}_2,\boldsymbol{\alpha}_3,\boldsymbol{\alpha}_4$；$\boldsymbol{C}$：$\boldsymbol{\alpha}_1,\boldsymbol{\alpha}_2,\boldsymbol{\alpha}_3,\boldsymbol{\alpha}_5$，且 $R(\boldsymbol{A})=$

$R(\boldsymbol{B})=3, R(\boldsymbol{C})=4$，证明向量组 $\boldsymbol{\alpha}_1, \boldsymbol{\alpha}_2, \boldsymbol{\alpha}_3, \boldsymbol{\alpha}_5-\boldsymbol{\alpha}_4$ 的秩为 4.

§3.4　齐次线性方程组解的结构

前面我们已经研究了线性方程组的各种解法，并得到了关于解的存在性的一些结论. 由于线性方程组的解在理论上非常重要，下面我们将从向量空间的角度出发进一步系统完整地阐述线性方程组的解的存在性定理，然后深入研究解的结构和性质.

一、齐次线性方程组非零解的存在性

对于齐次方程组

$$\begin{cases} a_{11}x_1+a_{12}x_2+\cdots+a_{1n}x_n=0, \\ a_{21}x_1+a_{22}x_2+\cdots+a_{2n}x_n=0, \\ \qquad\qquad\qquad\vdots \\ a_{m1}x_1+a_{m2}x_2+\cdots+a_{mn}x_n=0. \end{cases} \tag{1}$$

令　$\boldsymbol{A}=\begin{pmatrix} a_{11} & a_{12} & \cdots & a_{1n} \\ a_{21} & a_{22} & \cdots & a_{2n} \\ \vdots & \vdots & & \vdots \\ a_{m1} & a_{m2} & \cdots & a_{mn} \end{pmatrix}$，$\boldsymbol{x}=\begin{pmatrix} x_1 \\ x_2 \\ \vdots \\ x_n \end{pmatrix}$，$\boldsymbol{0}=\begin{pmatrix} 0 \\ 0 \\ \vdots \\ 0 \end{pmatrix}$.

则方程组(1)的矩阵方程形式为 $\boldsymbol{A}\boldsymbol{x}=\boldsymbol{0}$.　　(2)

方程组(1)的向量方程形式为　$x_1\boldsymbol{\alpha}_1+x_2\boldsymbol{\alpha}_2+\cdots+x_n\boldsymbol{\alpha}_n=\boldsymbol{0}$.　　(3)

定理 1　齐次线性方程组(1)有非零解

$\Longleftrightarrow$　$R(\boldsymbol{A})<n \Longleftrightarrow \boldsymbol{A}$的列向量线性相关；

齐次线性方程组(1)只有零解

$\Longleftrightarrow$　$R(\boldsymbol{A})=n \Longleftrightarrow \boldsymbol{A}$ 的列向量线性无关.

推论 1　对齐次线性方程组(1)，如果方程个数 m 小于未知数 n，则方程组(1)必有非零解.

推论 2　若方程组(1)中 $m=n$ 时，其系数行列式 $D=|\boldsymbol{A}|$，则方程组(1)有非零解$\Longleftrightarrow D=0$.

例 1　当 k 为何值时，齐次线性方程组

$$\begin{cases} (k+3)x_1+x_2+2x_3=0, \\ kx_1+(k-1)x_2+x_3=0, \\ 3(k+1)x_1+kx_2+(k+3)x_3=0 \end{cases}$$

有非零解？并求出它的一般解.

解 $D=\begin{vmatrix} k+3 & 1 & 2 \\ k & k-1 & 1 \\ 3(k+1) & k & k+3 \end{vmatrix}=k^2(k-1)=0.$

所以，当 $k=0$ 或 $k=1$ 时，方程组有非零解；

当 $k=0$ 时，

$$\mathbf{A}=\begin{pmatrix} 3 & 1 & 2 \\ 0 & -1 & 1 \\ 3 & 0 & 3 \end{pmatrix}\rightarrow\begin{pmatrix} 1 & 0 & 1 \\ 0 & 1 & -1 \\ 0 & 0 & 0 \end{pmatrix},$$

得 $\begin{cases} x_1=-x_3, \\ x_2=x_3. \end{cases}$

令自由未知量 $x_3=c_1$（c_1 为任意常数），得方程组的一般解为

$$\begin{cases} x_1=-c_1, \\ x_2=c_1, \\ x_3=c_1. \end{cases}$$

当 $k=1$ 时，

$$\mathbf{A}=\begin{pmatrix} 4 & 1 & 2 \\ 1 & 0 & 1 \\ 6 & 1 & 4 \end{pmatrix}\rightarrow\begin{pmatrix} 1 & 0 & 1 \\ 0 & 1 & -2 \\ 0 & 0 & 0 \end{pmatrix}$$

得
$$\begin{cases} x_1=-x_3, \\ x_2=2x_3. \end{cases}$$

令自由未知量 $x_3=c_2$（c_2 为任意常数），得方程组的一般解为

$$\begin{cases} x_1=-c_2, \\ x_2=2c_2, \\ x_3=c_2. \end{cases}$$

二、齐次线性方程组解的结构

对一般的 n 元线性方程组（无论 $b_1, b_2, \cdots, b_n$ 是否全为零），如果 $x_1=a_1$，$x_2=a_2$，$\cdots$，$x_n=a_n$ 是方程组的一个解，则称向量 $\begin{pmatrix} a_1 \\ a_2 \\ \vdots \\ a_n \end{pmatrix}$ 是方程组的一个**解向量**，记为

$$\boldsymbol{\xi}=\begin{pmatrix}a_1\\a_2\\\vdots\\a_n\end{pmatrix}.$$

设齐次线性方程组

$$\begin{cases}a_{11}x_1+a_{12}x_2+\cdots+a_{1n}x_n=0,\\a_{21}x_1+a_{22}x_2+\cdots+a_{2n}x_n=0,\\\qquad\qquad\vdots\\a_{m1}x_1+a_{m2}x_2+\cdots+a_{mn}x_n=0.\end{cases}\tag{1}$$

若 $R(\boldsymbol{A})<n$,则方程组有无穷多个非零解.如何表示这无穷多个非零解呢?在上一节,我们用自由未知量来表示这无穷多个非零解,即用一般解形式来表示.本节将进一步研究这无穷多个解的结构,为此先讨论解的性质.

定理 2(解的性质) 设 $\boldsymbol{\xi}_1$, $\boldsymbol{\xi}_2$ 是齐次线性方程组(1)的解向量,k 为实数,则

(1) $\boldsymbol{\xi}_1+\boldsymbol{\xi}_2$ 也是方程组(1)的解向量;

(2) $k\boldsymbol{\xi}_1$ 也是方程组(1)的解向量.

证明 由于 $\boldsymbol{A\xi}_1=\boldsymbol{0}$, $\boldsymbol{A\xi}_2=\boldsymbol{0}$,所以

$$\boldsymbol{A}(\boldsymbol{\xi}_1+\boldsymbol{\xi}_2)=\boldsymbol{A\xi}_1+\boldsymbol{A\xi}_2=\boldsymbol{0}+\boldsymbol{0}=\boldsymbol{0}.$$

$$\boldsymbol{A}(k\boldsymbol{\xi}_1)=k(\boldsymbol{A\xi}_1)=k\boldsymbol{0}=\boldsymbol{0}.$$

因此,$\boldsymbol{\xi}_1+\boldsymbol{\xi}_2$, $k\boldsymbol{\xi}_1$ 都是方程组(1)的解向量.

推论 3 设 $\boldsymbol{\xi}_1$, $\boldsymbol{\xi}_2$ 是齐次线性方程组(1)的解向量,k_1, k_2 是任意常数,则 $k_1\boldsymbol{\xi}_1+k_2\boldsymbol{\xi}_2$ 也是方程组(1)的解向量.

由性质可知方程组(1)的解的线性组合仍是方程组(1)的解.即若 $\boldsymbol{\xi}_1$, $\boldsymbol{\xi}_2$, $\cdots$, $\boldsymbol{\xi}_t$ 都是方程组(1)的解,则对任一组数 k_1, k_2, $\cdots$, k_t,有 $k_1\boldsymbol{\xi}_1+k_2\boldsymbol{\xi}_2+\cdots+k_t\boldsymbol{\xi}_t$ 仍是方程组(1)的解.

问题是方程组(1)的任何一个解若可表示为有限个解 $\boldsymbol{\xi}_1$, $\boldsymbol{\xi}_2$, $\cdots$, $\boldsymbol{\xi}_t$ 的线性组合,则齐次线性方程组(1)的全部解可表示为

$$k_1\boldsymbol{\xi}_1+k_2\boldsymbol{\xi}_2+\cdots+k_t\boldsymbol{\xi}_t.$$

其中 k_1, k_2, $\cdots$, $k_t\in\mathbf{R}$.从而方程组(1)的解的结构就清楚了.下面我们引入基础解系的概念.

定义 设齐次线性方程组(1)的有限个解 $\boldsymbol{\xi}_1$, $\boldsymbol{\xi}_2$, $\cdots$, $\boldsymbol{\xi}_t$ 满足:

(1) $\boldsymbol{\xi}_1$, $\boldsymbol{\xi}_2$, $\cdots$, $\boldsymbol{\xi}_t$ 线性无关;

(2) 方程组(1)的每个解向量都可由 $\boldsymbol{\xi}_1$, $\boldsymbol{\xi}_2$, …, $\boldsymbol{\xi}_t$ 线性表示,则称 $\boldsymbol{\xi}_1$, $\boldsymbol{\xi}_2$, …, $\boldsymbol{\xi}_t$ 是方程组(1)的一个**基础解系**.

如果 $\boldsymbol{\xi}_1$, $\boldsymbol{\xi}_2$, …, $\boldsymbol{\xi}_t$ 是齐次线性方程组(1)的一个基础解系,则方程组(1)的**通解**为 $\boldsymbol{x}=k_1\boldsymbol{\xi}_1+k_2\boldsymbol{\xi}_2+\cdots+k_t\boldsymbol{\xi}_t(k_1, k_2, \cdots, k_t\in\mathbf{R})$.

可见,求齐次线性方程组通解的关键就是求基础解系.

由此定义可以看到,基础解系是方程组(1)解向量组的最大线性无关组,所以基础解系不是唯一的.下面我们要讨论是不是任何一个非零解的齐次线性方程组都有基础解系?如果有的话,如何找出它的一个基础解系?它的基础解系含有多少个解?

定理 3 若齐次线性方程组(1)有非零解,则它一定有基础解系,并且它的每一个基础解系所含解向量的个数都等于 $n-r$,其中 n 是未知量的个数,r 是系数矩阵的秩.(证明略.)

注意 基础解系的选取不唯一.

例 2 求下列齐次线性方程组的通解和一个基础解系.

$$(1)\begin{cases} x_1+x_2+x_3+x_4+x_5=0, \\ 3x_1+2x_2+x_3+x_4-3x_5=0, \\ x_2+2x_3+2x_4+6x_5=0, \\ 5x_1+4x_2+3x_3+3x_4-x_5=0. \end{cases}$$

$$(2)\begin{cases} 2x_1-x_2+3x_3+x_4=0, \\ 4x_1-2x_2+x_3=0, \\ 6x_1-3x_2+19x_3+7x_4=0. \end{cases}$$

解 第一步,求一般解

$$\boldsymbol{A}=\begin{pmatrix} 1 & 1 & 1 & 1 & 1 \\ 3 & 2 & 1 & 1 & -3 \\ 0 & 1 & 2 & 2 & 6 \\ 5 & 4 & 3 & 3 & -1 \end{pmatrix}\to\begin{pmatrix} 1 & 1 & 1 & 1 & 1 \\ 0 & -1 & -2 & -2 & -6 \\ 0 & 1 & 2 & 2 & 6 \\ 0 & -1 & -2 & -2 & -6 \end{pmatrix}$$

$$\to\begin{pmatrix} 1 & 1 & 1 & 1 & 1 \\ 0 & 1 & 2 & 2 & 6 \\ 0 & 0 & 0 & 0 & 0 \\ 0 & 0 & 0 & 0 & 0 \end{pmatrix}\to\begin{pmatrix} 1 & 0 & -1 & -1 & -5 \\ 0 & 1 & 2 & 2 & 6 \\ 0 & 0 & 0 & 0 & 0 \\ 0 & 0 & 0 & 0 & 0 \end{pmatrix}.$$

得同解方程组
$$\begin{cases} x_1=x_3+x_4+5x_5, \\ x_2=-2x_3-2x_4-6x_5. \end{cases}$$

其中，x_3，x_4，x_5 为自由未知量.

令 $x_3=k_1$，$x_4=k_2$，$x_5=k_3$(k_1，k_2，$k_3\in\mathbf{R}$)，得方程组的一般解为

$$\begin{cases} x_1 = \quad k_1 + k_2 + 5k_3, \\ x_2 = -2k_1 - 2k_2 - 6k_3, \\ x_3 = \quad k_1, \\ x_4 = \quad k_2, \\ x_5 = \quad k_3. \end{cases}$$

写成向量组的形式，得方程组的通解为

$$\begin{pmatrix} x_1 \\ x_2 \\ x_3 \\ x_4 \\ x_5 \end{pmatrix} = k_1 \begin{pmatrix} 1 \\ -2 \\ 1 \\ 0 \\ 0 \end{pmatrix} + k_2 \begin{pmatrix} 1 \\ -2 \\ 0 \\ 1 \\ 0 \end{pmatrix} + k_3 \begin{pmatrix} 5 \\ -6 \\ 0 \\ 0 \\ 1 \end{pmatrix}.$$

第二步，写出基础解系，即

$$\boldsymbol{x} = k_1\boldsymbol{\xi}_1 + k_2\boldsymbol{\xi}_2 + k_3\boldsymbol{\xi}_3.$$

其中，$\boldsymbol{\xi}_1=\begin{pmatrix} 1 \\ -2 \\ 1 \\ 0 \\ 0 \end{pmatrix}$，$\boldsymbol{\xi}_2=\begin{pmatrix} 1 \\ -2 \\ 0 \\ 1 \\ 0 \end{pmatrix}$，$\boldsymbol{\xi}_3=\begin{pmatrix} 5 \\ -6 \\ 0 \\ 0 \\ 1 \end{pmatrix}$为方程组的一个基础解系.

(2) $$\boldsymbol{A}=\begin{pmatrix} 2 & -1 & 3 & 1 \\ 4 & -2 & 1 & 0 \\ 6 & -3 & 19 & 7 \end{pmatrix} \rightarrow \begin{pmatrix} 2 & -1 & 3 & 1 \\ 0 & 0 & -5 & -2 \\ 0 & 0 & 15 & 6 \end{pmatrix} \rightarrow \begin{pmatrix} 2 & -1 & 0 & -\frac{1}{5} \\ 0 & 0 & 1 & \frac{2}{5} \\ 0 & 0 & 0 & 0 \end{pmatrix}.$$

得同解方程组

$$\begin{cases} x_2 = 2x_1 - \dfrac{1}{5}x_4, \\ x_3 = -\dfrac{2}{5}x_4. \end{cases}$$

令自由未知量 $x_1=k_1$，$x_4=5k_2$(k_1，$k_2\in\mathbf{R}$)，得方程的一般解

$$\begin{cases} x_1 = k_1, \\ x_2 = 2k_1 - k_2, \\ x_3 = -2k_2, \\ x_4 = 5k_2, \end{cases}$$

则方程的通解为

$$\begin{pmatrix} x_1 \\ x_2 \\ x_3 \\ x_4 \end{pmatrix} = k_1 \begin{pmatrix} 1 \\ 2 \\ 0 \\ 0 \end{pmatrix} + k_2 \begin{pmatrix} 0 \\ -1 \\ -2 \\ 5 \end{pmatrix}.$$

即 $\boldsymbol{x} = k_1 \boldsymbol{\xi}_1 + k_2 \boldsymbol{\xi}_2$.

其中,$\boldsymbol{\xi}_1 = \begin{pmatrix} 1 \\ 2 \\ 0 \\ 0 \end{pmatrix}$, $\boldsymbol{\xi}_2 = \begin{pmatrix} 0 \\ -1 \\ -2 \\ 5 \end{pmatrix}$为方程组的一个基础解系.

习　题　3.4

1. 当 k 取何值时齐次线性方程组

$$\begin{cases} (k-2)x_1 - 3x_2 - 2x_3 = 0, \\ -x_1 + (k-8)x_2 - 2x_3 = 0, \\ 2x_1 + 14x_2 + (k+3)x_3 = 0 \end{cases}$$

有非零解？并且求出它的一般解.

2. 求齐次线性方程的通解和一个基础解系.

(1) $\begin{cases} x_1 - 3x_2 + x_3 - 2x_4 = 0, \\ -5x_1 + x_2 - 2x_3 + 3x_4 = 0, \\ -x_1 - 11x_2 + 2x_3 - 5x_4 = 0, \\ 3x_1 + 5x_2 + x_4 = 0; \end{cases}$　　(2) $\begin{cases} 2x_1 - 5x_2 + x_3 - 3x_4 = 0, \\ -3x_1 + 4x_2 - 2x_3 + x_4 = 0, \\ x_1 + 2x_2 - x_3 + 3x_4 = 0, \\ -2x_1 + 15x_2 - 6x_3 + 13x_4 = 0. \end{cases}$

3. 设向量组

$$\boldsymbol{\alpha}_1 = \begin{pmatrix} 1 \\ 1 \\ 1 \\ 3 \end{pmatrix}, \quad \boldsymbol{\alpha}_2 = \begin{pmatrix} -1 \\ -3 \\ 5 \\ 1 \end{pmatrix}, \quad \boldsymbol{\alpha}_3 = \begin{pmatrix} 3 \\ 2 \\ -1 \\ t+2 \end{pmatrix}, \quad \boldsymbol{\alpha}_4 = \begin{pmatrix} -2 \\ -6 \\ 10 \\ t \end{pmatrix}.$$

问 t 为何值时,该向量线性相关?线性相关时,求出一组不全为零的数 k_1, k_2, k_3, k_4 使

$$k_1\boldsymbol{\alpha}_1 + k_2\boldsymbol{\alpha}_2 + k_3\boldsymbol{\alpha}_3 + k_4\boldsymbol{\alpha}_4 = \mathbf{0}.$$

4. 若 $\boldsymbol{\xi}_1, \boldsymbol{\xi}_2, \boldsymbol{\xi}_3$ 是某齐次线性方程组的一个基础解系,试证明:$\boldsymbol{\xi}_1+\boldsymbol{\xi}_2, \boldsymbol{\xi}_2+\boldsymbol{\xi}_3, \boldsymbol{\xi}_3+\boldsymbol{\xi}_1$ 也是该方程组的一个基础解系.

§3.5 非齐次线性方程组解的结构

一、非齐次线性方程组解的存在性

由 3.1 节的例 1 可知:对于线性方程组,当 $R(\mathbf{A})=R(\overline{\mathbf{A}})=3$ 时,方程组有唯一解;当 $R(\mathbf{A})=R(\overline{\mathbf{A}})<3$ 时,方程组有无穷多解;当 $R(\mathbf{A})\neq R(\overline{\mathbf{A}})$时,方程组无解.对于一般的线性方程组,上述结论是否成立?

设有非齐次线性方程组

$$\begin{cases} a_{11}x_1 + a_{12}x_2 + \cdots + a_{1n}x_n = b_1, \\ a_{21}x_1 + a_{22}x_2 + \cdots + a_{2n}x_n = b_2, \\ \qquad\qquad\vdots \\ a_{m1}x_1 + a_{m2}x_2 + \cdots + a_{mn}x_n = b_m. \end{cases} \tag{1}$$

令 $$\mathbf{A}=\begin{pmatrix} a_{11} & a_{12} & \cdots & a_{1n} \\ a_{21} & a_{22} & \cdots & a_{2n} \\ \vdots & \vdots & & \vdots \\ a_{m1} & a_{m2} & \cdots & a_{mn} \end{pmatrix}, \quad \boldsymbol{x}=\begin{pmatrix} x_1 \\ x_2 \\ \vdots \\ x_n \end{pmatrix}, \quad \boldsymbol{b}=\begin{pmatrix} b_1 \\ b_2 \\ \vdots \\ b_m \end{pmatrix}.$$

根据矩阵的乘法,式(1)可表示成矩阵方程形式

$$\mathbf{A}\boldsymbol{x} = \boldsymbol{b}. \tag{2}$$

如果系数矩阵 $\mathbf{A}$ 的第 j 个列向量记为 $\boldsymbol{\alpha}_j$,即

$$\boldsymbol{\alpha}_j = \begin{pmatrix} a_{1j} \\ a_{2j} \\ \vdots \\ a_{mj} \end{pmatrix} \quad (j = 1, 2, \cdots, n),$$

则式(1)可以表示成向量方程形式为

$$x_1\boldsymbol{\alpha}_1 + x_2\boldsymbol{\alpha}_2 + \cdots + x_n\boldsymbol{\alpha}_n = \boldsymbol{b}. \tag{3}$$

定理 1 非齐次线性方程组(1)有解

$\iff$ $R(\mathbf{A})=R(\mathbf{A}\vdots\boldsymbol{b})=r$;

$\iff$ $\boldsymbol{b}$ 可由 $\mathbf{A}$ 的列向量组 $\boldsymbol{\alpha}_1, \boldsymbol{\alpha}_2, \cdots, \boldsymbol{\alpha}_n$ 线性表示.

当线性方程组(1)有解时,则

(1) 有唯一解 $\iff$ $r=n$

$\iff$ $\boldsymbol{b}$ 由 $\mathbf{A}$ 的列向量组线性表示,且表示法唯一;

(2) 有无穷多解 $\iff$ $r<n$

$\iff$ $\boldsymbol{b}$ 由 $\mathbf{A}$ 的列向量组线性表示,表示法不唯一.

一般地,线性方程组若有解,则称线性方程组**相容**,否则称线性方程组**不相容**.

例 1 试问 k 取何值时,方程组

$$\begin{cases}(k+3)x_1+x_2+2x_3=k,\\ kx_1+(k-1)x_2+x_3=k,\\ 3(k+1)x_1+kx_2+(k+3)x_3=3\end{cases}$$

有唯一解,无解,有无穷多解?

解 因为方程的个数等于未知量的个数,若系数行列式 $D\neq0$,由克莱姆法则可知,方程组有唯一解.

$$D=\begin{vmatrix}k+3 & 1 & 2\\ k & k-1 & 1\\ 3(k+1) & k & k+3\end{vmatrix}$$

$$=(k+3)\begin{vmatrix}k-1 & 1\\ k & k+3\end{vmatrix}-k\begin{vmatrix}1 & 2\\ k & k+3\end{vmatrix}+3(k+1)\begin{vmatrix}1 & 2\\ k-1 & 1\end{vmatrix}$$

$$=(k+3)^2(k-1)-k(k+3)-k(k+3)+2k^2+3(k+1)-6(k+1)(k-1)$$

$$=(k-1)(k^2+3)+(3-3k)=k^2(k-1)\overset{令}{=}0.$$

得 $k=0$, $k=1$.

当 $k\neq0$, $k\neq1$ 时,方程组有唯一解;

当 $k=0$ 时,

$$\overline{\mathbf{A}}=\begin{pmatrix}3 & 1 & 2 & 0\\ 0 & -1 & 1 & 0\\ 3 & 0 & 3 & 3\end{pmatrix}\to\begin{pmatrix}3 & 1 & 2 & 0\\ 0 & -1 & 1 & 0\\ 0 & -1 & 1 & 3\end{pmatrix}\to\begin{pmatrix}3 & 1 & 2 & 0\\ 0 & -1 & 1 & 0\\ 0 & 0 & 0 & 3\end{pmatrix}.$$

因为 $R(\mathbf{A})=2$, $R(\overline{\mathbf{A}})=3$,故方程组无解.

当 $k=1$ 时,

$$\overline{\boldsymbol{A}}=\begin{pmatrix}4&1&2&1\\1&0&1&1\\6&1&4&3\end{pmatrix}\rightarrow\begin{pmatrix}1&0&1&1\\4&1&2&1\\6&1&4&3\end{pmatrix}\rightarrow\begin{pmatrix}1&0&1&1\\0&1&-2&-3\\0&1&-2&-3\end{pmatrix}$$

$$\rightarrow\begin{pmatrix}1&0&1&1\\0&1&-2&-3\\0&0&0&0\end{pmatrix}.$$

因为 $R(\boldsymbol{A})=R(\overline{\boldsymbol{A}})=2<3$,故方程组有无穷多个解.

二、非齐次线性方程组解的结构

与齐次方程组一样,若非齐次线性方程组

$$\begin{cases}a_{11}x_1+a_{12}x_2+\cdots+a_{1n}x_n=b_1,\\a_{21}x_1+a_{22}x_2+\cdots+a_{2n}x_n=b_2,\\\qquad\qquad\vdots\\a_{m1}x_1+a_{m2}x_2+\cdots+a_{mn}x_n=b_m\end{cases}\tag{1}$$

有无穷多解,则可以用一般解(即用自由未知量)来表示,也可以用解向量的线性组合来表示. 下面进一步讨论非齐次线性方程的解的结构.

定义 1 若将方程组(1)右端常数项均换成零得到对应的齐次线性方程组,称为方程组(1)的**导出方程组**.

非齐次线性方程组 $\boldsymbol{Ax}=\boldsymbol{b}$ 与齐次线性方程组(导出方程组)$\boldsymbol{Ax}=\boldsymbol{0}$ 的解之间有密切的联系.

非齐次线性方程组 $\boldsymbol{Ax}=\boldsymbol{b}$ 的**解的性质**有:

性质 1 设 $\boldsymbol{\eta}_1$, $\boldsymbol{\eta}_2$ 是 $\boldsymbol{Ax}=\boldsymbol{b}$ 的解向量,则 $\boldsymbol{\eta}_1-\boldsymbol{\eta}_2$ 是 $\boldsymbol{Ax}=\boldsymbol{0}$ 的解.

证明 $\boldsymbol{A}(\boldsymbol{\eta}_1-\boldsymbol{\eta}_2)=\boldsymbol{A\eta}_1-\boldsymbol{A\eta}_2=\boldsymbol{b}-\boldsymbol{b}=\boldsymbol{0}$.

性质 2 设 $\boldsymbol{\eta}$ 是 $\boldsymbol{Ax}=\boldsymbol{b}$ 的解,$\boldsymbol{\xi}$ 是 $\boldsymbol{Ax}=\boldsymbol{0}$ 的解,则 $\boldsymbol{\eta}+\boldsymbol{\xi}$ 是 $\boldsymbol{Ax}=\boldsymbol{b}$ 的解.

证明 $\boldsymbol{A}(\boldsymbol{\eta}+\boldsymbol{\xi})=\boldsymbol{A\eta}+\boldsymbol{A\xi}=\boldsymbol{b}+\boldsymbol{0}=\boldsymbol{b}$.

性质 3 设 $\boldsymbol{\eta}^*$ 是 $\boldsymbol{Ax}=\boldsymbol{b}$ 的一个特解,则对 $\boldsymbol{Ax}=\boldsymbol{b}$ 的任一解 $\boldsymbol{\eta}$,必存在 $\boldsymbol{Ax}=\boldsymbol{0}$ 的解 $\boldsymbol{\xi}$,使得 $\boldsymbol{\eta}=\boldsymbol{\eta}^*+\boldsymbol{\xi}$.

定理 2 对于非齐次线性方程组(1),若 $R(\boldsymbol{A})=R(\overline{\boldsymbol{A}})=r<n$. 则方程组(1)有无穷多解. 若 $\boldsymbol{\eta}^*$ 是 $\boldsymbol{Ax}=\boldsymbol{b}$ 的一个特解,$\boldsymbol{\xi}_1$, $\boldsymbol{\xi}_2$, $\cdots$, $\boldsymbol{\xi}_{n-r}$是导出方程组 $\boldsymbol{Ax}=\boldsymbol{0}$ 的一个基础解系,则方程组(1)的通解为

$$\boldsymbol{x}=\boldsymbol{\eta}^*+k_1\boldsymbol{\xi}_1+k_2\boldsymbol{\xi}_2+\cdots+k_{n-r}\boldsymbol{\xi}_{n-r},$$

其中,k_1, k_2, $\cdots$, $k_{n-r}\in\mathbf{R}$.(证明略.)

因此，求非齐次线性方程组(1)的解的关键是求 $\boldsymbol{Ax}=\boldsymbol{b}$ 的一个特解与 $\boldsymbol{Ax}=\boldsymbol{0}$ 的一个基础解系.

例 2 求下列非齐次线性方程组的通解.

$$(1)\begin{cases} x_1+2x_2-x_3+3x_4=1, \\ 2x_1+5x_2+x_3-2x_4=3, \\ x_1-3x_2+2x_3-3x_4=5, \\ 3x_1+7x_2+x_4=4; \end{cases} \qquad (2)\begin{cases} x_1+5x_2-x_3-x_4=-1, \\ x_1-2x_2+x_3+3x_4=3, \\ 3x_1+8x_2-x_3+x_4=1, \\ x_1-9x_2+3x_3+7x_4=7. \end{cases}$$

解 (1) $$\overline{\boldsymbol{A}}=\begin{pmatrix} 1 & 2 & -1 & 3 & 1 \\ 2 & 5 & 1 & -2 & 3 \\ 1 & -3 & 2 & -3 & 5 \\ 3 & 7 & 0 & 1 & 4 \end{pmatrix} \xrightarrow[r_2-2r_1]{\substack{r_4-r_1-r_2 \\ r_3-r_1}} \begin{pmatrix} 1 & 2 & -1 & 3 & 1 \\ 0 & 1 & 3 & -8 & 1 \\ 0 & -5 & 3 & -6 & 4 \\ 0 & 0 & 0 & 0 & 0 \end{pmatrix}$$

$$\rightarrow \begin{pmatrix} 1 & 0 & -7 & 19 & -1 \\ 0 & 1 & 3 & -8 & 1 \\ 0 & 0 & 18 & -46 & 9 \\ 0 & 0 & 0 & 0 & 0 \end{pmatrix} \rightarrow \begin{pmatrix} 1 & 0 & 0 & \frac{10}{9} & \frac{5}{2} \\ 0 & 1 & 0 & -\frac{3}{9} & -\frac{1}{2} \\ 0 & 0 & 1 & -\frac{23}{9} & \frac{1}{2} \\ 0 & 0 & 0 & 0 & 0 \end{pmatrix}.$$

同解方程组为

$$\begin{cases} x_1=\dfrac{5}{2}-\dfrac{10}{9}x_4, \\ x_2=-\dfrac{1}{2}+\dfrac{3}{9}x_4, \\ x_3=\dfrac{1}{2}+\dfrac{23}{9}x_4. \end{cases}$$

令 $x_4=9k\ (k\in\mathbf{R})$，原方程的通解为

$$\begin{pmatrix} x_1 \\ x_2 \\ x_3 \\ x_4 \end{pmatrix}=\frac{1}{2}\begin{pmatrix} 5 \\ -1 \\ 1 \\ 0 \end{pmatrix}+k\begin{pmatrix} -10 \\ 3 \\ 23 \\ 9 \end{pmatrix}.$$

(2) $\overline{\boldsymbol{A}}=\begin{pmatrix}1&5&-1&-1&-1\\1&-2&1&3&3\\3&8&-1&1&1\\1&-9&3&7&7\end{pmatrix}\to\begin{pmatrix}1&5&-1&-1&-1\\0&-7&2&4&4\\0&-7&2&4&4\\0&-14&4&8&8\end{pmatrix}$

$$\to\begin{pmatrix}1&5&-1&-1&-1\\0&-7&2&4&4\\0&0&0&0&0\\0&0&0&0&0\end{pmatrix}\to\begin{pmatrix}1&\frac{3}{2}&0&1&1\\0&-\frac{7}{2}&1&2&2\\0&0&0&0&0\\0&0&0&0&0\end{pmatrix}.$$

于是得同解方程组

$$\begin{cases}x_1=1-\frac{3}{2}x_2-x_4,\\x_3=2+\frac{7}{2}x_2-2x_4.\end{cases}$$

令 $x_2=2k_1$，$x_4=k_2(k_1,k_2\in\mathbf{R})$，方程组有无穷多解，其一般解为

$$\begin{cases}x_1=1-3k_1-k_2,\\x_2=2k_1,\\x_3=2+7k_1-2k_2,\\x_4=k_2.\end{cases}$$

方程组通解为

$$\begin{pmatrix}x_1\\x_2\\x_3\\x_4\end{pmatrix}=\begin{pmatrix}1\\0\\2\\0\end{pmatrix}+k_1\begin{pmatrix}-3\\2\\7\\0\end{pmatrix}+k_2\begin{pmatrix}-1\\0\\-2\\1\end{pmatrix}.$$

例 3 设有向量

$$\boldsymbol{\alpha}_1=\begin{pmatrix}1+k\\1\\1\end{pmatrix},\quad\boldsymbol{\alpha}_2=\begin{pmatrix}1\\1+k\\1\end{pmatrix},\quad\boldsymbol{\alpha}_3=\begin{pmatrix}1\\1\\1+k\end{pmatrix},\quad\boldsymbol{b}=\begin{pmatrix}0\\k\\k^2\end{pmatrix}.$$

问 k 为何值时，$\boldsymbol{b}$ 可由 $\boldsymbol{\alpha}_1$，$\boldsymbol{\alpha}_2$，$\boldsymbol{\alpha}_3$ 线性表示？表示法唯一？表示法不唯一？并写出其所有表示式.

解 设存在数 x_1, x_2, x_3,使得

$$x_1\boldsymbol{\alpha}_1 + x_2\boldsymbol{\alpha}_2 + x_3\boldsymbol{\alpha}_3 = \boldsymbol{b}.$$

即
$$\begin{cases}(1+k)x_1 + x_2 + x_3 = 0,\\ x_1 + (1+k)x_2 + x_3 = k,\\ x_1 + x_2 + (1+k)x_3 = k^2.\end{cases}$$

由克莱姆法则有

$$D=\begin{vmatrix}1+k & 1 & 1\\ 1 & 1+k & 1\\ 1 & 1 & 1+k\end{vmatrix}=k^2(k+3)\overset{令}{=\!=}0,\ k_1=0,\ k_2=-3.$$

当 $k\neq 0, -3$ 时,$D\neq 0$,方程组有唯一解,即 $\boldsymbol{b}$ 可由 $\boldsymbol{\alpha}_1, \boldsymbol{\alpha}_2, \boldsymbol{\alpha}_3$ 线性表示,表示法唯一.

当 $k=-3$ 时,

$$\overline{\mathbf{A}}=\begin{pmatrix}-2 & 1 & 1 & 0\\ 1 & -2 & 1 & -3\\ 1 & 1 & -2 & 9\end{pmatrix}\rightarrow\begin{pmatrix}1 & 1 & -2 & 9\\ 0 & 3 & -3 & 18\\ 0 & 0 & 0 & 6\end{pmatrix}.$$

因为 $R(\mathbf{A})\neq R(\overline{\mathbf{A}})$,所以 $\boldsymbol{b}$ 不可由 $\boldsymbol{\alpha}_1, \boldsymbol{\alpha}_2, \boldsymbol{\alpha}_3$ 线性表示.

当 $k=0$ 时,

$$\overline{\mathbf{A}}=\begin{pmatrix}1 & 1 & 1 & 0\\ 1 & 1 & 1 & 0\\ 1 & 1 & 1 & 0\end{pmatrix}\rightarrow\begin{pmatrix}1 & 1 & 1 & 0\\ 0 & 0 & 0 & 0\\ 0 & 0 & 0 & 0\end{pmatrix}. R(\mathbf{A})=R(\overline{\mathbf{A}})=1$$

所以,$\boldsymbol{b}$ 可由 $\boldsymbol{\alpha}_1, \boldsymbol{\alpha}_2, \boldsymbol{\alpha}_3$ 线性表示,表示法不唯一.

同解方程组为

$$x_1 = -x_2 - x_3.$$

令 $x_2 = k_1, x_3 = k_2$,则 $x_1 = -k_1 - k_2$,因此

$$\boldsymbol{b} = -(k_1 + k_2)\boldsymbol{\alpha}_1 + k_1\boldsymbol{\alpha}_2 + k_2\boldsymbol{\alpha}_3,$$

其中,$k_1, k_2 \in \mathbf{R}$.

例 4 已知 $\boldsymbol{\alpha}_1, \boldsymbol{\alpha}_2, \boldsymbol{\alpha}_3$ 是 $\boldsymbol{Ax}=\boldsymbol{b}$ 的三个线性无关的解向量,$R(\mathbf{A})=2$,且

$$\boldsymbol{\alpha}_1+2\boldsymbol{\alpha}_2=\begin{pmatrix}1\\2\\0\end{pmatrix},\quad \boldsymbol{\alpha}_2+\boldsymbol{\alpha}_3=\begin{pmatrix}1\\2\\3\end{pmatrix}.$$

求方程组 $\boldsymbol{Ax}=\boldsymbol{0}$ 的一个基础解系,并求方程组 $\boldsymbol{Ax}=\boldsymbol{b}$ 的通解.

解 因为 $\boldsymbol{\alpha}_1,\boldsymbol{\alpha}_2,\boldsymbol{\alpha}_3$ 是 $\boldsymbol{Ax}=\boldsymbol{b}$ 的三个线性无关的解向量,则有

$$\boldsymbol{A\alpha}_k=\boldsymbol{b}\quad(k=1,2,3).$$

由题可得 $\boldsymbol{A}(\boldsymbol{\alpha}_1+2\boldsymbol{\alpha}_2)=\boldsymbol{A\alpha}_1+2\boldsymbol{A\alpha}_2=3\boldsymbol{b}$,

$\boldsymbol{A}(\boldsymbol{\alpha}_2+\boldsymbol{\alpha}_3)=\boldsymbol{A\alpha}_2+\boldsymbol{A\alpha}_3=2\boldsymbol{b}$.

可见 $\frac{1}{3}(\boldsymbol{\alpha}_1+2\boldsymbol{\alpha}_2)$,$\frac{1}{2}(\boldsymbol{\alpha}_2+\boldsymbol{\alpha}_3)$ 是 $\boldsymbol{Ax}=\boldsymbol{b}$ 的解向量.

根据解的性质有 $\frac{1}{3}(\boldsymbol{\alpha}_1+2\boldsymbol{\alpha}_2)-\frac{1}{2}(\boldsymbol{\alpha}_2+\boldsymbol{\alpha}_3)=\frac{1}{3}\begin{pmatrix}1\\2\\0\end{pmatrix}-\frac{1}{2}\begin{pmatrix}1\\2\\3\end{pmatrix}=\frac{1}{6}\begin{pmatrix}-1\\-2\\9\end{pmatrix}$

是 $\boldsymbol{Ax}=\boldsymbol{0}$ 的解.

又已知 $R(\boldsymbol{A})=2$,则基础解系中含有一个线性无关的解向量,可取 $\boldsymbol{\xi}=\begin{pmatrix}-1\\-2\\9\end{pmatrix}$.

所以,$\boldsymbol{Ax}=\boldsymbol{b}$ 的通解为

$$\boldsymbol{x}=\frac{1}{2}(\boldsymbol{\alpha}_2+\boldsymbol{\alpha}_3)+k\boldsymbol{\xi}=\frac{1}{2}\begin{pmatrix}1\\2\\3\end{pmatrix}+k\begin{pmatrix}-1\\-2\\9\end{pmatrix}\quad(k\in\mathbf{R}).$$

例 5 已知非齐次方程组 $\begin{cases}x_1+x_2+x_3+x_4=-1,\\4x_1+3x_2+5x_3-x_4=-1,\\ax_1+x_2+3x_3+bx_4=1\end{cases}$ 有 3 个线性无关的解.

(1) 证明此方程组的系数矩阵 $\boldsymbol{A}$ 的秩为 2;

(2) 求 a,b 的值和方程组的通解.

解 (1) 设 $\boldsymbol{\alpha}_1,\boldsymbol{\alpha}_2,\boldsymbol{\alpha}_3$ 是方程组的 3 个线性无关的解,则 $\boldsymbol{\alpha}_2-\boldsymbol{\alpha}_1$,$\boldsymbol{\alpha}_3-\boldsymbol{\alpha}_1$ 是 $\boldsymbol{Ax}=\boldsymbol{0}$ 的两个线性无关的解,于是 $\boldsymbol{Ax}=\boldsymbol{0}$ 的基础解系中解的个数不少于 2,即 $4-R(\boldsymbol{A})\geqslant 2$,从而 $R(\boldsymbol{A})\leqslant 2$. 又因为系数矩阵 $\boldsymbol{A}$ 有一个二阶子式 $\begin{vmatrix}1&1\\4&3\end{vmatrix}\neq 0$,所以 $R(\boldsymbol{A})\geqslant 2$,两个不等式说明 $R(\boldsymbol{A})=2$.

(2) 对方程组的增广矩阵作初等变换:

$$\overline{\mathbf{A}}=\begin{pmatrix}1&1&1&1&-1\\4&3&5&-1&-1\\a&1&3&b&1\end{pmatrix}\rightarrow\begin{pmatrix}1&1&1&1&-1\\0&-1&1&-5&3\\0&1-a&3-a&b-a&1+a\end{pmatrix}$$

$$\rightarrow\begin{pmatrix}1&1&1&1&-1\\0&-1&1&-5&3\\0&0&4-2a&4a+b-5&4-2a\end{pmatrix},$$

由 $R(\mathbf{A})=2$，得 $a=2, b=-3$.

代入后，

$$\overline{\mathbf{A}}\rightarrow\begin{pmatrix}1&0&2&-4&2\\0&1&-1&5&-3\\0&0&0&0&0\end{pmatrix},$$

得同解方程组 $\begin{cases}x_1=2-2x_3+4x_4,\\x_2=-3+x_3-5x_4.\end{cases}$

令 $x_3=k_1$，$x_4=k_2$，得通解

$$\begin{pmatrix}x_1\\x_2\\x_3\\x_4\end{pmatrix}=\begin{pmatrix}2\\-3\\0\\0\end{pmatrix}+k_1\begin{pmatrix}-2\\1\\1\\0\end{pmatrix}+k_2\begin{pmatrix}4\\-5\\0\\1\end{pmatrix}.$$

习　题　3.5

1. 将非齐次线性方程组

$$\begin{cases}x_1+x_2+x_3=1,\\x_1-x_2+x_3=0,\\2x_1+x_2-3x_3=2\end{cases}$$

分别写成矩阵和向量表达式.

2. 当 k 取何值时，线性方程组

$$\begin{cases}kx_1+x_2+x_3=1,\\x_1+kx_2+x_3=k,\\x_1+x_2+kx_3=k^2\end{cases}$$

有唯一解，无解，有无穷多解？

3. 当 k 取什么值时，方程组

$$\begin{cases} x_1+x_2+x_3=k, \\ kx_1+x_2+x_3=1, \\ x_1+x_2+kx_3=1 \end{cases}$$

有解？

4. 问 k 为何值时，线性方程组

$$\begin{cases} (2-k)x_1+2x_2-2x_3=1, \\ 2x_1+(5-k)x_2-4x_3=2, \\ -2x_1-4x_2+(5-k)x_3=-k-1 \end{cases}$$

有唯一解，无解，有无穷多解？

5. 设 a，b，c 是互不相同的常数，证明方程组

$$\begin{cases} x_1+ax_2=a^2, \\ x_1+bx_2=b^2, \\ x_1+cx_2=c^2 \end{cases}$$

无解.

6. 求线性方程组的通解.

(1) $\begin{cases} 2x_1+x_2-x_3+x_4=1, \\ 3x_1-2x_2+x_3-3x_4=4, \\ x_1+4x_2-3x_3+5x_4=-2; \end{cases}$

(2) $\begin{cases} 2x_1+x_2-x_3+x_4=1, \\ 4x_1+2x_2-2x_3+2x_4=2, \\ x_1+\frac{1}{2}x_2-\frac{1}{2}x_3-\frac{1}{2}x_4=\frac{1}{2}; \end{cases}$

(3) $\begin{cases} x_1-5x_2+2x_3-3x_4=11, \\ -3x_1+x_2-4x_3+2x_4=-5, \\ -x_1-9x_2-4x_4=17, \\ 5x_1+3x_2+6x_3-x_4=-1. \end{cases}$

7. 设向量组

$$\boldsymbol{\alpha}_1=\begin{pmatrix} a \\ 2 \\ 10 \end{pmatrix}, \quad \boldsymbol{\alpha}_2=\begin{pmatrix} -2 \\ 1 \\ 5 \end{pmatrix}, \quad \boldsymbol{\alpha}_3=\begin{pmatrix} -1 \\ 1 \\ 4 \end{pmatrix}, \quad \boldsymbol{b}=\begin{pmatrix} 1 \\ b \\ c \end{pmatrix}.$$

试问：a，b，c 满足什么条件时，$\boldsymbol{b}$ 可由 $\boldsymbol{\alpha}_1$，$\boldsymbol{\alpha}_2$，$\boldsymbol{\alpha}_3$ 线性表示，表示法唯一，不唯一，$\boldsymbol{b}$ 不可由 $\boldsymbol{\alpha}_1$，$\boldsymbol{\alpha}_2$，$\boldsymbol{\alpha}_3$ 线性表示？

8. 已知四元非齐次线性方程组 $\boldsymbol{Ax}=\boldsymbol{b}$，$R(\boldsymbol{A})=3$，$\boldsymbol{\alpha}_1$，$\boldsymbol{\alpha}_2$，$\boldsymbol{\alpha}_3$ 是它的三个解向量，其中

$$\boldsymbol{\alpha}_1+\boldsymbol{\alpha}_2=\begin{pmatrix} 1 \\ 1 \\ 0 \\ 2 \end{pmatrix}, \quad \boldsymbol{\alpha}_2+\boldsymbol{\alpha}_3=\begin{pmatrix} 1 \\ 0 \\ 1 \\ 3 \end{pmatrix},$$

求该非齐次线性方程组的通解.

9. 设矩阵 $\boldsymbol{A}=(\boldsymbol{\alpha}_1, \boldsymbol{\alpha}_2, \boldsymbol{\alpha}_3, \boldsymbol{\alpha}_4)$ 的秩 $R(\boldsymbol{A})=3$，且 $\boldsymbol{\alpha}_1=\boldsymbol{\alpha}_2+\boldsymbol{\alpha}_3$，设 $\boldsymbol{b}=\boldsymbol{\alpha}_1+\boldsymbol{\alpha}_2+\boldsymbol{\alpha}_3+\boldsymbol{\alpha}_4$，求线性方程组 $\boldsymbol{Ax}=\boldsymbol{b}$ 的通解.

§3.6 向 量 空 间

为了对线性方程组解的结构有更深的了解，这一节将介绍向量空间.

我们知道，二维、三维向量具有下面的性质：任意两个二维（三维）向量的和仍是二维（三维）向量；一个实数乘任一个二维（三维）向量仍是二维（三维）向量，并且这种运算满足下列运算规律：

(1) $\boldsymbol{\alpha}+\boldsymbol{\beta}=\boldsymbol{\beta}+\boldsymbol{\alpha}$；　　(2) $(\boldsymbol{\alpha}+\boldsymbol{\beta})+\boldsymbol{\gamma}=\boldsymbol{\alpha}+(\boldsymbol{\beta}+\boldsymbol{\gamma})$；

(3) $\boldsymbol{\alpha}+\boldsymbol{0}=\boldsymbol{\alpha}$；　　(4) $\boldsymbol{\alpha}+(-\boldsymbol{\alpha})=\boldsymbol{0}$；

(5) $1\cdot\boldsymbol{\alpha}=\boldsymbol{\alpha}$；　　(6) $\lambda(\mu\boldsymbol{\alpha})=(\lambda\mu)\boldsymbol{\alpha}$；

(7) $(\lambda+\mu)\boldsymbol{\alpha}=\lambda\boldsymbol{\alpha}+\mu\boldsymbol{\alpha}$；　　(8) $\lambda(\boldsymbol{\alpha}+\boldsymbol{\beta})=\lambda\boldsymbol{\alpha}+\lambda\boldsymbol{\beta}$.

其中 $\boldsymbol{\alpha}, \boldsymbol{\beta}, \boldsymbol{\gamma}$ 是任意二维（三维）向量，λ、μ 为任意实数. 现推广到 n 维向量.

一、n 维向量空间

定义 1　设 $\mathbf{R}^n$ 为所有 n 维向量组成的集合. 对于集合内的元素定义了加法和数乘两种运算. 如果任意两个 n 维向量 $\boldsymbol{\alpha}, \boldsymbol{\beta}\in\mathbf{R}^n$，有 $(\boldsymbol{\alpha}+\boldsymbol{\beta})\in\mathbf{R}^n$，$k\boldsymbol{\alpha}\in\mathbf{R}^n\ (k\in\mathbf{R})$，且满足上述八条运算规律，则称集合 $\mathbf{R}^n$ 为 n 维**向量空间**.

例如，$\boldsymbol{\alpha}_1, \boldsymbol{\alpha}_2, \cdots, \boldsymbol{\alpha}_m$ 是 n 维向量组，$\mathbf{R}^n=\{(a_1, a_2, \cdots, a_n)^{\mathrm{T}} \mid a_i\in\mathbf{R}\}$ 是一个向量空间.

如　$\mathbf{R}^3=\{(a_1, a_2, a_3)^{\mathrm{T}} \mid a_i\in\mathbf{R}\}$；

　　$\mathbf{R}^2=\{(a_1, a_2)^{\mathrm{T}} \mid a_i\in\mathbf{R}\}$.

又如，$\boldsymbol{V}=\{(k_1, k_2, 0)^{\mathrm{T}} \mid k_i\in\mathbf{R}\}$.

若取 $\boldsymbol{\alpha}=(a_1, a_2, 0)^{\mathrm{T}}\in\boldsymbol{V}$，　$\boldsymbol{\beta}=(b_1, b_2, 0)^{\mathrm{T}}\in\boldsymbol{V}$，$\boldsymbol{\alpha}+\boldsymbol{\beta}=(a_1+b_1, a_2+b_2, 0)^{\mathrm{T}}\in\boldsymbol{V}$；

$k\boldsymbol{\alpha}=(k\boldsymbol{\alpha}_1, k\boldsymbol{\alpha}_2, 0)^{\mathrm{T}}\in\boldsymbol{V}$.

故 $\boldsymbol{V}$ 是一个向量空间，$\boldsymbol{V}$ 是 $\mathbf{R}^3$ 的子空间.

二、基、维数、坐标

基（基底）、维数、坐标的概念揭示了向量空间的结构.

例如，在高等数学中学过向量的坐标表达式

$$\boldsymbol{\alpha}=a_x\boldsymbol{i}+a_y\boldsymbol{j}+a_z\boldsymbol{k}=(a_x, a_y, a_z).$$

其中 $\boldsymbol{i}, \boldsymbol{j}, \boldsymbol{k}$ 分别是空间直角坐标系 x, y, z 轴上的单位向量. 显然 $\boldsymbol{i}, \boldsymbol{j}, \boldsymbol{k}$ 是线性无关的,它们是三维空间 $\mathbf{R}^3$ 的一个最大线性无关组,称为 $\mathbf{R}^3$ 的一组**基**. a_x, a_y, a_z 称为向量 $\boldsymbol{\alpha}$ 分别在 x, y, z 轴上的投影,也称为**坐标**.

同理,设 $\boldsymbol{\alpha}_1, \boldsymbol{\alpha}_2, \boldsymbol{\alpha}_3$ 是 $\mathbf{R}^3$ 空间的一个最大线性无关组,$\mathbf{R}^3$ 的空间中的任一个向量 $\boldsymbol{\alpha}$ 可由 $\boldsymbol{\alpha}_1, \boldsymbol{\alpha}_2, \boldsymbol{\alpha}_3$ 线性表示,即

$$\boldsymbol{\alpha} = x_1\boldsymbol{\alpha}_1 + x_2\boldsymbol{\alpha}_2 + x_3\boldsymbol{\alpha}_3.$$

称 $\boldsymbol{\alpha}_1, \boldsymbol{\alpha}_2, \boldsymbol{\alpha}_3$ 为 $\mathbf{R}^3$ 的一组基,x_1, x_2, x_3 为向量 $\boldsymbol{\alpha}$ 在分量 $\boldsymbol{\alpha}_1, \boldsymbol{\alpha}_2, \boldsymbol{\alpha}_3$ 上的投影(坐标).

推广到一般情况,任意 n 个线性无关的 n 维向量是 $\mathbf{R}^n$ 空间的一个最大线性无关组,$\mathbf{R}^n$ 中任一个向量可由它们线性表示,这个最大线性无关组称为**基**.

定义 2 已知 $\boldsymbol{\alpha}_1, \boldsymbol{\alpha}_2, \cdots, \boldsymbol{\alpha}_r$ 为向量空间 V 的一组向量,满足:

(1) $\boldsymbol{\alpha}_1, \boldsymbol{\alpha}_2, \cdots, \boldsymbol{\alpha}_r$ 线性无关;

(2) $\forall \boldsymbol{\alpha} \in V$, $\boldsymbol{\alpha}$ 均可由 $\boldsymbol{\alpha}_1, \boldsymbol{\alpha}_2, \cdots, \boldsymbol{\alpha}_r$ 线性表示,

则称 $\boldsymbol{\alpha}_1, \boldsymbol{\alpha}_2, \cdots, \boldsymbol{\alpha}_r$ 为 V 的一组基(也称基底).

上面的 $\boldsymbol{i}, \boldsymbol{j}, \boldsymbol{k}$ 是 $\mathbf{R}^3$ 空间的一组基,当然

$$-\boldsymbol{i}=\begin{pmatrix}-1\\0\\0\end{pmatrix},\quad -\boldsymbol{j}=\begin{pmatrix}0\\-1\\0\end{pmatrix},\quad -\boldsymbol{k}=\begin{pmatrix}0\\0\\-1\end{pmatrix}\quad 及\quad \boldsymbol{\xi}_1=\begin{pmatrix}1\\1\\1\end{pmatrix},\quad \boldsymbol{\xi}_2=\begin{pmatrix}1\\1\\0\end{pmatrix},$$

$$\boldsymbol{\xi}_3=\begin{pmatrix}1\\0\\0\end{pmatrix}$$

都是 $\mathbf{R}^3$ 空间的一组基.

$$\boldsymbol{\xi}_1=\begin{pmatrix}1\\1\\\vdots\\1\\1\end{pmatrix}, \boldsymbol{\xi}_2=\begin{pmatrix}1\\1\\\vdots\\1\\0\end{pmatrix}, \cdots, \boldsymbol{\xi}_n=\begin{pmatrix}1\\0\\\vdots\\0\\0\end{pmatrix}$$

是 $\mathbf{R}^n$ 空间的一组基.

可见,$\mathbf{R}^n$ 空间的基不唯一,实际上有无穷多组基. 这是由于 $\mathbf{R}^n$ 空间的最大线性无关组不唯一. 在 $\mathbf{R}^n$ 空间的无穷多组基中,称

$$e_1=\begin{pmatrix}1\\0\\0\\\vdots\\0\end{pmatrix},\ e_2=\begin{pmatrix}0\\1\\0\\\vdots\\0\end{pmatrix},\ \cdots,\ e_n=\begin{pmatrix}0\\0\\0\\\vdots\\1\end{pmatrix}$$

为**单位坐标基**. 故 $\boldsymbol{i},\ \boldsymbol{j},\ \boldsymbol{k}$ 是三维空间的单位坐标基.

如果取定 $\mathbf{R}^n$ 的一组基 $\boldsymbol{\xi}_1,\ \boldsymbol{\xi}_2,\ \cdots,\ \boldsymbol{\xi}_n$，它必是 $\mathbf{R}^n$ 的最大线性无关组，从而 $\mathbf{R}^n$ 中的任意向量 $\boldsymbol{\alpha}$ 都可由 $\boldsymbol{\xi}_1,\ \boldsymbol{\xi}_2,\ \cdots,\ \boldsymbol{\xi}_n$ 线性表示. 即存在 n 个数 $x_1,\ x_2,\ \cdots,\ x_n$ 使得

$$\boldsymbol{\alpha}=x_1\boldsymbol{\xi}_1+x_2\boldsymbol{\xi}_2+\cdots+x_n\boldsymbol{\xi}_n.$$

且这种表示法唯一，即系数 $x_1,\ x_2,\ \cdots,\ x_n$ 是由 $\boldsymbol{\alpha}$ 与 $\boldsymbol{\xi}_1,\ \boldsymbol{\xi}_2,\ \cdots,\ \boldsymbol{\xi}_n$ 唯一确定的. 因此对 $\boldsymbol{\alpha}$ 的研究可以转为对 $x_1,\ x_2,\ \cdots,\ x_n$ 的研究.

定义 3 设 $\boldsymbol{\xi}_1,\ \boldsymbol{\xi}_2,\ \cdots,\ \boldsymbol{\xi}_n$ 是 $\mathbf{R}^n$ 的一组基，$\boldsymbol{\alpha}$ 是 $\mathbf{R}^n$ 的任意向量，若 $\boldsymbol{\alpha}=x_1\boldsymbol{\xi}_1+x_2\boldsymbol{\xi}_2+\cdots+x_n\boldsymbol{\xi}_n$，则称 $x_1,\ x_2,\ \cdots,\ x_n$ 为 $\boldsymbol{\alpha}$ 在基 $\boldsymbol{\xi}_1,\ \boldsymbol{\xi}_2,\ \cdots,\ \boldsymbol{\xi}_n$ 下的**坐标**，记作

$$(x_1,\ x_2,\ \cdots,\ x_n).$$

需要注意的是，向量 $\boldsymbol{\alpha}$ 的坐标是与所取的基有关，不同的基下其坐标是不同的. 说 $\boldsymbol{\alpha}$ 的坐标总是对某一个基来说的，离开了基就谈不上坐标. 若只写出 $\boldsymbol{\alpha}=(x_1,\ x_2,\ \cdots,\ x_n)$ 通常就是对单位坐标基 $\boldsymbol{e}_1,\ \boldsymbol{e}_2,\ \cdots,\ \boldsymbol{e}_n$ 说的.

例 1 证明：$\boldsymbol{\alpha}_1=\begin{pmatrix}1\\2\\1\end{pmatrix},\ \boldsymbol{\alpha}_2=\begin{pmatrix}2\\3\\3\end{pmatrix},\ \boldsymbol{\alpha}_3=\begin{pmatrix}3\\7\\1\end{pmatrix}$ 是 $\mathbf{R}^3$ 的基底，求 $\boldsymbol{\alpha}=\begin{pmatrix}1\\1\\6\end{pmatrix}$ 在该基底下的坐标.

解 因为

$$|\boldsymbol{\alpha}_1,\ \boldsymbol{\alpha}_2,\ \boldsymbol{\alpha}_3|=\begin{vmatrix}1&2&3\\2&3&7\\1&3&1\end{vmatrix}=\begin{vmatrix}1&2&3\\0&-1&1\\0&1&-2\end{vmatrix}=1\neq0,$$

所以 $\boldsymbol{\alpha}_1,\ \boldsymbol{\alpha}_2,\ \boldsymbol{\alpha}_3$ 线性无关，则 $\boldsymbol{\alpha}_1,\ \boldsymbol{\alpha}_2,\ \boldsymbol{\alpha}_3$ 为 $\mathbf{R}^3$ 的一组基.

对 $\overline{\mathbf{A}}=(\boldsymbol{\alpha}_1,\ \boldsymbol{\alpha}_2,\ \boldsymbol{\alpha}_3,\ \boldsymbol{\alpha})$ 进行初等行变换.

$$(\boldsymbol{\alpha}_1,\ \boldsymbol{\alpha}_2,\ \boldsymbol{\alpha}_3,\ \boldsymbol{\alpha})=\begin{pmatrix}1&2&3&1\\2&3&7&1\\1&3&1&6\end{pmatrix}\to\begin{pmatrix}1&2&3&1\\0&-1&1&-1\\0&1&-2&5\end{pmatrix}\to\begin{pmatrix}1&0&0&19\\0&1&0&-3\\0&0&1&-4\end{pmatrix}.$$

$\boldsymbol{\alpha}=19\boldsymbol{\alpha}_1-3\boldsymbol{\alpha}_2-4\boldsymbol{\alpha}_3$.

则 $\boldsymbol{\alpha}$ 在此基下的坐标为(19，－3，－4).

定义 4 基中所含向量个数 r 称为向量空间的**维数**,记为 $\dim \mathbf{V}=r$.

定理 向量空间 $\mathbf{V}$ 中任何两个基所含向量的个数相等.

例 2 求向量组 $\boldsymbol{\alpha}_1=\begin{pmatrix}2\\1\\1\end{pmatrix}$，$\boldsymbol{\alpha}_2=\begin{pmatrix}2\\2\\0\end{pmatrix}$，$\boldsymbol{\alpha}_3=\begin{pmatrix}2\\0\\2\end{pmatrix}$ 的基和维数.

解 由于 $2\boldsymbol{\alpha}_1=\boldsymbol{\alpha}_2+\boldsymbol{\alpha}_3$，$\boldsymbol{\alpha}_2$，$\boldsymbol{\alpha}_3$ 线性无关,则 $\boldsymbol{\alpha}_2$，$\boldsymbol{\alpha}_3$ 是一个最大线性无关组,故 $\boldsymbol{\alpha}_2$，$\boldsymbol{\alpha}_3$ 是 $\mathbf{R}^3$ 中的一组基,维数为 2.

三、基变换与坐标变换

在 n 维线性空间 V 中,任意 n 个线性无关的向量可以作为 V 的一组基,同一个向量在不同的基下的坐标是不同的,下面讨论它们的关系.

定义 5 设 n 维向量空间 V 的两个基分别为 $\boldsymbol{\alpha}_1$，$\boldsymbol{\alpha}_2$，…，$\boldsymbol{\alpha}_m$ 和 $\boldsymbol{\beta}_1$，$\boldsymbol{\beta}_2$，…，$\boldsymbol{\beta}_m$，则 $\boldsymbol{\beta}_1$，$\boldsymbol{\beta}_2$，…，$\boldsymbol{\beta}_m$ 可由 $\boldsymbol{\alpha}_1$，$\boldsymbol{\alpha}_2$，…，$\boldsymbol{\alpha}_m$ 线性表示. 即

$$\begin{cases}\boldsymbol{\beta}_1=p_{11}\boldsymbol{\alpha}_1+p_{12}\boldsymbol{\alpha}_2+\cdots+p_{1m}\boldsymbol{\alpha}_m,\\ \boldsymbol{\beta}_2=p_{21}\boldsymbol{\alpha}_1+p_{22}\boldsymbol{\alpha}_2+\cdots+p_{2m}\boldsymbol{\alpha}_m,\\ \vdots\\ \boldsymbol{\beta}_m=p_{m1}\boldsymbol{\alpha}_1+p_{m2}\boldsymbol{\alpha}_2+\cdots+p_{mm}\boldsymbol{\alpha}_m.\end{cases}$$

其矩阵表达式

$$(\boldsymbol{\beta}_1,\boldsymbol{\beta}_2,\cdots,\boldsymbol{\beta}_m)=(\boldsymbol{\alpha}_1,\boldsymbol{\alpha}_2,\cdots,\boldsymbol{\alpha}_m)\begin{pmatrix}p_{11}&p_{21}&\cdots&p_{m1}\\p_{12}&p_{22}&\cdots&p_{m2}\\\vdots&\vdots&&\vdots\\p_{1m}&p_{2m}&\cdots&p_{mm}\end{pmatrix}$$

为**基变换公式**,称方阵 $\boldsymbol{P}=(p_{ij})_{m\times m}$ 为由基 $\boldsymbol{\alpha}_1$，$\boldsymbol{\alpha}_2$，…，$\boldsymbol{\alpha}_m$ 到基 $\boldsymbol{\beta}_1$，$\boldsymbol{\beta}_2$，…，$\boldsymbol{\beta}_m$ 的**过渡矩阵**. 易知,过渡矩阵一定是可逆矩阵,这是因为 $(\boldsymbol{\beta}_1,\boldsymbol{\beta}_2,\cdots,\boldsymbol{\beta}_m)=(\boldsymbol{\alpha}_1,\boldsymbol{\alpha}_2,\cdots,\boldsymbol{\alpha}_m)\boldsymbol{P}$，则

$$m=R(\boldsymbol{\beta}_1,\boldsymbol{\beta}_2,\cdots,\boldsymbol{\beta}_m)\leqslant R(\boldsymbol{P})\leqslant m,$$

所以,$R(\boldsymbol{P})=m$，故 $\boldsymbol{P}$ 是可逆矩阵.

例 3 证明:向量组 $\boldsymbol{\alpha}_1=\begin{pmatrix}1\\2\\-1\\0\end{pmatrix}$，$\boldsymbol{\alpha}_2=\begin{pmatrix}1\\-1\\1\\1\end{pmatrix}$，$\boldsymbol{\alpha}_3=\begin{pmatrix}-1\\2\\1\\1\end{pmatrix}$，$\boldsymbol{\alpha}_4=\begin{pmatrix}-1\\-1\\0\\1\end{pmatrix}$ 与

向量组 $\boldsymbol{\beta}_1=\begin{pmatrix}2\\1\\0\\1\end{pmatrix}$, $\boldsymbol{\beta}_2=\begin{pmatrix}0\\1\\2\\2\end{pmatrix}$, $\boldsymbol{\beta}_3=\begin{pmatrix}-2\\1\\1\\2\end{pmatrix}$, $\boldsymbol{\beta}_4=\begin{pmatrix}1\\3\\1\\2\end{pmatrix}$ 都是 $\mathbf{R}^4$ 的基,并求 $\boldsymbol{\alpha}_1$, $\boldsymbol{\alpha}_2$, $\boldsymbol{\alpha}_3$, $\boldsymbol{\alpha}_4$ 到 $\boldsymbol{\beta}_1$, $\boldsymbol{\beta}_2$, $\boldsymbol{\beta}_3$, $\boldsymbol{\beta}_4$ 的过渡矩阵 $\boldsymbol{P}$.

证明 令 $\boldsymbol{A}=(\boldsymbol{\alpha}_1,\boldsymbol{\alpha}_2,\boldsymbol{\alpha}_3,\boldsymbol{\alpha}_4)$, $\boldsymbol{B}=(\boldsymbol{\beta}_1,\boldsymbol{\beta}_2,\boldsymbol{\beta}_3,\boldsymbol{\beta}_4)$,因为

$$|\boldsymbol{A}|=\begin{vmatrix}1&1&-1&-1\\2&-1&2&-1\\-1&1&1&0\\0&1&1&1\end{vmatrix}\neq 0,\quad |\boldsymbol{B}|=\begin{vmatrix}2&0&-2&1\\1&1&1&3\\0&2&1&1\\1&2&2&2\end{vmatrix}\neq 0,$$

则这两个向量组均线性无关,则它们都是 $\mathbf{R}^4$ 的基.

设 $\boldsymbol{B}=\boldsymbol{AP}$,则 $\boldsymbol{P}=\boldsymbol{A}^{-1}\boldsymbol{B}$,即

$$(\boldsymbol{A}\,\vdots\,\boldsymbol{B})=\left(\begin{array}{cccc:cccc}1&1&-1&-1&2&0&-2&1\\2&-1&2&-1&1&1&1&3\\-1&1&1&0&0&2&1&1\\0&1&1&1&1&2&2&2\end{array}\right)$$

$$\rightarrow\left(\begin{array}{cccc:cccc}1&0&0&0&1&0&0&1\\0&1&0&0&1&1&0&1\\0&0&1&0&0&1&1&1\\0&0&0&1&0&0&1&0\end{array}\right)=(\boldsymbol{E}\,\vdots\,\boldsymbol{A}^{-1}\boldsymbol{B})=(\boldsymbol{E}\,\vdots\,\boldsymbol{P}).$$

解得由基 $\boldsymbol{\alpha}_1$, $\boldsymbol{\alpha}_2$, $\cdots$, $\boldsymbol{\alpha}_m$ 到 $\boldsymbol{\beta}_1$, $\boldsymbol{\beta}_2$, $\cdots$, $\boldsymbol{\beta}_m$ 的过渡矩阵

$$\boldsymbol{P}=\begin{pmatrix}1&0&0&1\\1&1&0&1\\0&1&1&1\\0&0&1&0\end{pmatrix}.$$

例 4 设 $\boldsymbol{\alpha}_1$, $\boldsymbol{\alpha}_2$, $\boldsymbol{\alpha}_3$ 是三维向量空间 $\mathbf{R}^3$ 的一组基,求由基 $\boldsymbol{\alpha}_1,\frac{1}{2}\boldsymbol{\alpha}_2,\frac{1}{3}\boldsymbol{\alpha}_3$ 到 $\boldsymbol{\alpha}_1+\boldsymbol{\alpha}_2$, $\boldsymbol{\alpha}_2+\boldsymbol{\alpha}_3$, $\boldsymbol{\alpha}_3+\boldsymbol{\alpha}_1$ 的过渡矩阵 $\boldsymbol{P}$.

解 按定义求由基 $\boldsymbol{\alpha}_1,\frac{1}{2}\boldsymbol{\alpha}_2,\frac{1}{3}\boldsymbol{\alpha}_3$ 到 $\boldsymbol{\alpha}_1+\boldsymbol{\alpha}_2$, $\boldsymbol{\alpha}_2+\boldsymbol{\alpha}_3$, $\boldsymbol{\alpha}_3+\boldsymbol{\alpha}_1$ 的过渡矩阵,即求使 $(\boldsymbol{\alpha}_1+\boldsymbol{\alpha}_2,\boldsymbol{\alpha}_2+\boldsymbol{\alpha}_3,\boldsymbol{\alpha}_3+\boldsymbol{\alpha}_1)=\left(\boldsymbol{\alpha}_1,\frac{1}{2}\boldsymbol{\alpha}_2,\frac{1}{3}\boldsymbol{\alpha}_3\right)\boldsymbol{P}$ 成立的矩阵 $\boldsymbol{P}$.

由矩阵的乘法与相等得

$$(\boldsymbol{\alpha}_1+\boldsymbol{\alpha}_2,\ \boldsymbol{\alpha}_2+\boldsymbol{\alpha}_3,\ \boldsymbol{\alpha}_3+\boldsymbol{\alpha}_1)=\left(\boldsymbol{\alpha}_1,\frac{1}{2}\boldsymbol{\alpha}_2,\frac{1}{3}\boldsymbol{\alpha}_3\right)\begin{pmatrix}1&0&1\\2&2&0\\0&3&3\end{pmatrix},$$

则存在过渡矩阵 $\boldsymbol{P}=\begin{pmatrix}1&0&1\\2&2&0\\0&3&3\end{pmatrix}$.

例 5 设 $\boldsymbol{A}=(\boldsymbol{\alpha}_1,\ \boldsymbol{\alpha}_2,\ \boldsymbol{\alpha}_3)=\begin{pmatrix}2&2&-1\\2&-1&2\\-1&2&2\end{pmatrix}$, $\boldsymbol{B}=(\boldsymbol{\beta}_1,\boldsymbol{\beta}_2)=\begin{pmatrix}1&4\\0&3\\-4&2\end{pmatrix}$, 验证 $\boldsymbol{\alpha}_1,\ \boldsymbol{\alpha}_2,\ \boldsymbol{\alpha}_3$ 是 $\mathbf{R}^3$ 的一组基,并将 $\boldsymbol{\beta}_1,\ \boldsymbol{\beta}_2$ 用这组基线性表示.

解 对矩阵 $(\boldsymbol{A}\vdots\boldsymbol{B})$ 施行初等行变换,若 $\boldsymbol{A}$ 变成 $\boldsymbol{E}$,则 $\boldsymbol{\alpha}_1,\ \boldsymbol{\alpha}_2,\ \boldsymbol{\alpha}_3$ 为 $\mathbf{R}^3$ 的一组基,

$$(\boldsymbol{A}\vdots\boldsymbol{B})=\begin{pmatrix}2&2&-1&1&4\\2&-1&2&0&3\\-1&2&2&-4&2\end{pmatrix}\to\begin{pmatrix}1&0&0&\frac{2}{3}&\frac{4}{3}\\0&1&0&-\frac{2}{3}&1\\0&0&1&-1&\frac{2}{3}\end{pmatrix}.$$

可见,$\boldsymbol{\alpha}_1,\ \boldsymbol{\alpha}_2,\ \boldsymbol{\alpha}_3$ 是 $\mathbf{R}^3$ 的一组基,则

$$\boldsymbol{\beta}_1=\frac{2}{3}\boldsymbol{\alpha}_1-\frac{2}{3}\boldsymbol{\alpha}_2-\boldsymbol{\alpha}_3,\quad \boldsymbol{\beta}_2=\frac{4}{3}\boldsymbol{\alpha}_1+\boldsymbol{\alpha}_2+\frac{2}{3}\boldsymbol{\alpha}_3.$$

例 6 设向量组 $\boldsymbol{\alpha}_1=\begin{pmatrix}1\\0\\1\end{pmatrix}$, $\boldsymbol{\alpha}_2=\begin{pmatrix}0\\1\\1\end{pmatrix}$, $\boldsymbol{\alpha}_3=\begin{pmatrix}1\\3\\5\end{pmatrix}$ 不能用向量 $\boldsymbol{\beta}_1=\begin{pmatrix}1\\1\\1\end{pmatrix}$, $\boldsymbol{\beta}_2=\begin{pmatrix}1\\2\\3\end{pmatrix}$, $\boldsymbol{\beta}_3=\begin{pmatrix}3\\4\\a\end{pmatrix}$ 线性表示.

(1) 求 a 的值;

(2) 将 $\boldsymbol{\beta}_1,\ \boldsymbol{\beta}_2,\ \boldsymbol{\beta}_3$ 用 $\boldsymbol{\alpha}_1,\ \boldsymbol{\alpha}_2,\ \boldsymbol{\alpha}_3$ 线性表示.

解 (1) 注意到向量组都是三维向量,若 $\boldsymbol{\beta}_1,\ \boldsymbol{\beta}_2,\ \boldsymbol{\beta}_3$ 线性无关,则任一三维向量组均可由它们线性表示,此与题目矛盾,于是有

$$|\boldsymbol{\beta}_1, \boldsymbol{\beta}_2, \boldsymbol{\beta}_3| = \begin{vmatrix} 1 & 1 & 3 \\ 1 & 2 & 4 \\ 1 & 3 & a \end{vmatrix} = a-5=0, \quad a=5.$$

容易看出,当 $a=5$ 时,$\boldsymbol{\alpha}_1$ 不能由 $\boldsymbol{\beta}_1, \boldsymbol{\beta}_2, \boldsymbol{\beta}_3$ 线性表示.

(2) 令 $\quad \boldsymbol{C} = (\boldsymbol{\alpha}_1, \boldsymbol{\alpha}_2, \boldsymbol{\alpha}_3, \boldsymbol{\beta}_1, \boldsymbol{\beta}_2, \boldsymbol{\beta}_3)$

$$= \begin{pmatrix} 1 & 0 & 1 & 1 & 1 & 3 \\ 0 & 1 & 3 & 1 & 2 & 4 \\ 1 & 1 & 5 & 1 & 3 & 5 \end{pmatrix} \to \begin{pmatrix} 1 & 0 & 0 & 2 & 1 & 5 \\ 0 & 1 & 0 & 4 & 2 & 10 \\ 0 & 0 & 1 & -1 & 0 & -2 \end{pmatrix}.$$

则

$$\boldsymbol{\beta}_1 = 2\boldsymbol{\alpha}_1 + 4\boldsymbol{\alpha}_2 - \boldsymbol{\alpha}_3, \quad \boldsymbol{\beta}_2 = \boldsymbol{\alpha}_1 + 2\boldsymbol{\alpha}_2, \quad \boldsymbol{\beta}_3 = 5\boldsymbol{\alpha}_1 + 10\boldsymbol{\alpha}_2 - 2\boldsymbol{\alpha}_3.$$

例7 设 $m \times n$ 矩阵 $\boldsymbol{A}$ 与 $n \times m$ 矩阵 $\boldsymbol{B}$ 满足 $\boldsymbol{AB} = \boldsymbol{E}$,并且 $m < n$,求证 $\boldsymbol{B}$ 的列向量线性无关.

证明 由于 $R(\boldsymbol{B}) \leqslant \boldsymbol{B}$ 的列数 m,$R(\boldsymbol{B}) \geqslant R(\boldsymbol{AB}) = R(\boldsymbol{E}_m) = m$,则 $R(\boldsymbol{B}) = m = \boldsymbol{B}$ 的列数,所以 $\boldsymbol{B}$ 的列向量线性无关.

习 题 3.6

1. 求向量组

$$\boldsymbol{\alpha}_1 = \begin{pmatrix} 1 \\ 1 \\ 4 \end{pmatrix}, \quad \boldsymbol{\alpha}_2 = \begin{pmatrix} 1 \\ -1 \\ -2 \end{pmatrix}, \quad \boldsymbol{\alpha}_3 = \begin{pmatrix} 2 \\ 0 \\ 2 \end{pmatrix}, \quad \boldsymbol{\alpha}_4 = \begin{pmatrix} -1 \\ 2 \\ 5 \end{pmatrix}$$

的一组基底和维数.

2. 证明 $\boldsymbol{\alpha}_1 = \begin{pmatrix} 1 \\ 2 \\ 3 \end{pmatrix}, \boldsymbol{\alpha}_2 = \begin{pmatrix} -4 \\ 5 \\ 6 \end{pmatrix}, \boldsymbol{\alpha}_3 = \begin{pmatrix} 7 \\ -8 \\ 9 \end{pmatrix}$ 是 $\mathbf{R}^3$ 的一个基,求 $\boldsymbol{\beta} = \begin{pmatrix} 5 \\ -12 \\ 3 \end{pmatrix}$ 在这个基下的坐标.

3. 设 $\boldsymbol{\alpha}_1 = \begin{pmatrix} 1 \\ 1 \\ 0 \\ 1 \end{pmatrix}, \boldsymbol{\alpha}_2 = \begin{pmatrix} 2 \\ 1 \\ 3 \\ 1 \end{pmatrix}, \boldsymbol{\alpha}_3 = \begin{pmatrix} 1 \\ 1 \\ 0 \\ 0 \end{pmatrix}, \boldsymbol{\alpha}_4 = \begin{pmatrix} 0 \\ 1 \\ -1 \\ -1 \end{pmatrix}, \boldsymbol{\beta} = \begin{pmatrix} 0 \\ 0 \\ 0 \\ 1 \end{pmatrix}$.求 $\boldsymbol{\beta}$ 在基 $\boldsymbol{\alpha}_1, \boldsymbol{\alpha}_2, \boldsymbol{\alpha}_3, \boldsymbol{\alpha}_4$ 下的坐标.

4. 证明向量组 $\boldsymbol{\alpha}_1 = \begin{pmatrix} -2 \\ 1 \\ 3 \end{pmatrix}, \boldsymbol{\alpha}_2 = \begin{pmatrix} -1 \\ 0 \\ 1 \end{pmatrix}, \boldsymbol{\alpha}_3 = \begin{pmatrix} -2 \\ -5 \\ -1 \end{pmatrix}$ 与向量组 $\boldsymbol{\beta}_1 = \begin{pmatrix} 1 \\ 1 \\ 1 \end{pmatrix}, \boldsymbol{\beta}_2 = \begin{pmatrix} 1 \\ 2 \\ 3 \end{pmatrix}$,

$\boldsymbol{\beta}_3=\begin{pmatrix}2\\0\\1\end{pmatrix}$ 都是 $\mathbf{R}^3$ 的基,并求 $\boldsymbol{\alpha}_1,\boldsymbol{\alpha}_2,\boldsymbol{\alpha}_3$ 到 $\boldsymbol{\beta}_1,\boldsymbol{\beta}_2,\boldsymbol{\beta}_3$ 的过渡矩阵.

5. 设 $\boldsymbol{\alpha}_1,\boldsymbol{\alpha}_2,\boldsymbol{\alpha}_3$ 与 $\boldsymbol{\beta}_1,\boldsymbol{\beta}_2,\boldsymbol{\beta}_3$ 是 $\mathbf{R}^3$ 的两组基,且 $\boldsymbol{\beta}_1,\boldsymbol{\beta}_2,\boldsymbol{\beta}_3$ 到 $\boldsymbol{\alpha}_1,\boldsymbol{\alpha}_2,\boldsymbol{\alpha}_3$ 的过渡矩阵为 $\boldsymbol{P}=\begin{pmatrix}1&1&1\\1&1&0\\1&0&0\end{pmatrix}$,如果 $\boldsymbol{\alpha}$ 在 $\boldsymbol{\beta}_1,\boldsymbol{\beta}_2,\boldsymbol{\beta}_3$ 下的坐标为 $(2,-1,3)$,求 $\boldsymbol{\alpha}$ 在 $\boldsymbol{\alpha}_1,\boldsymbol{\alpha}_2,\boldsymbol{\alpha}_3$ 下的坐标.

自 测 题 三

1. 试问 k 取何值时,方程组有唯一解,无穷多解或无解?

(1) $\begin{cases}kx_1+x_2=k^2,\\x_1+kx_2=1;\end{cases}$　　(2) $\begin{cases}x_1+x_2-x_3=1,\\2x_1+(k+2)x_2-3x_3=3,\\3kx_2-(k+2)x_3=3.\end{cases}$

2. 求齐次线性方程组的通解和一个基础解系.

(1) $\begin{pmatrix}2&5&3&4\\3&4&2&6\\4&17&11&8\end{pmatrix}\begin{pmatrix}x_1\\x_2\\x_3\\x_4\end{pmatrix}=\begin{pmatrix}0\\0\\0\end{pmatrix}$;　　(2) $\begin{cases}x_1-x_2+5x_3-x_4=0,\\x_1+x_2-2x_3+3x_4=0,\\3x_1-x_2+8x_3+x_4=0,\\x_1+3x_2-9x_3+7x_4=0.\end{cases}$

3. 求线性方程组的通解.

(1) $\begin{cases}x_1+x_2-3x_3-x_4=0,\\3x_1-x_2-3x_3+4x_4=4,\\x_1+5x_2-9x_3-8x_4=-4;\end{cases}$　　(2) $\begin{cases}3x_1+2x_2+x_3=1,\\5x_1+3x_2+3x_3=2,\\7x_1+4x_2+5x_3=3,\\x_1+x_2-x_3=0.\end{cases}$

4. 判断向量组的线性相关性,若线性相关,求出其一个最大线性无关组.

(1) $\boldsymbol{\alpha}_1=\begin{pmatrix}0\\1\\2\end{pmatrix},\boldsymbol{\alpha}_2=\begin{pmatrix}1\\0\\-1\end{pmatrix},\boldsymbol{\alpha}_3=\begin{pmatrix}1\\1\\1\end{pmatrix}$;

(2) $\boldsymbol{\alpha}_1=\begin{pmatrix}3\\4\\-2\\5\end{pmatrix},\boldsymbol{\alpha}_2=\begin{pmatrix}2\\-5\\0\\-3\end{pmatrix},\boldsymbol{\alpha}_3=\begin{pmatrix}5\\0\\-1\\2\end{pmatrix},\boldsymbol{\alpha}_4=\begin{pmatrix}3\\3\\-3\\5\end{pmatrix}$.

5. 问 b 取何值时,向量 $\boldsymbol{\beta}=\begin{pmatrix}3\\7\\b\\2\end{pmatrix}$ 可由 $\boldsymbol{\alpha}_1=\begin{pmatrix}1\\2\\1\\1\end{pmatrix},\boldsymbol{\alpha}_2=\begin{pmatrix}1\\1\\1\\2\end{pmatrix}$ 线性表示?

6. 已知 $\boldsymbol{\alpha}_1=\begin{pmatrix}1\\4\\0\\2\end{pmatrix}$，$\boldsymbol{\alpha}_2=\begin{pmatrix}2\\7\\1\\3\end{pmatrix}$，$\boldsymbol{\alpha}_3=\begin{pmatrix}0\\1\\-1\\a\end{pmatrix}$，$\boldsymbol{\beta}=\begin{pmatrix}3\\10\\b\\4\end{pmatrix}$. 问：

(1) a，b 取何值时，$\boldsymbol{\beta}$ 不可由 $\boldsymbol{\alpha}_1$，$\boldsymbol{\alpha}_2$，$\boldsymbol{\alpha}_3$ 线性表示？

(2) a，b 取何值时，$\boldsymbol{\beta}$ 可由 $\boldsymbol{\alpha}_1$，$\boldsymbol{\alpha}_2$，$\boldsymbol{\alpha}_3$ 线性表示？并写出此线性表示式.

7. 设 x_1，x_2，x_3 为互不相同的 3 个数，试证向量组 $\boldsymbol{\alpha}_1=\begin{pmatrix}1\\x_1\\x_1^2\end{pmatrix}$，$\boldsymbol{\alpha}_2=\begin{pmatrix}1\\x_2\\x_2^2\end{pmatrix}$，$\boldsymbol{\alpha}_3=\begin{pmatrix}1\\x_3\\x_3^2\end{pmatrix}$ 线性无关.

8. 问 b 取何值时，向量组 $\boldsymbol{\alpha}_1=\begin{pmatrix}1\\b\\1\end{pmatrix}$，$\boldsymbol{\alpha}_2=\begin{pmatrix}1\\1\\1\end{pmatrix}$，$\boldsymbol{\alpha}_3=\begin{pmatrix}3\\7\\b\end{pmatrix}$ 线性相关？

9. 设向量组 $\boldsymbol{\alpha}_1$，$\boldsymbol{\alpha}_2$，$\boldsymbol{\alpha}_3$ 线性无关，又 $\boldsymbol{\beta}_1=\boldsymbol{\alpha}_1-\boldsymbol{\alpha}_2$，$\boldsymbol{\beta}_2=\boldsymbol{\alpha}_2-\boldsymbol{\alpha}_3$，$\boldsymbol{\beta}_3=\boldsymbol{\alpha}_3-\boldsymbol{\alpha}_1$，讨论向量组 $\boldsymbol{\beta}_1$，$\boldsymbol{\beta}_2$，$\boldsymbol{\beta}_3$ 的线性相关性.

10. 设向量组 $\boldsymbol{\alpha}_1$，$\boldsymbol{\alpha}_2$，$\boldsymbol{\alpha}_3$ 线性无关，证明向量组 $\boldsymbol{\beta}_1=2\boldsymbol{\alpha}_1+\boldsymbol{\alpha}_2$，$\boldsymbol{\beta}_2=\boldsymbol{\alpha}_2+5\boldsymbol{\alpha}_3$，$\boldsymbol{\beta}_3=4\boldsymbol{\alpha}_3+3\boldsymbol{\alpha}_1$ 也线性无关.

11. 设有一个四元非齐次线性方程组 $\boldsymbol{Ax}=\boldsymbol{B}$，$R(\boldsymbol{A})=3$，$\boldsymbol{\alpha}_1$，$\boldsymbol{\alpha}_2$，$\boldsymbol{\alpha}_3$ 为其解向量，且 $\boldsymbol{\alpha}_1=\begin{pmatrix}1\\9\\9\\7\end{pmatrix}$，$\boldsymbol{\alpha}_2+\boldsymbol{\alpha}_3=\begin{pmatrix}1\\9\\9\\8\end{pmatrix}$，求此方程的一般解.

12. 求由向量组 $\boldsymbol{\alpha}_1=\begin{pmatrix}1\\1\\1\end{pmatrix}$，$\boldsymbol{\alpha}_2=\begin{pmatrix}1\\0\\-1\end{pmatrix}$，$\boldsymbol{\alpha}_3=\begin{pmatrix}1\\0\\1\end{pmatrix}$ 到向量组 $\boldsymbol{\beta}_1=\begin{pmatrix}1\\2\\1\end{pmatrix}$，$\boldsymbol{\beta}_2=\begin{pmatrix}2\\3\\4\end{pmatrix}$，$\boldsymbol{\beta}_3=\begin{pmatrix}3\\4\\3\end{pmatrix}$ 的过渡矩阵.

第四章　相似矩阵与二次型

本章将对矩阵作更深入的研究，其中介绍正交阵及方阵的特征值和特征向量；同时还要讨论两个方阵之间的另一种关系——相似关系；线性变换的矩阵为对角矩阵的充要条件；从而进一步讨论二次型及其标准形.

§4.1　向量的内积与正交

一、向量的内积

两个几何向量的点积（内积、数量积）定义为

$$\boldsymbol{\alpha}\cdot\boldsymbol{\beta}=|\boldsymbol{\alpha}||\boldsymbol{\beta}|\cos(\widehat{\boldsymbol{\alpha},\boldsymbol{\beta}}).$$

其中 $|\boldsymbol{\alpha}|$，$|\boldsymbol{\beta}|$ 分别为向量 $\boldsymbol{\alpha}$，$\boldsymbol{\beta}$ 的长度.

若 $\boldsymbol{\alpha}=a_x\boldsymbol{i}+a_y\boldsymbol{j}+a_z\boldsymbol{k}$，$\boldsymbol{\beta}=b_x\boldsymbol{i}+b_y\boldsymbol{j}+b_z\boldsymbol{k}$，则

$$|\boldsymbol{\alpha}|=\sqrt{\boldsymbol{\alpha}\cdot\boldsymbol{\alpha}}=\sqrt{a_x^2+a_y^2+a_z^2};\quad |\boldsymbol{\beta}|=\sqrt{\boldsymbol{\beta}\cdot\boldsymbol{\beta}}=\sqrt{b_x^2+b_y^2+b_z^2}.$$

向量的点积可以由向量的坐标计算得到

$$\boldsymbol{\alpha}\cdot\boldsymbol{\beta}=a_xb_x+a_yb_y+a_zb_z.$$

当 $\boldsymbol{\alpha}$，$\boldsymbol{\beta}$ 均为非零向量时，两向量的夹角

$$\theta=(\widehat{\boldsymbol{\alpha},\boldsymbol{\beta}})=\arccos\frac{\boldsymbol{\alpha}\cdot\boldsymbol{\beta}}{|\boldsymbol{\alpha}||\boldsymbol{\beta}|}\quad(0\leqslant\theta\leqslant\pi).$$

把这些概念推广到向量空间 $\mathbf{R}^n$ 中去.

定义 1　在 n 维向量空间 $\mathbf{R}^n$ 中，设向量 $\boldsymbol{\alpha}=(a_1,a_2,\cdots,a_n)^{\mathrm{T}}$，$\boldsymbol{\beta}=(b_1,b_2,\cdots,b_n)^{\mathrm{T}}$，则称

$$[\boldsymbol{\alpha},\boldsymbol{\beta}]=\boldsymbol{\alpha}^{\mathrm{T}}\boldsymbol{\beta}=(a_1,a_2,\cdots,a_n)\begin{pmatrix}b_1\\b_2\\\vdots\\b_n\end{pmatrix}=a_1b_1+a_2b_2+\cdots+a_nb_n$$

为向量 $\boldsymbol{\alpha}$ 与 $\boldsymbol{\beta}$ 的内积.

定义了内积的向量空间 $\mathbf{R}^n$ 称为**欧氏空间**.

性质 设 $\boldsymbol{\alpha}, \boldsymbol{\beta}, \boldsymbol{\gamma}$ 都是 n 维向量,k 为实数,则有

(1) $[\boldsymbol{\alpha}, \boldsymbol{\beta}] = [\boldsymbol{\beta}, \boldsymbol{\alpha}]$;

(2) $[k\boldsymbol{\alpha}, \boldsymbol{\beta}] = k[\boldsymbol{\alpha}, \boldsymbol{\beta}]$;

(3) $[\boldsymbol{\alpha}+\boldsymbol{\beta}, \boldsymbol{\gamma}] = [\boldsymbol{\alpha}, \boldsymbol{\gamma}]+[\boldsymbol{\beta}, \boldsymbol{\gamma}]$;

证明 $[\boldsymbol{\alpha}+\boldsymbol{\beta}, \boldsymbol{\gamma}] = (\boldsymbol{\alpha}+\boldsymbol{\beta})^{\mathrm{T}}\boldsymbol{\gamma} = (\boldsymbol{\alpha}^{\mathrm{T}}+\boldsymbol{\beta}^{\mathrm{T}})\boldsymbol{\gamma} = \boldsymbol{\alpha}^{\mathrm{T}}\boldsymbol{\gamma}+\boldsymbol{\beta}^{\mathrm{T}}\boldsymbol{\gamma} = [\boldsymbol{\alpha}, \boldsymbol{\gamma}]+[\boldsymbol{\beta}, \boldsymbol{\gamma}]$.

(4) $[\boldsymbol{\alpha}, \boldsymbol{\alpha}] \geqslant 0$,且$[\boldsymbol{\alpha}, \boldsymbol{\alpha}] = 0$ 的充分必要条件是 $\boldsymbol{\alpha} = \mathbf{0}$.

定义 2 设 $\boldsymbol{\alpha} = (a_1, a_2, \cdots, a_n)^{\mathrm{T}}$,称

$$\|\boldsymbol{\alpha}\| = \sqrt{(\boldsymbol{\alpha}, \boldsymbol{\alpha})} = \sqrt{a_1^2+a_2^2+\cdots+a_n^2}$$

为向量 $\boldsymbol{\alpha}$ 的**长度**(也称为**模或范数**). 当 $\|\boldsymbol{\alpha}\| = 1$ 时,称 $\boldsymbol{\alpha}$ 为**单位向量**. 容易看出,任一 n 维非零向量 $\boldsymbol{\alpha}$,$\dfrac{\boldsymbol{\alpha}}{\|\boldsymbol{\alpha}\|}$ 是与 $\boldsymbol{\alpha}$ 平行的单位向量.

例 1 对于 $\forall \boldsymbol{\alpha} \in \mathbf{R}^n (\boldsymbol{\alpha} \neq 0)$,证明$\left\|\dfrac{\boldsymbol{\alpha}}{\|\boldsymbol{\alpha}\|}\right\| = 1$.

证明 $\left\|\dfrac{\boldsymbol{\alpha}}{\|\boldsymbol{\alpha}\|}\right\|^2 = \left[\dfrac{\boldsymbol{\alpha}}{\|\boldsymbol{\alpha}\|}, \dfrac{\boldsymbol{\alpha}}{\|\boldsymbol{\alpha}\|}\right] = \dfrac{1}{\|\boldsymbol{\alpha}\|^2}[\boldsymbol{\alpha}, \boldsymbol{\alpha}] = \dfrac{\|\boldsymbol{\alpha}\|^2}{\|\boldsymbol{\alpha}\|^2} = 1$.

称$\dfrac{\boldsymbol{\alpha}}{\|\boldsymbol{\alpha}\|}$为 $\boldsymbol{\alpha}$ 的单位化(规范化)向量.

定义 3 设 $\boldsymbol{\alpha}, \boldsymbol{\beta}$ 都是 n 维向量,当$[\boldsymbol{\alpha}, \boldsymbol{\beta}] = 0$ 时,称 $\boldsymbol{\alpha}$ 与 $\boldsymbol{\beta}$ **正交**.

显然,若 $\boldsymbol{\alpha} = \mathbf{0}$,那么 $\boldsymbol{\alpha}$ 与任何向量都正交.

二、正交向量组

定义 4 设 $\boldsymbol{\alpha}_1, \boldsymbol{\alpha}_2, \cdots, \boldsymbol{\alpha}_m (m \leqslant n)$ 是一个不含零向量的 n 维向量组,如果其中任意两个不同向量都是正交的,即

$$[\boldsymbol{\alpha}_i, \boldsymbol{\alpha}_j] = 0 \quad (i \neq j;\ i, j = 1, 2, \cdots, m).$$

称该向量组为**正交向量组**.

仅含一个非零向量的向量组也称为正交向量组.

定理 1 $\mathbf{R}^n$ 中两两正交的 n 维非零向量组 $\boldsymbol{\alpha}_1, \boldsymbol{\alpha}_2, \cdots, \boldsymbol{\alpha}_m (m \leqslant n)$ 一定线性无关.

证明 设存在一组数 $x_1, x_2, \cdots, x_m$,使得

$$x_1\boldsymbol{\alpha}_1+x_2\boldsymbol{\alpha}_2+\cdots+x_m\boldsymbol{\alpha}_m = \mathbf{0}.$$

两边与 $\boldsymbol{\alpha}_k$ 作内积，有

$$x_1[\boldsymbol{\alpha}_1, \boldsymbol{\alpha}_k]+\cdots+x_i[\boldsymbol{\alpha}_i, \boldsymbol{\alpha}_k]+\cdots+x_m[\boldsymbol{\alpha}_m, \boldsymbol{\alpha}_k]=[\mathbf{0}, \boldsymbol{\alpha}_k].$$

当 $i\neq k$ 时，$[\boldsymbol{\alpha}_i, \boldsymbol{\alpha}_k]=0$；当 $i=k$ 时，$[\boldsymbol{\alpha}_i, \boldsymbol{\alpha}_k]\neq 0$. 同时$[\mathbf{0}, \boldsymbol{\alpha}_k]=0$，则有 $x_k[\boldsymbol{\alpha}_k, \boldsymbol{\alpha}_k]=0$，得 $x_k=0\ (k=1, 2, \cdots, m)$. 故 $\boldsymbol{\alpha}_1, \boldsymbol{\alpha}_2, \cdots, \boldsymbol{\alpha}_m$ 线性无关.

说明 正交向量组是线性无关的向量组，但线性无关的向量组却不一定是正交向量组.

例如，$\boldsymbol{\alpha}_1=\begin{pmatrix}1\\0\\0\end{pmatrix}$，$\boldsymbol{\alpha}_2=\begin{pmatrix}1\\1\\0\end{pmatrix}$，$\boldsymbol{\alpha}_3=\begin{pmatrix}1\\1\\1\end{pmatrix}$是线性无关的向量组，但是由于

$$[\boldsymbol{\alpha}_1, \boldsymbol{\alpha}_2]=1,\quad [\boldsymbol{\alpha}_2, \boldsymbol{\alpha}_3]=2,\quad [\boldsymbol{\alpha}_1, \boldsymbol{\alpha}_3]=1,$$

因此，它不是正交向量组.

例 2 已知 $\boldsymbol{\alpha}_1=\begin{pmatrix}1\\1\\-1\\1\end{pmatrix}$，$\boldsymbol{\alpha}_2=\begin{pmatrix}1\\-1\\1\\1\end{pmatrix}$，$\boldsymbol{\alpha}_3=\begin{pmatrix}1\\1\\1\\1\end{pmatrix}$，求与 $\boldsymbol{\alpha}_1, \boldsymbol{\alpha}_2, \boldsymbol{\alpha}_3$ 都正交的单位向量.

解 设所求的向量为 $\boldsymbol{x}=\begin{pmatrix}x_1\\x_2\\x_3\\x_4\end{pmatrix}$，根据题意有

$$\begin{cases}[\boldsymbol{x}, \boldsymbol{\alpha}_1]=0,\\ [\boldsymbol{x}, \boldsymbol{\alpha}_2]=0,\\ [\boldsymbol{x}, \boldsymbol{\alpha}_3]=0,\end{cases}\quad 即 \quad \begin{cases}x_1+x_2-x_3+x_4=0,\\ x_1-x_2+x_3+x_4=0,\\ x_1+x_2+x_3+x_4=0.\end{cases}$$

解此方程组得，基础解系 $\boldsymbol{\xi}=\begin{pmatrix}1\\0\\0\\-1\end{pmatrix}$，

单位化得 $\boldsymbol{x}=\pm\dfrac{1}{\sqrt{2}}\begin{pmatrix}1\\0\\0\\-1\end{pmatrix}$为所求的向量.

定义 5　在欧氏空间 $\mathbf{R}^n$ 中,若 $\boldsymbol{\alpha}_1, \boldsymbol{\alpha}_2, \cdots, \boldsymbol{\alpha}_n$ 满足:

$$[\boldsymbol{\alpha}_i, \boldsymbol{\alpha}_j]=\begin{cases}1, & i=j,\\ 0, & i\neq j,\end{cases}$$

则称向量组 $\boldsymbol{\alpha}_1, \boldsymbol{\alpha}_2, \cdots, \boldsymbol{\alpha}_n$ 是**两两正交的单位向量组**.

例如,在 $\mathbf{R}^3$ 中,$\boldsymbol{\xi}_1=\dfrac{1}{\sqrt{2}}\begin{pmatrix}1\\-1\\0\end{pmatrix}$, $\boldsymbol{\xi}_2=\dfrac{1}{\sqrt{3}}\begin{pmatrix}1\\1\\1\end{pmatrix}$, $\boldsymbol{\xi}_3=\dfrac{1}{\sqrt{6}}\begin{pmatrix}1\\1\\-2\end{pmatrix}$; $\boldsymbol{i}=\begin{pmatrix}1\\0\\0\end{pmatrix}$, $\boldsymbol{j}=\begin{pmatrix}0\\1\\0\end{pmatrix}$, $\boldsymbol{k}\begin{pmatrix}0\\0\\1\end{pmatrix}$都是两两正交的单位向量组.

下面将介绍由线性无关向量组出发构造一个与其等价的正交单位向量组的方法.

设在 $\mathbf{R}^3$ 中,$\boldsymbol{\alpha}_1, \boldsymbol{\alpha}_2, \boldsymbol{\alpha}_3$ 为线性无关向量组,先取 $\boldsymbol{\beta}_1=\boldsymbol{\alpha}_1$. 令 $\boldsymbol{\beta}_2=\boldsymbol{\alpha}_2+k\boldsymbol{\beta}_1$,使 $[\boldsymbol{\beta}_2, \boldsymbol{\beta}_1]=0$. 即

$$[\boldsymbol{\alpha}_2+k\boldsymbol{\beta}_1, \boldsymbol{\beta}_1]=0,$$

有

$$[\boldsymbol{\alpha}_2, \boldsymbol{\beta}_1]+k[\boldsymbol{\beta}_1, \boldsymbol{\beta}_1]=0.$$

由于 $\boldsymbol{\beta}_1\neq\mathbf{0}$,解得 $k=-\dfrac{[\boldsymbol{\alpha}_2, \boldsymbol{\beta}_1]}{[\boldsymbol{\beta}_1, \boldsymbol{\beta}_1]}$. 则 $\boldsymbol{\beta}_2=\boldsymbol{\alpha}_2-\dfrac{[\boldsymbol{\alpha}_2, \boldsymbol{\beta}_1]}{[\boldsymbol{\beta}_1, \boldsymbol{\beta}_1]}\boldsymbol{\beta}_1$,由于 $\boldsymbol{\alpha}_1, \boldsymbol{\alpha}_2$ 线性无关,则 $\boldsymbol{\beta}_2\neq\mathbf{0}$.

令 $\boldsymbol{\beta}_3=\boldsymbol{\alpha}_3+k_1\boldsymbol{\beta}_1+k_2\boldsymbol{\beta}_2$,使得$[\boldsymbol{\beta}_3, \boldsymbol{\beta}_1]=0$, $[\boldsymbol{\beta}_3, \boldsymbol{\beta}_2]=0$. 解得

$$k_1=-\frac{[\boldsymbol{\alpha}_3, \boldsymbol{\beta}_1]}{[\boldsymbol{\beta}_1, \boldsymbol{\beta}_1]},\quad k_2=-\frac{[\boldsymbol{\alpha}_3, \boldsymbol{\beta}_2]}{[\boldsymbol{\beta}_2, \boldsymbol{\beta}_2]},$$

$$\boldsymbol{\beta}_3=\boldsymbol{\alpha}_3-\frac{[\boldsymbol{\alpha}_3, \boldsymbol{\beta}_1]}{[\boldsymbol{\beta}_1, \boldsymbol{\beta}_1]}\boldsymbol{\beta}_1-\frac{[(\boldsymbol{\alpha}_3, \boldsymbol{\beta}_2]}{[\boldsymbol{\beta}_2, \boldsymbol{\beta}_2]}\boldsymbol{\beta}_2,$$

$\boldsymbol{\beta}_1, \boldsymbol{\beta}_2, \boldsymbol{\beta}_3$ 就是 $\mathbf{R}^3$ 的一组正交向量组. 利用数学归纳法可以证明.

定理 2　设 $\boldsymbol{\alpha}_1, \boldsymbol{\alpha}_2, \cdots, \boldsymbol{\alpha}_m$ 是一组线性无关向量组,令

$\boldsymbol{\beta}_1=\boldsymbol{\alpha}_1$;

$\boldsymbol{\beta}_2=\boldsymbol{\alpha}_2-\dfrac{[\boldsymbol{\alpha}_2, \boldsymbol{\beta}_1]}{[\boldsymbol{\beta}_1, \boldsymbol{\beta}_1]}\boldsymbol{\beta}_1$;

$\vdots$

$$\boldsymbol{\beta}_m=\boldsymbol{\alpha}_m-\frac{[\boldsymbol{\alpha}_m,\boldsymbol{\beta}_1]}{[\boldsymbol{\beta}_1,\boldsymbol{\beta}_1]}\boldsymbol{\beta}_1-\frac{[\boldsymbol{\alpha}_m,\boldsymbol{\beta}_2]}{[\boldsymbol{\beta}_2,\boldsymbol{\beta}_2]}\boldsymbol{\beta}_2-\cdots-\frac{[\boldsymbol{\alpha}_m,\boldsymbol{\beta}_{m-1}]}{[\boldsymbol{\beta}_{m-1},\boldsymbol{\beta}_{m-1}]}\boldsymbol{\beta}_{m-1}.$$

则 $\boldsymbol{\beta}_1, \boldsymbol{\beta}_2, \cdots, \boldsymbol{\beta}_m$ 是正交向量组,可以证明 $\boldsymbol{\beta}_1, \boldsymbol{\beta}_2, \cdots, \boldsymbol{\beta}_m$ 与 $\boldsymbol{\alpha}_1, \boldsymbol{\alpha}_2, \cdots, \boldsymbol{\alpha}_m$ 等价.

以上从线性无关向量组出发构造正交向量组的方法称为**施密特正交化过程**.

再将 $\boldsymbol{\beta}_1, \boldsymbol{\beta}_2, \cdots, \boldsymbol{\beta}_m$ 单位化,得 $\boldsymbol{p}_k=\dfrac{\boldsymbol{\beta}_k}{\|\boldsymbol{\beta}_k\|}(k=1,2,\cdots,m)$. 即得两两正交的单位向量组 $\boldsymbol{p}_1, \boldsymbol{p}_2, \cdots, \boldsymbol{p}_m$.

例 3 试用施密特正交化法求与线性无关的向量组 $\boldsymbol{\alpha}_1=\begin{pmatrix}1\\2\\-1\end{pmatrix}$, $\boldsymbol{\alpha}_2=\begin{pmatrix}-1\\3\\1\end{pmatrix}$, $\boldsymbol{\alpha}_3=\begin{pmatrix}4\\-1\\0\end{pmatrix}$等价的正交、单位向量组.

解 取 $\boldsymbol{\beta}_1=\boldsymbol{\alpha}_1=\begin{pmatrix}1\\2\\-1\end{pmatrix}$,

$$\boldsymbol{\beta}_2=\boldsymbol{\alpha}_2-\frac{[\boldsymbol{\alpha}_2,\boldsymbol{\beta}_1]}{[\boldsymbol{\beta}_1,\boldsymbol{\beta}_1]}\boldsymbol{\beta}_1=\begin{pmatrix}-1\\3\\1\end{pmatrix}-\frac{4}{6}\begin{pmatrix}1\\2\\-1\end{pmatrix}=\frac{5}{3}\begin{pmatrix}-1\\1\\1\end{pmatrix},$$

$$\begin{aligned}\boldsymbol{\beta}_3&=\boldsymbol{\alpha}_3-\frac{[\boldsymbol{\alpha}_3,\boldsymbol{\beta}_1]}{[\boldsymbol{\beta}_1,\boldsymbol{\beta}_1]}\boldsymbol{\beta}_1-\frac{[\boldsymbol{\alpha}_3,\boldsymbol{\beta}_2]}{[\boldsymbol{\beta}_2,\boldsymbol{\beta}_2]}\boldsymbol{\beta}_2\\&=\begin{pmatrix}4\\-1\\0\end{pmatrix}-\frac{2}{6}\begin{pmatrix}1\\2\\-1\end{pmatrix}-\frac{-\frac{25}{3}}{\frac{25}{3}}\cdot\frac{5}{3}\begin{pmatrix}-1\\1\\1\end{pmatrix}=\begin{pmatrix}2\\0\\2\end{pmatrix}.\end{aligned}$$

再分别将 $\boldsymbol{\beta}_1, \boldsymbol{\beta}_2, \boldsymbol{\beta}_3$ 单位化,得

$$\|\boldsymbol{\beta}_1\|=\sqrt{6},\quad \|\boldsymbol{\beta}_2\|=\frac{5}{\sqrt{3}},\quad \|\boldsymbol{\beta}_3\|=2\sqrt{2};$$

$$\boldsymbol{p}_1=\frac{\boldsymbol{\beta}_1}{\|\boldsymbol{\beta}_1\|}=\frac{1}{\sqrt{6}}\begin{pmatrix}1\\2\\-1\end{pmatrix},\quad \boldsymbol{p}_2=\frac{\boldsymbol{\beta}_2}{\|\boldsymbol{\beta}_2\|}=\frac{1}{\sqrt{3}}\begin{pmatrix}-1\\1\\1\end{pmatrix},\quad \boldsymbol{p}_3=\frac{\boldsymbol{\beta}_3}{\|\boldsymbol{\beta}_3\|}=\frac{1}{\sqrt{2}}\begin{pmatrix}1\\0\\1\end{pmatrix}.$$

注意 在本例的计算过程中,$\boldsymbol{\beta}_2$ 的分量是分数,为了计算方便 ,我们也可以

取$\overline{\boldsymbol{\beta}_2}=\begin{pmatrix}-1\\1\\1\end{pmatrix}$来代替$\boldsymbol{\beta}_2=\dfrac{5}{3}\begin{pmatrix}-1\\1\\1\end{pmatrix}$. 此时,$\boldsymbol{\beta}_1$与$\overline{\boldsymbol{\beta}_2}$仍正交,再令

$$\boldsymbol{\beta}_3=\boldsymbol{\alpha}_3-\frac{[\boldsymbol{\alpha}_3,\boldsymbol{\beta}_1]}{[\boldsymbol{\beta}_1,\boldsymbol{\beta}_1]}\boldsymbol{\beta}_1-\frac{[\boldsymbol{\alpha}_3,\bar{\boldsymbol{\beta}}_2]}{[\bar{\boldsymbol{\beta}}_2,\bar{\boldsymbol{\beta}}_2]}\bar{\boldsymbol{\beta}}_2$$

$$=\begin{pmatrix}4\\-1\\0\end{pmatrix}-\frac{1}{3}\begin{pmatrix}1\\2\\-1\end{pmatrix}+\frac{5}{3}\begin{pmatrix}-1\\1\\1\end{pmatrix}=\begin{pmatrix}2\\0\\2\end{pmatrix}=2\begin{pmatrix}1\\0\\1\end{pmatrix}=2\overline{\boldsymbol{\beta}_3}.$$

然后再将$\boldsymbol{\beta}_1$, $\bar{\boldsymbol{\beta}}_2$, $\bar{\boldsymbol{\beta}}_3$ 单位化,得与$\boldsymbol{\alpha}_1$, $\boldsymbol{\alpha}_2$, $\boldsymbol{\alpha}_3$ 等价的正交的单位向量组 $\boldsymbol{p}_1$, $\boldsymbol{p}_2$, $\boldsymbol{p}_3$.

三、正交矩阵

定义 6 $\boldsymbol{A}$ 是 n 阶方阵且满足$\boldsymbol{A}^{\mathrm{T}}\boldsymbol{A}=\boldsymbol{E}$,则称$\boldsymbol{A}$是**正交矩阵**,简称**正交阵**.

由定义可以得出,n 阶方阵$\boldsymbol{A}$ 是正交矩阵 $\Longleftrightarrow$ $\boldsymbol{A}^{\mathrm{T}}\boldsymbol{A}=\boldsymbol{E}_n$ $\Longleftrightarrow$ $\boldsymbol{A}^{-1}$ 存在,且$\boldsymbol{A}^{-1}=\boldsymbol{A}^{\mathrm{T}}\Longleftrightarrow\boldsymbol{A}\boldsymbol{A}^{\mathrm{T}}=\boldsymbol{E}_n$.

正交矩阵有下列性质:

(1) 若$\boldsymbol{A}$是正交矩阵, 则 $|\boldsymbol{A}|=1$ 或 $|\boldsymbol{A}|=-1$;

(2) 若$\boldsymbol{A}$, $\boldsymbol{B}$ 是n 阶正交矩阵,则$\boldsymbol{AB}$为正交矩阵;

(3) 若$\boldsymbol{A}$是正交矩阵,则$\boldsymbol{A}^{-1}$和$\boldsymbol{A}^*$为正交矩阵.

证明 (1) 因为$\boldsymbol{A}^{\mathrm{T}}\boldsymbol{A}=\boldsymbol{E}$,则$|\boldsymbol{A}^{\mathrm{T}}\boldsymbol{A}|=|\boldsymbol{A}^{\mathrm{T}}||\boldsymbol{A}|=|\boldsymbol{A}|^2=1$, $|\boldsymbol{A}|=\pm1$.

(2) 因为$\boldsymbol{A}$, $\boldsymbol{B}$ 都是正交矩阵, 则$\boldsymbol{A}^{\mathrm{T}}=\boldsymbol{A}^{-1}$, $\boldsymbol{B}^{\mathrm{T}}=\boldsymbol{B}^{-1}$, $\boldsymbol{A}^{\mathrm{T}}\boldsymbol{A}=\boldsymbol{E}$, $\boldsymbol{B}^{\mathrm{T}}\boldsymbol{B}=\boldsymbol{E}$. 有$(\boldsymbol{AB})^{\mathrm{T}}(\boldsymbol{AB})=(\boldsymbol{B}^{\mathrm{T}}\boldsymbol{A}^{\mathrm{T}})(\boldsymbol{AB})=\boldsymbol{B}^{\mathrm{T}}(\boldsymbol{A}^{\mathrm{T}}\boldsymbol{A})\boldsymbol{B}=\boldsymbol{E}$.

(3) 因为$\boldsymbol{A}$ 可逆, 所以$(\boldsymbol{A}^{-1})^{\mathrm{T}}\boldsymbol{A}^{-1}=(\boldsymbol{A}^{\mathrm{T}})^{-1}\boldsymbol{A}^{-1}=(\boldsymbol{A}\boldsymbol{A}^{\mathrm{T}})^{-1}=\boldsymbol{E}$; $\boldsymbol{A}^{-1}=\dfrac{1}{|\boldsymbol{A}|}\boldsymbol{A}^*$,有$\boldsymbol{A}^*=|\boldsymbol{A}|\boldsymbol{A}^{-1}=|\boldsymbol{A}|\boldsymbol{A}^{\mathrm{T}}$, 从而

$$\boldsymbol{A}^{*\mathrm{T}}\boldsymbol{A}^*=|\boldsymbol{A}|(\boldsymbol{A}^{\mathrm{T}})^{\mathrm{T}}\cdot|\boldsymbol{A}|\boldsymbol{A}^{\mathrm{T}}=|\boldsymbol{A}|^2\boldsymbol{A}\boldsymbol{A}^{\mathrm{T}}=\boldsymbol{E}.$$

例 4 试证矩阵$\boldsymbol{A}=\begin{pmatrix}\cos\theta&-\sin\theta\\\sin\theta&\cos\theta\end{pmatrix}$为正交矩阵.

证明 因为$\boldsymbol{A}^{\mathrm{T}}\boldsymbol{A}=\begin{pmatrix}\cos\theta&\sin\theta\\-\sin\theta&\cos\theta\end{pmatrix}\begin{pmatrix}\cos\theta&-\sin\theta\\\sin\theta&\cos\theta\end{pmatrix}=\begin{pmatrix}1&0\\0&1\end{pmatrix}=\boldsymbol{E}$.

$$\boldsymbol{A}\boldsymbol{A}^{\mathrm{T}}=\begin{pmatrix}\cos\theta&-\sin\theta\\\sin\theta&\cos\theta\end{pmatrix}\begin{pmatrix}\cos\theta&\sin\theta\\-\sin\theta&\cos\theta\end{pmatrix}=\begin{pmatrix}1&0\\0&1\end{pmatrix}=\boldsymbol{E}.$$

所以 $\boldsymbol{A}$ 为正交矩阵.

定理 3 设 $\boldsymbol{A}=\begin{pmatrix}a_{11} & a_{12} & \cdots & a_{1n}\\ a_{21} & a_{22} & \cdots & a_{2n}\\ \vdots & \vdots & & \vdots\\ a_{n1} & a_{n2} & \cdots & a_{nn}\end{pmatrix}$是正交矩阵，则其列向量组

$$\boldsymbol{\alpha}_1=\begin{pmatrix}a_{11}\\ a_{21}\\ \vdots\\ a_{n1}\end{pmatrix},\quad \boldsymbol{\alpha}_2=\begin{pmatrix}a_{12}\\ a_{22}\\ \vdots\\ a_{n2}\end{pmatrix},\quad \cdots,\quad \boldsymbol{\alpha}_n=\begin{pmatrix}a_{1n}\\ a_{2n}\\ \vdots\\ a_{nn}\end{pmatrix}$$

均是单位正交向量组.

证明 因为 $\boldsymbol{A}$ 为正交矩阵，所以

$$\boldsymbol{A}^{\mathrm{T}}\boldsymbol{A}=\begin{pmatrix}\boldsymbol{\alpha}_1^{\mathrm{T}}\\ \boldsymbol{\alpha}_2^{\mathrm{T}}\\ \vdots\\ \boldsymbol{\alpha}_n^{\mathrm{T}}\end{pmatrix}(\boldsymbol{\alpha}_1,\boldsymbol{\alpha}_2,\cdots,\boldsymbol{\alpha}_n)=\begin{pmatrix}\boldsymbol{\alpha}_1^{\mathrm{T}}\boldsymbol{\alpha}_1 & \boldsymbol{\alpha}_1^{\mathrm{T}}\boldsymbol{\alpha}_2 & \cdots & \boldsymbol{\alpha}_1^{\mathrm{T}}\boldsymbol{\alpha}_n\\ \boldsymbol{\alpha}_2^{\mathrm{T}}\boldsymbol{\alpha}_1 & \boldsymbol{\alpha}_2^{\mathrm{T}}\boldsymbol{\alpha}_2 & \cdots & \boldsymbol{\alpha}_2^{\mathrm{T}}\boldsymbol{\alpha}_n\\ \vdots & \vdots & & \vdots\\ \boldsymbol{\alpha}_n^{\mathrm{T}}\boldsymbol{\alpha}_1 & \boldsymbol{\alpha}_n^{\mathrm{T}}\boldsymbol{\alpha}_2 & \cdots & \boldsymbol{\alpha}_n^{\mathrm{T}}\boldsymbol{\alpha}_n\end{pmatrix}=\boldsymbol{E}.$$

即 $\boldsymbol{A}$ 的 n 个列向量满足

$$\boldsymbol{\alpha}_i^{\mathrm{T}}\boldsymbol{\alpha}_j=\begin{cases}1, & i=j,\\ 0, & i\neq j\end{cases}\quad (i,\ j=1,\ 2,\ \cdots,\ n).$$

即 $\boldsymbol{A}$ 的 n 个列向量 $\boldsymbol{\alpha}_1,\boldsymbol{\alpha}_2,\cdots,\boldsymbol{\alpha}_n$ 为单位正交向量组.

考虑到 $\boldsymbol{A}^{\mathrm{T}}\boldsymbol{A}=\boldsymbol{E}$ 与 $\boldsymbol{A}\boldsymbol{A}^{\mathrm{T}}=\boldsymbol{E}$ 等价，所以上述结论对 $\boldsymbol{A}$ 的行向量亦成立.

此定理告诉我们：若 $\boldsymbol{A}$ 为正交矩阵，则其每一列，每一行均为单位向量，且两个不同列(行)的列(行)向量内积为零，即 $\boldsymbol{A}$ 是正交矩阵的充分必要条件是 $\boldsymbol{A}$ 的 n 个列(行)向量均是单位正交向量组.

例如，方阵 $\boldsymbol{A}=\begin{pmatrix}-\frac{1}{\sqrt{2}} & \frac{1}{\sqrt{3}} & \frac{1}{\sqrt{6}}\\ \frac{1}{\sqrt{2}} & \frac{1}{\sqrt{3}} & \frac{1}{\sqrt{6}}\\ 0 & \frac{1}{\sqrt{3}} & -\frac{2}{\sqrt{6}}\end{pmatrix}$.

令 $\boldsymbol{\alpha}_1=\frac{1}{\sqrt{2}}\begin{pmatrix}-1\\1\\0\end{pmatrix}$, $\boldsymbol{\alpha}_2=\frac{1}{\sqrt{3}}\begin{pmatrix}1\\1\\1\end{pmatrix}$, $\boldsymbol{\alpha}_3=\frac{1}{\sqrt{6}}\begin{pmatrix}1\\1\\-2\end{pmatrix}$.

则 $\boldsymbol{A}=(\boldsymbol{\alpha}_1,\boldsymbol{\alpha}_2,\boldsymbol{\alpha}_3)$,可见 $\|\boldsymbol{\alpha}_1\|=1$, $\|\boldsymbol{\alpha}_2\|=1$, $\|\boldsymbol{\alpha}_3\|=1$. 且$[\boldsymbol{\alpha}_1,\boldsymbol{\alpha}_2]=0$, $[\boldsymbol{\alpha}_1,\boldsymbol{\alpha}_3]=0$, $[\boldsymbol{\alpha}_2,\boldsymbol{\alpha}_3]=0$. 则 $\boldsymbol{A}$ 为正交矩阵.

又如,方阵 $\boldsymbol{B}=\begin{pmatrix}1&0&-1\\0&0&0\\1&0&1\end{pmatrix}=(\boldsymbol{\beta}_1,\boldsymbol{\beta}_2,\boldsymbol{\beta}_3)$,

$$\boldsymbol{\beta}_1=\begin{pmatrix}1\\0\\1\end{pmatrix},\boldsymbol{\beta}_2=\begin{pmatrix}0\\0\\0\end{pmatrix},\boldsymbol{\beta}_3=\begin{pmatrix}-1\\0\\1\end{pmatrix}.$$

虽然$[\boldsymbol{\beta}_1,\boldsymbol{\beta}_2]=0$, $[\boldsymbol{\beta}_1,\boldsymbol{\beta}_3]=0$, $[\boldsymbol{\beta}_2,\boldsymbol{\beta}_3]=0$. 但因为 $\|\boldsymbol{\beta}_1\|=\sqrt{2}\neq 1$, 则 $\boldsymbol{B}$ 不是正交阵.

习　题　4.1

1. 设 $\boldsymbol{\alpha}=\begin{pmatrix}1\\2\\2\\3\end{pmatrix}$, $\boldsymbol{\beta}=\begin{pmatrix}3\\1\\5\\1\end{pmatrix}$. 求 (1) $[\boldsymbol{\alpha},\boldsymbol{\beta}]$; (2) $\|\boldsymbol{\alpha}\|$,并将 $\boldsymbol{\alpha}$ 单位化.

2. 设 $\boldsymbol{\alpha}=\begin{pmatrix}1\\1\\2\end{pmatrix}$, $\boldsymbol{\beta}=\begin{pmatrix}1\\-1\\1\end{pmatrix}$,求 $[\boldsymbol{\alpha}+2\boldsymbol{\beta},\boldsymbol{\beta}]$.

3. 已知$[\boldsymbol{\alpha},\boldsymbol{\beta}]=2$, $\|\boldsymbol{\beta}\|=1$, $[\boldsymbol{\alpha},\boldsymbol{\gamma}]=3$, $[\boldsymbol{\beta},\boldsymbol{\gamma}]=-1$. 求内积$[2\boldsymbol{\alpha}+\boldsymbol{\beta},\boldsymbol{\beta}-3\boldsymbol{\gamma}]$.

4. 确定 k,使得 $\boldsymbol{\alpha}$ 与 $\boldsymbol{\beta}$ 正交,其中

(1) $\boldsymbol{\alpha}=\begin{pmatrix}1\\k\\-3\end{pmatrix}$, $\boldsymbol{\beta}=\begin{pmatrix}2\\-5\\4\end{pmatrix}$;　　(2) $\boldsymbol{\alpha}=\begin{pmatrix}2\\3k\\-4\\1\\5\end{pmatrix}$, $\boldsymbol{\beta}=\begin{pmatrix}6\\-1\\3\\7\\2k\end{pmatrix}$.

5. 判断向量是否为正交向量组.

(1) $\boldsymbol{\alpha}_1=\begin{pmatrix}1\\1\\1\end{pmatrix}$, $\boldsymbol{\alpha}_2=\begin{pmatrix}1\\1\\0\end{pmatrix}$, $\boldsymbol{\alpha}_3=\begin{pmatrix}1\\0\\0\end{pmatrix}$;　　(2) $\boldsymbol{\alpha}_1=\begin{pmatrix}a_1\\0\\0\end{pmatrix}$, $\boldsymbol{\alpha}_2=\begin{pmatrix}0\\a_2\\0\end{pmatrix}$, $\boldsymbol{\alpha}_3=\begin{pmatrix}0\\0\\a_3\end{pmatrix}$;

(3) $\boldsymbol{\alpha}_1 = \begin{pmatrix} 4 \\ 1 \\ -2 \\ 3 \end{pmatrix}$, $\boldsymbol{\alpha}_2 = \begin{pmatrix} 3 \\ -5 \\ 2 \\ -1 \end{pmatrix}$, $\boldsymbol{\alpha}_3 = \begin{pmatrix} 0 \\ 1 \\ 2 \\ -1 \end{pmatrix}$.

6. 求一个与 $\boldsymbol{\alpha}_1 = (1, -2, 3)^{\mathrm{T}}$, $\boldsymbol{\alpha}_2 = (1, 1, 0)^{\mathrm{T}}$ 都正交的单位向量.

7. 用施密特正交化法将向量组 $\boldsymbol{\alpha}_1 = (1, 1, 1)^{\mathrm{T}}$, $\boldsymbol{\alpha}_2 = (-1, 0, -1)^{\mathrm{T}}$, $\boldsymbol{\alpha}_3 = (-1, 2, 3)^{\mathrm{T}}$ 正交化,单位化.

8. 判断矩阵是否为正交矩阵. 如果是正交矩阵,求其行列式的值.

(1) $\boldsymbol{A} = \begin{pmatrix} 1 & \frac{1}{2} & \frac{1}{3} \\ -\frac{1}{2} & 1 & \frac{1}{2} \\ \frac{1}{3} & \frac{1}{2} & -1 \end{pmatrix}$; (2) $\boldsymbol{B} = \begin{pmatrix} \frac{2}{3} & -\frac{2}{3} & \frac{1}{3} \\ \frac{2}{3} & \frac{1}{3} & -\frac{2}{3} \\ \frac{1}{3} & \frac{2}{3} & \frac{2}{3} \end{pmatrix}$.

9. 试证 $\boldsymbol{A} = \begin{pmatrix} \frac{1}{\sqrt{2}} & -\frac{1}{\sqrt{6}} & \frac{1}{\sqrt{3}} \\ -\frac{1}{2} & \frac{1}{2\sqrt{3}} & \sqrt{\frac{2}{3}} \\ \frac{1}{2} & \frac{\sqrt{3}}{2} & 0 \end{pmatrix}$ 是正交矩阵,并求其逆矩阵.

10. 设 $\boldsymbol{A} = (a_{ij})_{3\times3}$ 是正交矩阵,且 $a_{33} = -1$, $\boldsymbol{b} = (0, 0, 1)^{\mathrm{T}}$,求矩阵方程 $\boldsymbol{Ax} = \boldsymbol{b}$ 的解 $\boldsymbol{x}$.

§4.2 方阵的特征值与特征向量

在理论研究和实际应用中,常常要求我们把一个矩阵化成与之相似的对角矩阵或其他形式的矩阵. 这一问题与矩阵的特征值与特征向量的概念是密切相关的.

引例 设矩阵 $\boldsymbol{A} = \begin{pmatrix} 3 & -1 \\ -1 & 3 \end{pmatrix}$, $\boldsymbol{x} = \begin{pmatrix} x_1 \\ x_2 \end{pmatrix}$. 问 λ 为何值时方程 $\boldsymbol{Ax} = \lambda\boldsymbol{x}$ 只有零解或有非零解?

解 $\boldsymbol{Ax} = \lambda\boldsymbol{x}$ 有 $\lambda\boldsymbol{x} - \boldsymbol{Ax} = \boldsymbol{0}$, $(\lambda\boldsymbol{E} - \boldsymbol{A})\boldsymbol{x} = \boldsymbol{0}$, 即

$$\begin{pmatrix} \lambda - 3 & 1 \\ 1 & \lambda - 3 \end{pmatrix} \begin{pmatrix} x_1 \\ x_2 \end{pmatrix} = \begin{pmatrix} 0 \\ 0 \end{pmatrix}.$$

解此齐次线性方程组.

由 $$\begin{vmatrix} \lambda - 3 & 1 \\ 1 & \lambda - 3 \end{vmatrix} = \lambda^2 - 6\lambda + 8 = (\lambda - 2)(\lambda - 4),$$

当 $\lambda_1 \neq 2$ 且 $\lambda_2 \neq 4$ 时，方程只有零解；

当 $\lambda = 2$ 或 $\lambda = 4$ 时，方程有非零解.

且当 $\lambda = 2$ 时，解齐次线性方程组 $(2\boldsymbol{E} - \boldsymbol{A})\boldsymbol{x} = \boldsymbol{0}$. 即 $\begin{pmatrix} -1 & 1 \\ 1 & -1 \end{pmatrix}\begin{pmatrix} x_1 \\ x_2 \end{pmatrix} = \begin{pmatrix} 0 \\ 0 \end{pmatrix}$，得同解方程组 $x_1 = x_2$.

令 $x_2 = k_1 (k_1 \in \mathbf{R})$，有 $\begin{pmatrix} x_1 \\ x_2 \end{pmatrix} = k_1 \begin{pmatrix} 1 \\ 1 \end{pmatrix}$，得基础解系 $\boldsymbol{p}_1 = \begin{pmatrix} 1 \\ 1 \end{pmatrix}$.

当 $\lambda = 4$ 时，解齐次线性方程组 $(4\boldsymbol{E} - \boldsymbol{A})\boldsymbol{x} = \boldsymbol{0}$. 即 $\begin{pmatrix} 1 & 1 \\ 1 & 1 \end{pmatrix}\begin{pmatrix} x_1 \\ x_2 \end{pmatrix} = \begin{pmatrix} 0 \\ 0 \end{pmatrix}$，得同解方程组 $x_1 = -x_2$.

令 $x_2 = k_2 (k_2 \in \mathbf{R})$，有 $\begin{pmatrix} x_1 \\ x_2 \end{pmatrix} = k_2 \begin{pmatrix} -1 \\ 1 \end{pmatrix}$，得基础解系 $\boldsymbol{p}_2 = \begin{pmatrix} -1 \\ 1 \end{pmatrix}$.

一、特征值与特征向量的概念

定义 1 设有 n 阶方阵 $\boldsymbol{A}$，数 λ 和 n 维非零列向量 $\boldsymbol{x}$，使方程

$$\boldsymbol{A}\boldsymbol{x} = \lambda \boldsymbol{x} \tag{1}$$

成立. 则称数 λ 为 $\boldsymbol{A}$ 的一个**特征值**，相应的非零向量 $\boldsymbol{x}$ 称为 $\boldsymbol{A}$ 的属于特征值 λ 的**特征向量**.

式(1)也可写成

$$\lambda \boldsymbol{x} - \boldsymbol{A}\boldsymbol{x} = \boldsymbol{0},$$

即

$$(\lambda \boldsymbol{E} - \boldsymbol{A})\boldsymbol{x} = \boldsymbol{0}. \tag{2}$$

式(2)说明特征向量 $\boldsymbol{x}$ 的坐标 $x_1, x_2, \cdots, x_n$ 是齐次线性方程组(2)的非零解.

定理 1 对应于两个不同特征值 λ_1，λ_2，$\boldsymbol{A}$ 的特征向量 $\boldsymbol{x}_1$ 及 $\boldsymbol{x}_2$ 线性无关.

证明 用反证法. 已知 $\lambda_1 \neq \lambda_2$，假设 $\boldsymbol{x}_1$ 与 $\boldsymbol{x}_2$ 线性相关，不妨设

$$\boldsymbol{x}_2 = k\boldsymbol{x}_1 \quad (k \neq 0).$$

按假设 $\boldsymbol{A}\boldsymbol{x}_1 = \lambda_1 \boldsymbol{x}_1$，$\boldsymbol{A}\boldsymbol{x}_2 = \lambda_2 \boldsymbol{x}_2$，后者为 $\boldsymbol{A}(k\boldsymbol{x}_1) = \lambda_2 k\boldsymbol{x}_1$，约去 k 得 $\boldsymbol{A}\boldsymbol{x}_1 = \lambda_2 \boldsymbol{x}_1$，把它与 $\boldsymbol{A}\boldsymbol{x}_1 = \boldsymbol{\lambda}_1 \boldsymbol{x}_1$ 相减，得 $\boldsymbol{0} = (\lambda_2 - \lambda_1)\boldsymbol{x}_1$.

因此必有 $\lambda_2 - \lambda_1 = 0$ 或 $\boldsymbol{x}_1 = \boldsymbol{0}$，但已设 $\lambda_2 \neq \lambda_1$，且 $\boldsymbol{x}$ 为非零向量，故得矛盾结果，定理得证.

这个定理告诉我们，一个特征向量(或它与非零数乘)只能属于一个特征值；但是，反过来一个特征值却可能有两个以上线性无关的特征向量.

二、方阵的特征值与特征向量的求法

为了确定矩阵 $\boldsymbol{A}$ 的特征值和特征向量，将式(2)改写为

$$\begin{pmatrix} \lambda_1-a_{11} & -a_{12} & \cdots & -a_{1n} \\ -a_{21} & \lambda-a_{22} & \cdots & -a_{2n} \\ \vdots & \vdots & & \vdots \\ -a_{n1} & -a_{n2} & \cdots & \lambda-a_{nn} \end{pmatrix} \begin{pmatrix} x_1 \\ x_2 \\ \vdots \\ x_n \end{pmatrix} = \begin{pmatrix} 0 \\ 0 \\ \vdots \\ 0 \end{pmatrix} \tag{3}$$

的形式，由于特征向量 $\boldsymbol{x}=(x_1, x_2, \cdots, x_n)^{\mathrm{T}}\neq\boldsymbol{0}$，故齐次线性方程组(3)必有非零解，于是系数行列式

$$|\lambda\boldsymbol{E}-\boldsymbol{A}| = \begin{vmatrix} \lambda_1-a_{11} & -a_{12} & \cdots & -a_{1n} \\ -a_{21} & \lambda-a_{22} & \cdots & -a_{2n} \\ \vdots & \vdots & & \vdots \\ -a_{n1} & -a_{n2} & \cdots & \lambda-a_{nn} \end{vmatrix} = 0. \tag{4}$$

定义 2 设方阵 $\boldsymbol{A}=(a_{ij})_{n\times n}$，称含参数 λ 的方阵 $\lambda\boldsymbol{E}-\boldsymbol{A}$ 为 $\boldsymbol{A}$ 的**特征矩阵**. 称该方阵的行列式

$$f(\lambda) = |\lambda\boldsymbol{E}-\boldsymbol{A}| = \begin{vmatrix} \lambda_1-a_{11} & -a_{12} & \cdots & -a_{1n} \\ -a_{21} & \lambda-a_{22} & \cdots & -a_{2n} \\ \vdots & \vdots & & \vdots \\ -a_{n1} & -a_{n2} & \cdots & \lambda-a_{nn} \end{vmatrix}. \tag{5}$$

即 $f(\lambda)=\lambda^n+b_1\lambda^{n-1}+\cdots+b_n$ 为方阵 $\boldsymbol{A}$ 的**特征多项式**. $f(\lambda)=|\lambda\boldsymbol{E}-\boldsymbol{A}|=0$ 为方阵 $\boldsymbol{A}$ 的**特征方程**.

因此，确定矩阵 $\boldsymbol{A}$ 的特征值就归结为求特征方程的根. 我们知道，一个 n 次方程有 n 个实根或复根(包括重根)，所以一个 n 阶矩阵方程也有 n 个实的或复的特征值.

定理 2 数 λ_0 是方阵 $\boldsymbol{A}$ 的特征值，等价于 $|\lambda_0\boldsymbol{E}-\boldsymbol{A}|=0$.

非零向量 $\boldsymbol{x}_0$ 为 $\boldsymbol{A}$ 的属于 λ_0 的特征向量的充要条件是 $\boldsymbol{x}_0$ 是齐次方程组 $(\lambda_0\boldsymbol{E}-\boldsymbol{A})\boldsymbol{x}=\boldsymbol{0}$ 的非零解.

由上面的分析得到求特征值和特征向量的步骤：

第一步，先求 $\boldsymbol{A}$ 的全部特征值，即求特征方程 $|\lambda\boldsymbol{E}-\boldsymbol{A}|=0$ 的全部根，它们就是方阵 $\boldsymbol{A}$ 的全部特征值；

第二步,求出 $\boldsymbol{A}$ 的全部特征向量,即对每一个特征值 λ_k,解出齐次方程组的全部非零解 $x_1, x_2, \cdots, x_n$,即求齐次方程组 $(\lambda_k\boldsymbol{E}-\boldsymbol{A})\boldsymbol{x}=\boldsymbol{0}$ 的基础解系:$\boldsymbol{p}_1, \boldsymbol{p}_2, \cdots, \boldsymbol{p}_s$,则 $\boldsymbol{p}_1, \boldsymbol{p}_2, \cdots, \boldsymbol{p}_s$ 就是方阵$\boldsymbol{A}$ 的属于λ_k 的s 个线性无关的特征向量. 其全部特征向量就是 $k_1\boldsymbol{p}_1+k_2\boldsymbol{p}_2+\cdots+k_s\boldsymbol{p}_s$,其中 $k_1, k_2, \cdots, k_s$ 是不全为零的数.

例 1 求下列方阵 $\boldsymbol{A}$ 的特征值与特征向量.

(1) $\boldsymbol{A}=\begin{pmatrix}1 & 1 & 1\\ 1 & -1 & 1\\ 1 & -1 & 1\end{pmatrix}$; (2) $\boldsymbol{A}=\begin{pmatrix}3 & 2 & 4\\ 2 & 0 & 2\\ 4 & 2 & 3\end{pmatrix}$.

解 (1) 先求特征值 λ.

$$|\lambda\boldsymbol{E}-\boldsymbol{A}|=\begin{vmatrix}\lambda-1 & -1 & -1\\ -1 & \lambda+1 & -1\\ -1 & 1 & \lambda-1\end{vmatrix}=\begin{vmatrix}\lambda-1 & -1 & -1\\ -1 & \lambda+1 & -1\\ 0 & -\lambda & \lambda\end{vmatrix}$$

$$=\begin{vmatrix}\lambda-1 & -2 & -1\\ -1 & \lambda & -1\\ 0 & 0 & \lambda\end{vmatrix}=\lambda(\lambda+1)(\lambda-2)\xlongequal{令}0,$$

得特征值为 $\lambda_1=-1, \lambda_2=0, \lambda_3=2$.

再解齐次线性方程组 $(\lambda_i\boldsymbol{E}-\boldsymbol{A})\boldsymbol{x}=\boldsymbol{0}$ $(i=1, 2, 3)$. 求基础解系,即为特征向量.

当 $\lambda_1=-1$ 时,解齐次线性方程组 $(-\boldsymbol{E}-\boldsymbol{A})\boldsymbol{x}=\boldsymbol{0}$.

$$-\boldsymbol{E}-\boldsymbol{A}=\begin{pmatrix}-2 & -1 & -1\\ -1 & 0 & -1\\ -1 & 1 & -2\end{pmatrix}\rightarrow\begin{pmatrix}1 & 0 & 1\\ 0 & 1 & -1\\ 0 & 0 & 0\end{pmatrix}.$$

得同解方程组

$$\begin{cases}x_1=-x_3,\\ x_2=x_3.\end{cases}$$

令 $x_3=k_1(k_1\in\mathbf{R})$,通解为 $\begin{pmatrix}x_1\\ x_2\\ x_3\end{pmatrix}=k_1\begin{pmatrix}-1\\ 1\\ 1\end{pmatrix}$,可得基础解系 $\boldsymbol{p}_1=\begin{pmatrix}-1\\ 1\\ 1\end{pmatrix}$.

$\boldsymbol{p}_1$ 是 $\boldsymbol{A}$ 的属于特征值$\lambda_1=-1$ 时的特征向量,而 $\boldsymbol{A}$ 属于 $\lambda_1=-1$ 的全部特征向量为 $k_1\boldsymbol{p}_1(k_1\neq 0)$.

当 $\lambda_2=0$ 时,解齐次线性方程组 $(0\boldsymbol{E}-\boldsymbol{A})\boldsymbol{x}=\boldsymbol{0}$,即 $-\boldsymbol{A}\boldsymbol{x}=\boldsymbol{0}$.

$$-\boldsymbol{A}=\begin{pmatrix}-1&-1&-1\\-1&1&-1\\-1&1&-1\end{pmatrix}\rightarrow\begin{pmatrix}1&1&1\\0&2&0\\0&0&0\end{pmatrix}\rightarrow\begin{pmatrix}1&0&1\\0&1&0\\0&0&0\end{pmatrix}.$$

得同解方程组

$$\begin{cases}x_1=-x_3,\\x_2=0.\end{cases}$$

令 $x_3=k_2(k_2\in\mathbf{R})$,通解为 $\begin{pmatrix}x_1\\x_2\\x_3\end{pmatrix}=k_2\begin{pmatrix}-1\\0\\1\end{pmatrix}$,可得基础解系 $\boldsymbol{p}_2=\begin{pmatrix}-1\\0\\1\end{pmatrix}$.

$\boldsymbol{p}_2$ 是 $\boldsymbol{A}$ 的属于特征值 $\lambda_2=0$ 时的特征向量,而 A 属于 $\lambda_2=0$ 的全部特征向量是 $k_2\boldsymbol{p}_2(k_2\neq0)$.

当 $\lambda_3=2$ 时,解齐次线性方程 $(2\boldsymbol{E}-\boldsymbol{A})\boldsymbol{x}=\boldsymbol{0}$.

$$2\boldsymbol{E}-\boldsymbol{A}=\begin{pmatrix}1&-1&-1\\-1&3&-1\\-1&1&1\end{pmatrix}\rightarrow\begin{pmatrix}1&-1&-1\\0&1&-1\\0&0&0\end{pmatrix}\rightarrow\begin{pmatrix}1&0&-2\\0&1&-1\\0&0&0\end{pmatrix}.$$

得同解方程组

$$\begin{cases}x_1=2x_3,\\x_2=x_3.\end{cases}$$

令 $x_3=k_3(k_3\in\mathbf{R})$,通解为 $\begin{pmatrix}x_1\\x_2\\x_3\end{pmatrix}=k_3\begin{pmatrix}2\\1\\1\end{pmatrix}$,可得基础解系 $\boldsymbol{p}_3=\begin{pmatrix}2\\1\\1\end{pmatrix}$.

$\boldsymbol{p}_3$ 是 $\boldsymbol{A}$ 的属于特征值 $\lambda_3=2$ 时的特征向量,而 $\boldsymbol{A}$ 属于 $\lambda_3=2$ 的全部特征向量是 $k_3\boldsymbol{p}_3(k_3\neq0)$.

(2) 先求特征值

$$|\lambda\boldsymbol{E}-\boldsymbol{A}|=\begin{vmatrix}\lambda-3&-2&-4\\-2&\lambda&-2\\-4&-2&\lambda-3\end{vmatrix}=\begin{vmatrix}\lambda-3&-2&-4\\-2&\lambda&-2\\0&-2(1+\lambda)&\lambda+1\end{vmatrix}$$

$$
= (\lambda+1)\begin{vmatrix} \lambda-3 & -2 & -4 \\ -2 & \lambda & -2 \\ 0 & -2 & 1 \end{vmatrix} = (\lambda+1)\begin{vmatrix} \lambda-3 & -10 & -4 \\ -2 & \lambda-4 & -2 \\ 0 & 0 & 1 \end{vmatrix}
$$

$$
= (\lambda+1)(\lambda^2-7\lambda-8) = (\lambda-8)(\lambda+1)^2 \overset{\text{令}}{=\!=} 0.
$$

解得特征值为 $\lambda_1 = 8$，$\lambda_2 = \lambda_3 = -1$（二重根）.

再求特征向量.

当 $\lambda_1 = 8$ 时，解齐次线性方程组 $(8\boldsymbol{E}-\boldsymbol{A})\boldsymbol{x} = \boldsymbol{0}$.

$$
8\boldsymbol{E}-\boldsymbol{A} = \begin{pmatrix} 5 & -2 & -4 \\ -2 & 8 & -2 \\ -4 & -2 & 5 \end{pmatrix} \to \begin{pmatrix} 1 & -4 & 1 \\ 0 & -18 & 9 \\ 0 & 18 & -9 \end{pmatrix} \to \begin{pmatrix} 1 & -2 & 0 \\ 0 & -2 & 1 \\ 0 & 0 & 0 \end{pmatrix}.
$$

得同解方程组

$$
\begin{cases} x_1 = 2x_2, \\ x_3 = 2x_2. \end{cases}
$$

令 $x_2 = k_1 (k_1 \in \mathbf{R})$，通解为 $\begin{pmatrix} x_1 \\ x_2 \\ x_3 \end{pmatrix} = k_1 \begin{pmatrix} 2 \\ 1 \\ 2 \end{pmatrix}$. 基础解系 $\boldsymbol{p}_1 = \begin{pmatrix} 2 \\ 1 \\ 2 \end{pmatrix}$ 是 $\boldsymbol{A}$ 的属于 $\lambda = 8$ 的特征向量. $\boldsymbol{A}$ 属于 $\lambda = 8$ 的全部特征向量是 $k_1\boldsymbol{p}_1 (k_1 \neq 0)$.

当 $\lambda_2 = \lambda_3 = -1$ 时，解齐次线性方程组 $(-\boldsymbol{E}-\boldsymbol{A})\boldsymbol{x} = \boldsymbol{0}$.

$$
-\boldsymbol{E}-\boldsymbol{A} = \begin{pmatrix} -4 & -2 & -4 \\ -2 & -1 & -2 \\ -4 & -2 & -4 \end{pmatrix} \to \begin{pmatrix} 2 & 1 & 2 \\ 0 & 0 & 0 \\ 0 & 0 & 0 \end{pmatrix}.
$$

得同解方程组为 $x_2 = -2x_1 - 2x_3$.

令 $x_1 = k_2$，$x_3 = k_3 (k_2, k_3 \in \mathbf{R})$，通解为 $\begin{pmatrix} x_1 \\ x_2 \\ x_3 \end{pmatrix} = k_2 \begin{pmatrix} 1 \\ -2 \\ 0 \end{pmatrix} + k_3 \begin{pmatrix} 0 \\ -2 \\ 1 \end{pmatrix}$. 得 $\boldsymbol{A}$ 属于 $\lambda = -1$ 时的特征向量为 $\boldsymbol{p}_2 = \begin{pmatrix} 1 \\ -2 \\ 0 \end{pmatrix}$，$\boldsymbol{p}_3 = \begin{pmatrix} 0 \\ -2 \\ 1 \end{pmatrix}$. $\boldsymbol{A}$ 属于 $\lambda = -1$ 的全部特征向量为 $k_2\boldsymbol{p}_2 + k_3\boldsymbol{p}_3$（$k_2$，$k_3$ 不全为零）.

说明 (1) 不难看出上两题中 $\boldsymbol{p}_1$, $\boldsymbol{p}_2$, $\boldsymbol{p}_3$ 线性无关.

(2) 如何保证 $\boldsymbol{p}_1$, $\boldsymbol{p}_2$, $\boldsymbol{p}_3$ 是线性无关的呢？首先不同的特征值对应的特征向量必线性无关;其次对于二重根 $\lambda=-1$ 对应齐次方程组的全部非零解中,有两个自由未知量 x_1, x_3, 我们取(x_1, x_3)的如下两种取法 $k_2(1, 0)$, $k_3(0, 1)$对应得到

$\boldsymbol{p}_2=\begin{pmatrix}1\\-2\\0\end{pmatrix}$, $\boldsymbol{p}_3=\begin{pmatrix}0\\-2\\1\end{pmatrix}$必线性无关.

这是因为,$\begin{pmatrix}1\\0\end{pmatrix}$, $\begin{pmatrix}0\\1\end{pmatrix}$线性无关,扩充维数后,得到 $\boldsymbol{p}_2$, $\boldsymbol{p}_3$ 也线性无关. 由此可以看到,只要取自由未知量所组成的向量线性无关就行了.

三、特征值与特征向量的基本性质

性质 1 n 阶方阵 $\boldsymbol{A}$ 与它的转置方阵 $\boldsymbol{A}^{\mathrm{T}}$ 有相同的特征值.

证明 因为 $|\lambda\boldsymbol{E}-\boldsymbol{A}|=|(\lambda\boldsymbol{E}-\boldsymbol{A})^{\mathrm{T}}|=|(\lambda\boldsymbol{E})^{\mathrm{T}}-\boldsymbol{A}^{\mathrm{T}}|=|\lambda\boldsymbol{E}-\boldsymbol{A}^{\mathrm{T}}|$, 所以方阵 $\boldsymbol{A}$ 与 $\boldsymbol{A}^{\mathrm{T}}$ 有相同的特征多项式,故 $\boldsymbol{A}$ 与 $\boldsymbol{A}^{\mathrm{T}}$ 有相同的特征值.

性质 2 设 λ_1, λ_2 是 n 阶方阵 $\boldsymbol{A}$ 的两个不同的特征值. $\boldsymbol{p}_1$, $\boldsymbol{p}_2$, $\cdots$, $\boldsymbol{p}_t$ 是对应于 λ_1 的线性无关的特征向量;$\boldsymbol{q}_1$, $\boldsymbol{q}_2$, $\cdots$, $\boldsymbol{q}_s$ 是对应于 λ_2 的线性无关的特征向量,则 $\boldsymbol{p}_1$, $\boldsymbol{p}_2$, $\cdots$, $\boldsymbol{p}_t$, $\boldsymbol{q}_1$, $\boldsymbol{q}_2$, $\cdots$, $\boldsymbol{q}_s$ 线性无关.

性质 3 设 n 阶方阵 $\boldsymbol{A}$ 有 n 个特征值为 λ_1, λ_2, $\cdots$, λ_n,则

(1) $a_{11}+a_{22}+\cdots+a_{nn}=\lambda_1+\lambda_2+\cdots+\lambda_n$;

(2) $|\boldsymbol{A}|=\lambda_1\lambda_2\cdots\lambda_n$.

证明 $n=2$ 时,$\boldsymbol{A}=\begin{pmatrix}a_{11} & a_{12}\\a_{21} & a_{22}\end{pmatrix}$.

$$\begin{aligned}f(\lambda)=|\lambda\boldsymbol{E}-\boldsymbol{A}|&=\begin{vmatrix}\lambda-a_{11} & -a_{12}\\-a_{21} & \lambda-a_{22}\end{vmatrix}\\&=\lambda^2-(a_{11}+a_{22})\lambda+(a_{11}a_{22}-a_{12}a_{21}).\end{aligned}\tag{1}$$

又
$$f(\lambda)=(\lambda-\lambda_1)(\lambda-\lambda_2)=\lambda^2-(\lambda_1+\lambda_2)\lambda+\lambda_1\lambda_2.\tag{2}$$

比较式(1)、式(2),有

$$a_{11}+a_{22}=\lambda_1+\lambda_2,\quad |\boldsymbol{A}|=\lambda_1\lambda_2.$$

对于任意 n 阶矩阵 $\boldsymbol{A}$,上述证法仍成立,即 $f(\lambda)=|\lambda\boldsymbol{E}-\boldsymbol{A}|$. 利用行列式的性质,可得 $f(0)=(-1)^n|\boldsymbol{A}|$,且有

$$
f(\lambda)=\begin{vmatrix}\lambda-a_{11} & -a_{12} & \cdots & -a_{1n}\\ -a_{21} & \lambda-a_{22} & \cdots & -a_{2n}\\ \vdots & \vdots & & \vdots\\ -a_{n1} & -a_{n2} & \cdots & \lambda-a_{nn}\end{vmatrix}
$$

$$
=\lambda^n-(a_{11}+a_{22}+\cdots+a_{nn})\lambda^{n-1}+\cdots+(-1)^n\mid \boldsymbol{A}\mid.
$$

由于 $\boldsymbol{A}$ 的所有特征值为 $\lambda_1, \lambda_2, \cdots, \lambda_n$，故又有

$$
\begin{aligned}
f(\lambda)&=(\lambda-\lambda_1)(\lambda-\lambda_2)\cdots(\lambda-\lambda_n)\\
&=\lambda^n-(\lambda_1+\lambda_2+\cdots+\lambda_n)\lambda^{n-1}+\cdots+(-1)^n\lambda_1\lambda_2\cdots\lambda_n.
\end{aligned}
$$

比较以上两式右端 λ^{n-1} 的系数及常数项可得性质 3.

推论 n 阶方阵 $\boldsymbol{A}$ 可逆的充要条件是 $\boldsymbol{A}$ 的 n 个特征值全不为零.

性质 4 设存在多项式 $f(x)=a_nx^n+a_{n-1}x^{n-1}+\cdots+a_1x+a_0$，$\lambda$ 是方阵 $\boldsymbol{A}$ 的一个特征值，α 是其对应的一个特征向量，则 $f(\lambda)=a_n\lambda^n+a_{n-1}\lambda^{n-1}+\cdots+a_1\lambda+a_0$ 是矩阵多项式 $f(\boldsymbol{A})=a_n\boldsymbol{A}^n+a_{n-1}\boldsymbol{A}^{n-1}+\cdots+a_1\boldsymbol{A}+a_0\boldsymbol{E}$ 的一个特征值，$\boldsymbol{\alpha}$ 仍是其对应的一个特征向量.

证明 已知 $\boldsymbol{E}$ 的特征值为 1，$\boldsymbol{A}$ 的特征值为 λ，即 $\boldsymbol{Ax}=\lambda\boldsymbol{x}$，$a_1\boldsymbol{A}$ 的特征值为 $a_1\lambda$，即 $a_1\boldsymbol{Ax}=a_1\lambda\boldsymbol{x}$，$a_2\boldsymbol{A}^2$ 的特征值为 $a_2\lambda^2$，即 $a_2\boldsymbol{A}^2\boldsymbol{x}=a_2\lambda\boldsymbol{Ax}=a_2\lambda^2\boldsymbol{x}$，

同理可知，$a_k\boldsymbol{A}^k$ 的特征值为 $a_k\lambda^k$，$\cdots$，$a_n\boldsymbol{A}^n$ 的特征值为 $a_n\lambda^n$，

所以 $f(\boldsymbol{A})=a_n\boldsymbol{A}^n+a_{n-1}\boldsymbol{A}^{n-1}+\cdots+a_1\boldsymbol{A}+a_0\boldsymbol{E}$ 的特征值为

$$
f(\lambda)=a_n\lambda^n+a_{n-1}\lambda^{n-1}+\cdots+a_1\lambda+a_0.
$$

例 2 已知 n 阶方阵 $\boldsymbol{A}$ 为可逆矩阵，λ 是 $\boldsymbol{A}$ 的一个特征值，相应的特征向量为 $\boldsymbol{x}$，求 $\boldsymbol{A}^{-1}$，$\boldsymbol{A}^*$ 的一个特征值与特征向量.

解 已知 $\boldsymbol{Ax}=\lambda\boldsymbol{x}$，因为 $\boldsymbol{A}$ 可逆，所以 $\lambda\neq 0$.

方程两边左乘 $\boldsymbol{A}^{-1}$，得 $\boldsymbol{x}=\lambda\boldsymbol{A}^{-1}\boldsymbol{x}$，则 $\boldsymbol{A}^{-1}\boldsymbol{x}=\dfrac{1}{\lambda}\boldsymbol{x}$，故 $\dfrac{1}{\lambda}$ 是 $\boldsymbol{A}^{-1}$ 的一个特征值，对应的特征向量仍然是 $\boldsymbol{x}$.

由于 $\boldsymbol{A}^{-1}=\dfrac{1}{|\boldsymbol{A}|}\boldsymbol{A}^*$，则有 $\dfrac{1}{|\boldsymbol{A}|}\boldsymbol{A}^*\boldsymbol{x}=\dfrac{1}{\lambda}\boldsymbol{x}$，得 $\boldsymbol{A}^*\boldsymbol{x}=\dfrac{|\boldsymbol{A}|}{\lambda}\boldsymbol{x}$，所以 $\dfrac{|\boldsymbol{A}|}{\lambda}$ 是 $\boldsymbol{A}^*$ 的一个特征值，对应的特征向量仍然是 $\boldsymbol{x}$.

例 3 已知 n 阶方阵 $\boldsymbol{A}$ 满足 $\boldsymbol{A}^2=\boldsymbol{A}$，证明 $\boldsymbol{A}$ 的特征值只能是 0 或 1.

证明 **方法 1** 由 $\boldsymbol{A}^2-\boldsymbol{A}=\boldsymbol{O}$ 得 $-\boldsymbol{A}(\boldsymbol{E}-\boldsymbol{A})=\boldsymbol{O}$，有 $|0\boldsymbol{E}-\boldsymbol{A}||\boldsymbol{E}-\boldsymbol{A}|=0$，可知 $\boldsymbol{A}$ 的特征值只能是 0 或 1，故 $\lambda=0$ 或 $\lambda=1$.

方法 2 设 λ 是方阵 A 的特征值，则 $\varphi(\boldsymbol{A})=\boldsymbol{A}^2-\boldsymbol{A}$，其特征值为 $\varphi(\lambda)=\lambda^2-\lambda=\lambda(\lambda-1)$，由于 $\varphi(\boldsymbol{A})=\boldsymbol{O}$，所以 $\lambda(\lambda-1)=0$，故 $\boldsymbol{A}$ 的特征值只能是 0 或 1.

方法 3 设 λ 是方阵 A 的特征值，则 $\boldsymbol{Ax}=\lambda\boldsymbol{x}$，$\boldsymbol{A}^2\boldsymbol{x}=\lambda^2\boldsymbol{x}$，因为 $\boldsymbol{A}^2=\boldsymbol{A}$，有 $\lambda^2\boldsymbol{x}=\lambda\boldsymbol{x}$，$\lambda^2=\lambda$，所以 $\lambda(\lambda-1)=0$，故 $\boldsymbol{A}$ 的特征值只能是 0 或 1.

例 4 求证 n 阶方阵 $\boldsymbol{A}$ 所对应的行列式 $|\boldsymbol{A}|=0$ 的充分必要条件是 $\boldsymbol{A}$ 的一个特征值 $\lambda=0$.

证明 充分性. $\lambda=0$ 是 $\boldsymbol{A}$ 的一个特征值，有

$$|\lambda\boldsymbol{E}-\boldsymbol{A}|=|0\boldsymbol{E}-\boldsymbol{A}|=|-\boldsymbol{A}|=0,\ 则\ |\boldsymbol{A}|=0.$$

必要性. $|\boldsymbol{A}|=0$，则 $R(\boldsymbol{A})<n$，可知齐次线性方程组 $\boldsymbol{Ax}=\boldsymbol{0}$ 有非零解，故 $\boldsymbol{Ax}=0\boldsymbol{x}=\boldsymbol{0}$，故 $\lambda=0$ 是 $\boldsymbol{A}$ 的一个特征值.

例 5 设 n 阶方阵 $\boldsymbol{A}$ 是正交矩阵，且 $|\boldsymbol{A}|=-1$，证明 $\boldsymbol{A}$ 有特征值 -1.

证明 因为

$$\begin{aligned}|-\boldsymbol{E}-\boldsymbol{A}|&=|-\boldsymbol{A}^{\mathrm{T}}\boldsymbol{A}-\boldsymbol{A}|=|(-\boldsymbol{A}^{\mathrm{T}}-\boldsymbol{E})\boldsymbol{A}|=|(-\boldsymbol{E}-\boldsymbol{A}^{\mathrm{T}})||\boldsymbol{A}|\\&=-|(-\boldsymbol{E}-\boldsymbol{A})^{\mathrm{T}}|=-|-\boldsymbol{E}-\boldsymbol{A}|,\end{aligned}$$

则有 $2|-\boldsymbol{E}-\boldsymbol{A}|=0$，即 $|-\boldsymbol{E}-\boldsymbol{A}|=0$，所以 $\boldsymbol{A}$ 有特征值 -1.

例 6 设 $\boldsymbol{A}$，$\boldsymbol{B}$ 都是 n 阶方阵，且 $\boldsymbol{A}$ 可逆，证明 $\boldsymbol{AB}$ 与 $\boldsymbol{BA}$ 有相同的特征值 .

证明 因为 $\boldsymbol{E}=\boldsymbol{A}^{-1}\boldsymbol{EA}$，$|\boldsymbol{A}^{-1}||\boldsymbol{A}|=1$，则

$$\begin{aligned}|\lambda\boldsymbol{E}-\boldsymbol{AB}|&=|\boldsymbol{A}^{-1}||\lambda\boldsymbol{E}-\boldsymbol{AB}||\boldsymbol{A}|=|\boldsymbol{A}^{-1}(\lambda\boldsymbol{E}-\boldsymbol{AB})\boldsymbol{A}|\\&=|\lambda\boldsymbol{A}^{-1}\boldsymbol{EA}-\boldsymbol{A}^{-1}\boldsymbol{ABA}|=|\lambda\boldsymbol{E}-\boldsymbol{BA}|,\end{aligned}$$

所以，$\boldsymbol{AB}$ 与 $\boldsymbol{BA}$ 有相同的特征值.

习　题　4.2

1. 求方阵的特征值与所对应的特征向量.

(1) $\begin{pmatrix}6&2&4\\2&3&2\\4&2&6\end{pmatrix}$；　　(2) $\begin{pmatrix}2&1&1\\0&1&-1\\0&1&3\end{pmatrix}$；

(3) $\begin{pmatrix}2&-2&0\\-2&1&-2\\0&-2&0\end{pmatrix}$；　　(4) $\begin{pmatrix}3&1&0\\-4&-1&0\\-8&-4&-1\end{pmatrix}$.

2. 设 $\boldsymbol{A}$ 是 n 阶方阵. $\boldsymbol{A}^2=\boldsymbol{E}$，证明 $\boldsymbol{A}$ 的特征值是 1 或 -1.

3. 已知 $\boldsymbol{p}=\begin{pmatrix}1\\1\\-1\end{pmatrix}$ 是矩阵 $\boldsymbol{A}=\begin{pmatrix}2&-1&2\\5&a&3\\-1&b&-2\end{pmatrix}$ 的一个特征向量，求参数 a, b 及特征向量 $\boldsymbol{p}$ 所对应的特征值.

4. 设 λ 是方阵 $\boldsymbol{A}$ 的特征值，证明：(1) $k\lambda$ 是 $k\boldsymbol{A}$ 的特征值； (2) λ^3 是 $\boldsymbol{A}^3$ 的特征值.

5. 设方阵 $\boldsymbol{A}$ 有特征值 $\lambda_1=2$, $\lambda_2=-1$, $\boldsymbol{x}_1=(1,-2,2)^{\mathrm{T}}$ 和 $\boldsymbol{x}_2(-2,-1,2)^{\mathrm{T}}$ 分别是对应的特征向量.

(1) 证明 $\boldsymbol{x}_1+\boldsymbol{x}_2$ 不是 $\boldsymbol{A}$ 的特征向量；

(2) 试将向量 $\boldsymbol{\beta}=(3,4,-6)^{\mathrm{T}}$ 表示成 $\boldsymbol{x}_1$ 和 $\boldsymbol{x}_2$ 的线性组合，并求 $\boldsymbol{A\beta}$.

6. 设 n 阶方阵 $\boldsymbol{A}$ 满足 $\boldsymbol{A}^2-3\boldsymbol{A}+2\boldsymbol{E}=\boldsymbol{O}$，证明 $\boldsymbol{A}$ 的特征值只能是 1 或 2.

7. 设 n 阶方阵 $\boldsymbol{A}$ 满足 $\boldsymbol{A}^2+2\boldsymbol{A}+\boldsymbol{E}=\boldsymbol{O}$，求 $\boldsymbol{A}$ 的特征值.

8. 已知三阶方阵 $\boldsymbol{A}$ 的特征值为 1，-1，2.

(1) 求 $|\boldsymbol{A}|$，$\boldsymbol{A}^{-1}$ 与 $\boldsymbol{A}^{\mathrm{T}}$ 的特征值；

(2) 设矩阵 $\boldsymbol{B}=\boldsymbol{A}^3-5\boldsymbol{A}^2$，求矩阵 $\boldsymbol{B}$ 的特征值；

(3) 求 $|\boldsymbol{A}^{-1}+\boldsymbol{E}|$.

9. 设方阵 $\boldsymbol{A}$ 有一个特征值为 $\lambda=2$，证明 $\boldsymbol{B}=\boldsymbol{A}^2-\boldsymbol{A}+2\boldsymbol{E}$ 有一个特征值 4.

§4.3 相 似 矩 阵

在第三章中，讨论了两个矩阵的等价关系，现在进一步讨论两个矩阵的相似关系. 矩阵的相似关系可以用来简化矩阵的计算，我们重点研究矩阵的对角化问题.

一、相似矩阵及其性质

定义 1 设 $\boldsymbol{A}$, $\boldsymbol{B}$ 为 n 阶方阵，如果存在一个可逆矩阵 $\boldsymbol{C}$，使得 $\boldsymbol{C}^{-1}\boldsymbol{AC}=\boldsymbol{B}$，则称 $\boldsymbol{A}$ **相似于** $\boldsymbol{B}$；$\boldsymbol{C}^{-1}\boldsymbol{AC}$ 称为对 $\boldsymbol{A}$ 的**相似变换**；$\boldsymbol{C}$ 称为把 $\boldsymbol{A}$ 变为 $\boldsymbol{B}$ 的**相似变换矩阵**.

相似矩阵具有以下的性质：

若 $\boldsymbol{A}$ 与 $\boldsymbol{B}$ 相似，则

性质 1 $|\lambda\boldsymbol{E}-\boldsymbol{A}|=|\lambda\boldsymbol{E}-\boldsymbol{B}|$.

即相似矩阵的特征多项式相同，从而 $\boldsymbol{A}$ 与 $\boldsymbol{B}$ 的特征值也相同.

证明
$$\begin{aligned}|\lambda\boldsymbol{E}-\boldsymbol{B}|&=|\lambda\boldsymbol{E}-\boldsymbol{C}^{-1}\boldsymbol{AC}|=|\lambda\boldsymbol{C}^{-1}\boldsymbol{EC}-\boldsymbol{C}^{-1}\boldsymbol{AC}|\\&=|\boldsymbol{C}^{-1}(\lambda\boldsymbol{E}-\boldsymbol{A})\boldsymbol{C}|=|\boldsymbol{C}^{-1}|\cdot|\lambda\boldsymbol{E}-\boldsymbol{A}||\boldsymbol{C}|=|\lambda\boldsymbol{E}-\boldsymbol{A}|.\end{aligned}$$

性质 2 相似矩阵的对应的行列式的值相等，即

$$|\boldsymbol{B}|=|\boldsymbol{C}^{-1}\boldsymbol{AC}|=|\boldsymbol{C}^{-1}||\boldsymbol{A}||\boldsymbol{C}|=|\boldsymbol{A}|.$$

性质 3 相似矩阵的秩相等，即 $R(\boldsymbol{A})=R(\boldsymbol{B})$.

性质 4 如果 n 阶方阵 $\boldsymbol{A}$ 与对角阵

$$\boldsymbol{\Lambda} = \begin{pmatrix} \lambda_1 & & & \\ & \lambda_2 & & \\ & & \ddots & \\ & & & \lambda_n \end{pmatrix}$$

相似,则 $\lambda_1, \lambda_2, \cdots, \lambda_n$ 就是$\boldsymbol{A}$ 的 n 个特征值.

证明 因为 $\lambda_1, \lambda_2, \cdots, \lambda_n$ 就是对角阵 $\boldsymbol{\Lambda}$ 的 n 个特征值,且 $\boldsymbol{A}$ 相似于 $\boldsymbol{\Lambda}$,由性质 1 可知,$\lambda_1, \lambda_2, \cdots, \lambda_n$ 也就是$\boldsymbol{A}$ 与 $\boldsymbol{B}$ 的 n 个特征值,且根据特征值性质 3 可得

$$\sum_{i=1}^{n} a_{ii} = \sum_{i=1}^{n} b_{ii} = \sum_{i=1}^{n} \lambda_i; \quad |\boldsymbol{A}| = |\boldsymbol{B}| = \lambda_1\lambda_2\cdots\lambda_n.$$

性质 5 $\boldsymbol{A}^m$ 相似于 $\boldsymbol{B}^m$,m 为正整数.

证明 由于 $\boldsymbol{B}=\boldsymbol{C}^{-1}\boldsymbol{AC}$,则有

$$\begin{aligned}\boldsymbol{B}^m &= (\boldsymbol{C}^{-1}\boldsymbol{AC})^m = (\boldsymbol{C}^{-1}\boldsymbol{AC})(\boldsymbol{C}^{-1}\boldsymbol{AC})\cdots(\boldsymbol{C}^{-1}\boldsymbol{AC}) \\ &= \boldsymbol{C}^{-1}\boldsymbol{A}(\boldsymbol{CC}^{-1})\boldsymbol{A}(\boldsymbol{CC}^{-1})\boldsymbol{A}\cdots(\boldsymbol{CC}^{-1})\boldsymbol{AC} = \boldsymbol{C}^{-1}\boldsymbol{A}^m\boldsymbol{C},\end{aligned}$$

所以 $\boldsymbol{A}^m$ 相似于 $\boldsymbol{B}^m$.

性质 6 设多项式 $f(x) = a_nx^n + a_{n-1}x^{n-1} + \cdots + a_1x + a_0$,则 $f(\boldsymbol{A})$ 相似于 $f(\boldsymbol{B})$.

证明 由于 $\boldsymbol{B} = \boldsymbol{C}^{-1}\boldsymbol{AC}$, 则有

$$\begin{aligned}\boldsymbol{C}^{-1}f(\boldsymbol{A})\boldsymbol{C} &= \boldsymbol{C}^{-1}(a_n\boldsymbol{A}^n + a_{n-1}\boldsymbol{A}^{n-1} + \cdots + a_1\boldsymbol{A} + a_0\boldsymbol{E})\boldsymbol{C} \\ &= a_n\boldsymbol{C}^{-1}\boldsymbol{A}^n\boldsymbol{C} + a_{n-1}\boldsymbol{C}^{-1}\boldsymbol{A}^{n-1}\boldsymbol{C} + \cdots + a_1\boldsymbol{C}^{-1}\boldsymbol{AC} + a_0\boldsymbol{E} \\ &= a_n\boldsymbol{B}^n + a_{n-1}\boldsymbol{B}^{n-1} + \cdots + a_1\boldsymbol{B} + a_0\boldsymbol{E} = f(\boldsymbol{B}),\end{aligned}$$

所以 $f(\boldsymbol{A})$ 相似于 $f(\boldsymbol{B})$.

例 1 设 $\boldsymbol{A} = \begin{pmatrix} 1 & 0 & 0 \\ 0 & 2 & 1 \\ 0 & 1 & a \end{pmatrix}$, $\boldsymbol{B} = \begin{pmatrix} 1 & -1 & 0 \\ 0 & b & 2 \\ 0 & 0 & 1 \end{pmatrix}$,且 $\boldsymbol{A}$ 相似于 $\boldsymbol{B}$,求:

(1) 参数 a, b; (2) $|5\boldsymbol{E}-\boldsymbol{A}|$.

解 利用相似矩阵的性质

$$\begin{cases} |\boldsymbol{A}| = |\boldsymbol{B}|, \\ \sum_{i=1}^{3} a_{ii} = \sum_{i=1}^{3} b_{ii} = \sum_{i=1}^{3} \lambda_i, \end{cases} \quad \text{即} \quad \begin{cases} 2a - 1 = b, \\ 3 + a = 2 + b. \end{cases}$$

解得 $a = 2$, $b = 3$.

(2) $|5E-A|=|5E-B|=\begin{vmatrix}4 & 0 & 0\\ 0 & 3 & -1\\ 0 & -1 & 3\end{vmatrix}=32.$

例 2 设 $A=\begin{pmatrix}2 & 0 & 0\\ 0 & 0 & 1\\ 0 & 1 & x\end{pmatrix}$，$\Lambda=\begin{pmatrix}2 & 0 & 0\\ 0 & y & 0\\ 0 & 0 & -1\end{pmatrix}$，$A$ 相似于 Λ，求：

(1) x，y； (2) $|A+3E|$.

解 (1) 由相似矩阵的性质，有

$$\begin{cases}2+x=1+y,\\ -2=-2y,\end{cases}\quad 解得\ x=0,\quad y=1.$$

(2) **方法 1** $|A+3E|=|\Lambda+3E|=\begin{vmatrix}5 & & \\ & 4 & \\ & & 2\end{vmatrix}=40.$

方法 2 A 的特征值为 2，1，-1；$A+3E$ 的特征值为 5，4，2. 则

$$|A+3E|=5\times4\times2=40.$$

若方阵 A 相似于 B，则 A 与 B 的特征值均为 $\lambda_1,\lambda_2,\cdots,\lambda_n$. 而对角阵 $\Lambda=\begin{pmatrix}\lambda_1 & & & \\ & \lambda_2 & & \\ & & \ddots & \\ & & & \lambda_n\end{pmatrix}$ 的特征值也是 $\lambda_1,\lambda_2,\cdots,\lambda_n$. 下面将讨论能否存在可逆矩阵 C，使得 $C^{-1}AC=\Lambda$.

例 3 已知 n 阶方阵 A，B 满足 A 相似于 B，求证：(1) $kA-E$ 相似于 $kB-E$；(2) 若 A，B 可逆，则 A^{-1} 相似于 B^{-1}，A^* 相似于 B^*.

证明 已知 A 相似于 B，则 $B=C^{-1}AC$，

$$kB-E=kC^{-1}AC-E=C^{-1}kAC-C^{-1}EC=C^{-1}(kA-E)C,$$

故 $kA-E$ 相似于 $kB-E$.

(2) 由 $B^{-1}=(C^{-1}AC)^{-1}=C^{-1}A^{-1}C$，故 A^{-1} 相似于 B^{-1}；

由 $|B|=|A|$，则 $B^*=|B|B^{-1}=|A|C^{-1}A^{-1}C=C^{-1}|A|A^{-1}C=C^{-1}A^*C$，故 A^* 相似于 B^*.

例 4 设三阶方阵 A，B，且 A 相似于 B，A^{-1} 的特征值为 1，2，3，求 $|6B-E|$.

解 若 $\boldsymbol{A}$ 的特征值为 λ，则 $\boldsymbol{A}^{-1}$ 的特征值为 $\dfrac{1}{\lambda}$，所以 $\boldsymbol{A}$ 的特征值为 $1,\ \dfrac{1}{2},\ \dfrac{1}{3}$.

由于 $\boldsymbol{A}$ 相似于 $\boldsymbol{B}$，则 $\boldsymbol{A}$ 与 $\boldsymbol{B}$ 有相同的特征值，由相似矩阵的性质可知，$6\boldsymbol{B}-\boldsymbol{E}$ 的特征值为

$$6\times 1-1=5,\quad 6\times\frac{1}{2}-1=2,\quad 6\times\frac{1}{3}-1=1,$$

故 $|6\boldsymbol{B}-\boldsymbol{E}|=5\times 2\times 1=10$.

二、方阵与对角阵相似的充分必要条件

定理 n 阶方阵 $\boldsymbol{A}$ 相似于对角阵的充分必要条件是 $\boldsymbol{A}$ 有 n 个线性无关的特征向量.

证明 因为 n 阶方阵 $\boldsymbol{A}$ 相似于 $\boldsymbol{\Lambda}=\mathrm{diag}(\lambda_1,\lambda_2,\cdots,\lambda_n)$，$A$ 对每一个特征值 λ_k，有对应的特征向量 $\boldsymbol{x}_k$，$k=1,2,\cdots,n$. 由 $\boldsymbol{A}\boldsymbol{x}_k=\lambda_k\boldsymbol{x}_k(k=1,2,\cdots,n)$. 则有

$$(\boldsymbol{A}\boldsymbol{x}_1,\boldsymbol{A}\boldsymbol{x}_2,\cdots,\boldsymbol{A}\boldsymbol{x}_n)=(\lambda_1\boldsymbol{x}_1,\lambda_2\boldsymbol{x}_2,\cdots,\lambda_n\boldsymbol{x}_n)$$

$$=(\boldsymbol{x}_1,\boldsymbol{x}_2,\cdots,\boldsymbol{x}_n)\begin{pmatrix}\lambda_1 & 0 & \cdots & 0\\ 0 & \lambda_2 & \cdots & 0\\ \vdots & \vdots & & \vdots\\ 0 & 0 & \cdots & \lambda_n\end{pmatrix}.$$

令 $\boldsymbol{C}=(\boldsymbol{x}_1,\boldsymbol{x}_2,\cdots,\boldsymbol{x}_n)$，$\boldsymbol{\Lambda}=\mathrm{diag}(\lambda_1,\lambda_2,\cdots,\lambda_n)$，因为 n 阶方阵 $\boldsymbol{A}$ 中 λ_k 所对应的特征向量 $\boldsymbol{x}_k\neq\boldsymbol{0}$，则 $\boldsymbol{C}$ 是可逆矩阵，由 $\boldsymbol{AC}=\boldsymbol{C\Lambda}$ 得 $\boldsymbol{C}^{-1}\boldsymbol{AC}=\boldsymbol{\Lambda}$.

推论 1 设 $\boldsymbol{A}$ 与 $\boldsymbol{C}$ 都是 n 阶方阵，$\boldsymbol{C}$ 是可逆矩阵，则 $\boldsymbol{C}^{-1}\boldsymbol{AC}=\boldsymbol{\Lambda}$ 当且仅当方阵 $\boldsymbol{C}$ 的第 k 列 $\boldsymbol{x}_k$ 是方阵 $\boldsymbol{A}$ 对应于特征值 $\lambda_k(k=1,2,\cdots,n)$ 的特征向量，即

$$\boldsymbol{C}=(\boldsymbol{x}_1,\boldsymbol{x}_2,\cdots,\boldsymbol{x}_n).$$

推论 2 若 $\boldsymbol{A}$ 有 n 个不同的特征值，则 $\boldsymbol{A}$ 一定与对角阵相似，称 $\boldsymbol{A}$ **可以对角化**.

例 5 求与方阵相似的对角阵.

(1) $\boldsymbol{A}=\begin{pmatrix}3 & 1\\ 5 & -1\end{pmatrix}$； (2) $\boldsymbol{A}=\begin{pmatrix}4 & 6 & 0\\ -3 & -5 & 0\\ 3 & 6 & 1\end{pmatrix}$； (3) $\boldsymbol{A}=\begin{pmatrix}-1 & 1 & 0\\ -4 & 3 & 0\\ 1 & 0 & 2\end{pmatrix}$.

解 (1) $|\lambda\boldsymbol{E}-\boldsymbol{A}|=\begin{vmatrix}\lambda-3 & -1\\ -5 & \lambda+1\end{vmatrix}=\lambda^2-2\lambda-8=(\lambda-4)(\lambda+2)\xlongequal{令}0$,

得特征值 $\lambda_1 = 4$，$\lambda_2 = -2$，

当 $\lambda_1 = 4$，解 $(4\boldsymbol{E} - \boldsymbol{A})\boldsymbol{x} = \boldsymbol{0}$，

$$4\boldsymbol{E} - \boldsymbol{A} = \begin{pmatrix} 1 & -1 \\ -5 & 5 \end{pmatrix} \to \begin{pmatrix} 1 & -1 \\ 0 & 0 \end{pmatrix}.$$

得同解方程组 $x_1 = x_2$，特征向量 $\boldsymbol{p}_1 = \begin{pmatrix} 1 \\ 1 \end{pmatrix}$.

当 $\lambda_2 = -2$ 时，解 $(-2\boldsymbol{E} - \boldsymbol{A})\boldsymbol{x} = \boldsymbol{0}$.

$$-2\boldsymbol{E} - \boldsymbol{A} = \begin{pmatrix} -5 & -1 \\ -5 & -1 \end{pmatrix} \to \begin{pmatrix} 5 & 1 \\ 0 & 0 \end{pmatrix}.$$

得同解方程组 $5x_1 = -x_2$，特征向量 $\boldsymbol{p}_2 = \begin{pmatrix} 1 \\ -5 \end{pmatrix}$.

若取 $\boldsymbol{C} = (\boldsymbol{p}_1, \boldsymbol{p}_2) = \begin{pmatrix} 1 & 1 \\ 1 & -5 \end{pmatrix}$. 则 $\boldsymbol{C}^{-1}\boldsymbol{AC} = \boldsymbol{\Lambda}_1$，$\boldsymbol{\Lambda}_1 = \begin{pmatrix} 4 & 0 \\ 0 & -2 \end{pmatrix}$. 所以 $\boldsymbol{A}$ 相似于 $\boldsymbol{\Lambda}$（$\boldsymbol{C}$ 的选取不唯一），即若取 $\boldsymbol{C} = (\boldsymbol{p}_2, \boldsymbol{p}_1) = \begin{pmatrix} 1 & 1 \\ -5 & 1 \end{pmatrix}$. 则 $\boldsymbol{C}^{-1}\boldsymbol{AC} = \boldsymbol{\Lambda}_2$，$\boldsymbol{\Lambda}_2 = \begin{pmatrix} -2 & 0 \\ 0 & 4 \end{pmatrix}$，所以 $\boldsymbol{A}$ 相似于 $\boldsymbol{\Lambda}_2$.

(2) $|\lambda\boldsymbol{E} - \boldsymbol{A}| = \begin{vmatrix} \lambda - 4 & -6 & 0 \\ 3 & \lambda + 5 & 0 \\ -3 & -6 & \lambda - 1 \end{vmatrix} = (\lambda + 2)(\lambda - 1)^2 = 0.$

得特征值 $\lambda_1 = \lambda_2 = 1$（二重根），$\lambda_3 = -2$.

当 $\lambda_1 = \lambda_2 = 1$ 时，解 $(\boldsymbol{E} - \boldsymbol{A})\boldsymbol{x} = \boldsymbol{0}$.

$$\boldsymbol{E} - \boldsymbol{A} = \begin{pmatrix} -3 & -6 & 0 \\ 3 & 6 & 0 \\ -3 & -6 & 0 \end{pmatrix} \to \begin{pmatrix} 1 & 2 & 0 \\ 0 & 0 & 0 \\ 0 & 0 & 0 \end{pmatrix}.$$

得同解方程组 $\begin{cases} x_1 = -2x_2, \\ x_3 = x_3, \end{cases}$ 特征向量 $\boldsymbol{p}_1 = \begin{pmatrix} -2 \\ 1 \\ 0 \end{pmatrix}$，$\boldsymbol{p}_2 = \begin{pmatrix} 0 \\ 0 \\ 1 \end{pmatrix}$.

当 $\lambda_3 = -2$ 时，解 $(-2\boldsymbol{E} - \boldsymbol{A})\boldsymbol{x} = \boldsymbol{0}$.

$$-2\boldsymbol{E}-\boldsymbol{A}=\begin{pmatrix}-6 & -6 & 0\\ 3 & 3 & 0\\ -3 & -6 & -3\end{pmatrix}\to\begin{pmatrix}1 & 1 & 0\\ 0 & 1 & 1\\ 0 & 0 & 0\end{pmatrix}.$$

得同解方程组$\begin{cases}x_1=-x_2,\\ x_3=-x_2,\end{cases}$特征向量 $\boldsymbol{p}_3=\begin{pmatrix}1\\ -1\\ 1\end{pmatrix}$.

容易验证 $\boldsymbol{p}_1$, $\boldsymbol{p}_2$, $\boldsymbol{p}_3$ 线性无关.

令 $\boldsymbol{C}=(\boldsymbol{p}_1, \boldsymbol{p}_2, \boldsymbol{p}_3)=\begin{pmatrix}-2 & 0 & 1\\ 1 & 0 & -1\\ 0 & 1 & 1\end{pmatrix}$. 使得 $\boldsymbol{C}^{-1}\boldsymbol{AC}=\boldsymbol{\Lambda}=\begin{pmatrix}1 & 0 & 0\\ 0 & 1 & 0\\ 0 & 0 & -2\end{pmatrix}$,则 $\boldsymbol{A}$ 相似于 $\boldsymbol{\Lambda}$.

此例说明了 $\boldsymbol{A}$ 的特征值不全相异时,$\boldsymbol{A}$ 也可能与对角矩阵相似.

(3) $|\lambda\boldsymbol{E}-\boldsymbol{A}|=\begin{vmatrix}\lambda+1 & -1 & 0\\ 4 & \lambda-3 & 0\\ -1 & 0 & \lambda-2\end{vmatrix}=(\lambda-2)(\lambda^2-2\lambda+1)$

$$=(\lambda-2)(\lambda-1)^2=0.$$

得特征值 $\lambda_1=2$, $\lambda_2=\lambda_3=1$.

当 $\lambda_1=2$ 时,解$(2\boldsymbol{E}-\boldsymbol{A})\boldsymbol{x}=\boldsymbol{0}$.

$$2\boldsymbol{E}-\boldsymbol{A}=\begin{pmatrix}3 & -1 & 0\\ 4 & -1 & 0\\ -1 & 0 & 0\end{pmatrix}\to\begin{pmatrix}1 & 0 & 0\\ 0 & 1 & 0\\ 0 & 0 & 0\end{pmatrix}.$$

得同解方程组$\begin{cases}x_1=0,\\ x_2=0,\end{cases}$取 $x_3=1$,得特征向量 $\boldsymbol{p}_1=\begin{pmatrix}0\\ 0\\ 1\end{pmatrix}$.

当 $\lambda_2=\lambda_3=1$ 时,

$$\boldsymbol{E}-\boldsymbol{A}=\begin{pmatrix}2 & -1 & 0\\ 4 & -2 & 0\\ -1 & 0 & -1\end{pmatrix}\to\begin{pmatrix}1 & 0 & 1\\ 0 & 1 & 2\\ 0 & 0 & 0\end{pmatrix}.$$

得同解方程组$\begin{cases}x_1=-x_3,\\ x_2=-2x_3,\end{cases}$取 $x_3=1$,得特征向量 $\boldsymbol{p}_2=-\begin{pmatrix}-1\\ -2\\ 1\end{pmatrix}$,则 $\boldsymbol{A}$ 不可以对角

化. 这是因为方阵 $\boldsymbol{A}$ 对应于 $\lambda=1$ 的线性无关特征向量个数不等于特征值 1 的代数重数 2,故 $\boldsymbol{A}$ 不可以对角化.

例 6 设三阶方阵 $\boldsymbol{A}$ 的特征值 $\lambda_1=0$, $\lambda_2=1$, $\lambda_3=-3$ 对应的特征向量分别为 $\boldsymbol{p}_1=\begin{pmatrix}0\\2\\1\end{pmatrix}$, $\boldsymbol{p}_2=\begin{pmatrix}-2\\1\\1\end{pmatrix}$, $\boldsymbol{p}_3=\begin{pmatrix}0\\1\\-1\end{pmatrix}$,求 $\boldsymbol{A}$.

解 因不同的特征值所对应的特征向量一定线性无关,则存在可逆矩阵 $\boldsymbol{C}=(\boldsymbol{p}_1, \boldsymbol{p}_2, \boldsymbol{p}_3)$ 使得

$$\boldsymbol{A}=\boldsymbol{C\Lambda C}^{-1}.$$

其中,$\boldsymbol{C}=\begin{pmatrix}0&-2&0\\2&1&1\\1&1&-1\end{pmatrix}$, $\boldsymbol{\Lambda}=\begin{pmatrix}0&&\\&1&\\&&-3\end{pmatrix}$, $\boldsymbol{C}^{-1}=\frac{1}{6}\begin{pmatrix}2&2&2\\-3&0&0\\-1&2&-4\end{pmatrix}$.

则

$$\boldsymbol{A}=\boldsymbol{C\Lambda C}^{-1}=\begin{pmatrix}0&-2&0\\2&1&1\\1&1&-1\end{pmatrix}\begin{pmatrix}0&0&0\\0&1&0\\0&0&-3\end{pmatrix}\cdot\frac{1}{6}\begin{pmatrix}2&2&2\\-3&0&0\\-1&2&-4\end{pmatrix}$$

$$=\frac{1}{6}\begin{pmatrix}0&-2&0\\0&1&-3\\0&1&3\end{pmatrix}\begin{pmatrix}2&2&2\\-3&0&0\\-1&2&-4\end{pmatrix}=\begin{pmatrix}1&0&0\\0&-1&2\\-1&1&-2\end{pmatrix}.$$

一个方阵具备什么条件才能对角化,这是一个复杂的问题. 对此我们不进行一般性的讨论,下面仅讨论 $\boldsymbol{A}$ 为实对称矩阵的情况.

习 题 4.3

1. 已知矩阵 $\boldsymbol{A}=\begin{pmatrix}1&-2&-4\\-2&x&-2\\-4&-2&1\end{pmatrix}$ 与 $\boldsymbol{B}=\begin{pmatrix}5&0&0\\0&y&0\\0&0&-4\end{pmatrix}$ 相似,求 x, y 的值.

2. 求与下列矩阵相似的对角阵.

(1) $\boldsymbol{A}=\begin{pmatrix}2&2&-2\\2&5&-4\\-2&-4&5\end{pmatrix}$; (2) $\boldsymbol{B}=\begin{pmatrix}1&1&-2\\4&0&4\\1&-1&4\end{pmatrix}$.

3. 下列矩阵 $\boldsymbol{A}$ 可以对角化吗？若可以对角化，那么求出可逆矩阵 $\boldsymbol{C}$，使得$\boldsymbol{C}^{-1}\boldsymbol{AC}$为对角阵.

(1) $\boldsymbol{A}=\begin{pmatrix}1&2&2\\1&2&-1\\-1&1&4\end{pmatrix}$；　(2) $\boldsymbol{A}=\begin{pmatrix}-3&1&-1\\-7&5&-1\\-6&6&-2\end{pmatrix}$.

4. 若 $bc>0$，证明矩阵 $\boldsymbol{A}=\begin{pmatrix}a&b\\c&d\end{pmatrix}$可以对角化.

5. 设方阵 $\boldsymbol{A}$ 满足 $\boldsymbol{Ax}_1=\boldsymbol{x}_1$，$\boldsymbol{Ax}_2=0$，$\boldsymbol{Ax}_3=-\boldsymbol{x}_3$，其中 $\boldsymbol{x}_1=(1,\ 2,\ 2)^{\mathrm{T}}$，$\boldsymbol{x}_2=(0,\ -1,\ 1)^{\mathrm{T}}$，$\boldsymbol{x}_3=(0,\ 0,\ 1)^{\mathrm{T}}$，求 $\boldsymbol{A}$ 与 $\boldsymbol{A}^5$.

6. 设三阶方阵 $\boldsymbol{A}$ 相似于矩阵 $\boldsymbol{B}=\begin{pmatrix}1&-1&0\\2&2&0\\0&0&3\end{pmatrix}$，求 $|\boldsymbol{A}|$.

§4.4　实对称矩阵的对角化

我们已经知道方阵不一定可以对角化，但实对称矩阵必定可对角化.

一、实对称矩阵的性质

性质 1　实对称矩阵的特征值必为实数.

性质 2　实对称矩阵不同的特征值所对应的特征向量必正交.

证明　若 λ_1，λ_2 是实对称矩阵 $\boldsymbol{A}$ 的两个特征值，$\boldsymbol{p}_1$，$\boldsymbol{p}_2$ 是对应的特征向量，当 $\lambda_1\neq\lambda_2$，则 $\boldsymbol{p}_1$，$\boldsymbol{p}_2$ 正交.

因为$\lambda_1\boldsymbol{p}_1=\boldsymbol{Ap}_1$，$\lambda_2\boldsymbol{p}_2=\boldsymbol{Ap}_2$，故

$$\lambda_1\boldsymbol{p}_1^{\mathrm{T}}=(\lambda_1\boldsymbol{p}_1)^{\mathrm{T}}=(\boldsymbol{Ap}_1)^{\mathrm{T}}=\boldsymbol{p}_1^{\mathrm{T}}\boldsymbol{A}^{\mathrm{T}}=\boldsymbol{p}_1^{\mathrm{T}}\boldsymbol{A}.$$

所以　$\lambda_1\boldsymbol{p}_1^{\mathrm{T}}\boldsymbol{p}_2=\boldsymbol{p}_1^{\mathrm{T}}\boldsymbol{Ap}_2=\boldsymbol{p}_1^{\mathrm{T}}(\lambda_2\boldsymbol{p}_2)=\lambda_2\boldsymbol{p}_1^{\mathrm{T}}\boldsymbol{p}_2.$

由上式可得　$(\lambda_1-\lambda_2)\boldsymbol{p}_1^{\mathrm{T}}\boldsymbol{p}_2=0$，则 $\boldsymbol{p}_1^{\mathrm{T}}\boldsymbol{p}_2=0$.

可知 $\boldsymbol{p}_1$ 与 $\boldsymbol{p}_2$ 正交.

性质 3　实对称矩阵 $\boldsymbol{A}$ 正交相似于对角阵 $\boldsymbol{\Lambda}$，而 $\boldsymbol{\Lambda}$ 的主对角线上的元素是 $\boldsymbol{A}$ 的特征值且全为实数. 其中 λ_k 在 $\boldsymbol{\Lambda}$ 的主对角线上出现的次数一定等于对应于 λ_k 的线性无关的特征向量的个数.

这就是说，对称阵不仅相似于对角阵，而且是正交相似于对角阵.

定理　设 $\boldsymbol{A}$ 为 n 阶实对称矩阵，则必有正交矩阵 $\boldsymbol{P}$，使

$$\boldsymbol{P}^{-1}\boldsymbol{AP}=\boldsymbol{\Lambda}=\mathrm{diag}(\lambda_1,\ \lambda_2,\ \cdots,\ \lambda_n).$$

其中 $\lambda_1, \lambda_2, \cdots, \lambda_n$ 是 $\boldsymbol{A}$ 的特征值.

二、实对称矩阵对角化的步骤

第一步，求出 n 阶对称矩阵 $\boldsymbol{A}$ 的全部不同的特征值 $\lambda_1, \lambda_2, \cdots, \lambda_t$，其中 λ_k 的重数为 $s_k(k=1, 2, \cdots, t)$，且 $\sum_{k=1}^{t} s_k = n$；

第二步，求出 $\boldsymbol{A}$ 对应的特征值 $\lambda_k(k=1, 2, \cdots, t)$ 的线性无关的特征向量，即基础解系：$\boldsymbol{\xi}_1, \boldsymbol{\xi}_2, \cdots, \boldsymbol{\xi}_{s_k}$；

第三步，将属于同一特征值的特征向量正交化、单位化；

第四步，将 n 个两两正交、单位化后的特征向量 $\boldsymbol{p}_1, \boldsymbol{p}_2, \cdots, \boldsymbol{p}_n$ 依次排列构成正交矩阵 $\boldsymbol{P}$，使得 $\boldsymbol{P}=(\boldsymbol{p}_1, \boldsymbol{p}_2, \cdots, \boldsymbol{p}_n)$，则

$$\boldsymbol{P}^{-1}\boldsymbol{A}\boldsymbol{P} = \boldsymbol{\Lambda} = \begin{pmatrix} \lambda_1 & & & \\ & \lambda_2 & & \\ & & \ddots & \\ & & & \lambda_n \end{pmatrix}.$$

例 1 设方阵 $\boldsymbol{A}$ 是实对称矩阵，$\lambda=1, 2, 3$ 是其特征值，$\boldsymbol{\alpha}_1 = \begin{pmatrix} 1 \\ 1 \\ 1 \end{pmatrix}$，$\boldsymbol{\alpha}_2 = \begin{pmatrix} 1 \\ -1 \\ 0 \end{pmatrix}$ 是 $\lambda=1$，$\lambda=2$ 的特征向量，求 $\lambda=3$ 的特征向量.

解 设 $\lambda=3$ 的特征向量是 $\boldsymbol{\alpha}_3 = \begin{pmatrix} x_1 \\ x_2 \\ x_3 \end{pmatrix}$，

由性质 2，有 $\begin{cases} x_1 + x_2 + x_3 = 0, \\ x_1 - x_2 = 0, \end{cases}$ 则 $\begin{cases} x_1 = x_2, \\ x_3 = -2x_2. \end{cases}$

解得基础解系为 $\boldsymbol{\alpha}_3 = \begin{pmatrix} 1 \\ 1 \\ -2 \end{pmatrix}$.

则 $k\boldsymbol{\alpha}_3(k \neq 0)$ 是 $\lambda=3$ 的全部特征向量.

例 2 求下列实对称矩阵 $\boldsymbol{A}$ 的正交矩阵 $\boldsymbol{P}$，使得 $\boldsymbol{P}^{-1}\boldsymbol{A}\boldsymbol{P}=\boldsymbol{\Lambda}$.

(1) $\boldsymbol{A}=\begin{pmatrix}1&-2&0\\-2&2&-2\\0&-2&3\end{pmatrix}$；　　(2) $\boldsymbol{A}=\begin{pmatrix}2&2&-2\\2&5&-4\\-2&-4&5\end{pmatrix}$.

解 (1) 因为 $|\lambda\boldsymbol{E}-\boldsymbol{A}|=\begin{vmatrix}\lambda-1&2&0\\2&\lambda-2&2\\0&2&\lambda-3\end{vmatrix}$

$$=(\lambda-1)\begin{vmatrix}\lambda-2&2\\2&\lambda-3\end{vmatrix}-2\begin{vmatrix}2&0\\2&\lambda-3\end{vmatrix}$$

$$=(\lambda-1)(\lambda^2-5\lambda+2)-4(\lambda-3)$$

$$=\lambda^3-6\lambda^2+3\lambda+10=(\lambda+1)(\lambda-2)(\lambda-5)=0,$$

得 $\boldsymbol{A}$ 的特征值 $\lambda_1=-1$，$\lambda_2=2$，$\lambda_3=5$.

当 $\lambda_1=-1$ 时，解 $(-\boldsymbol{E}-\boldsymbol{A})\boldsymbol{x}=\boldsymbol{0}$.

$$-\boldsymbol{E}-\boldsymbol{A}=\begin{pmatrix}-2&2&0\\2&-3&2\\0&2&-4\end{pmatrix}\to\begin{pmatrix}1&0&-2\\0&1&-2\\0&0&0\end{pmatrix}$$

得同解方程组 $\begin{cases}x_1=2x_3,\\x_2=2x_3,\end{cases}$ 基础解系 $\boldsymbol{\xi}_1=\begin{pmatrix}2\\2\\1\end{pmatrix}$.

当 $\lambda_2=2$ 时，解 $(2\boldsymbol{E}-\boldsymbol{A})\boldsymbol{x}=\boldsymbol{0}$.

$$2\boldsymbol{E}-\boldsymbol{A}=\begin{pmatrix}1&2&0\\2&0&2\\0&2&-1\end{pmatrix}\to\begin{pmatrix}1&0&1\\0&2&-1\\0&0&0\end{pmatrix}.$$

得同解方程组 $\begin{cases}x_1=-x_3,\\2x_2=x_3,\end{cases}$ 基础解系 $\boldsymbol{\xi}_2=\begin{pmatrix}2\\-1\\-2\end{pmatrix}$.

当 $\lambda_3=5$ 时，解 $(5\boldsymbol{E}-\boldsymbol{A})\boldsymbol{x}=\boldsymbol{0}$.

$$5\boldsymbol{E}-\boldsymbol{A}=\begin{pmatrix}4&2&0\\2&3&2\\0&2&2\end{pmatrix}\rightarrow\begin{pmatrix}2&1&0\\0&1&1\\0&0&0\end{pmatrix}.$$

得同解方程组$\begin{cases}2x_1=-x_2,\\x_3=-x_2,\end{cases}$基础解系 $\boldsymbol{\xi}_3=\begin{pmatrix}1\\-2\\2\end{pmatrix}$.

实对称矩阵不同的特征值对应的特征向量两两正交. 再将 $\boldsymbol{\xi}_1$, $\boldsymbol{\xi}_2$, $\boldsymbol{\xi}_3$ 单位化得

$$\boldsymbol{p}_1=\frac{\boldsymbol{\xi}_1}{\|\boldsymbol{\xi}_1\|}=\frac{1}{3}\begin{pmatrix}2\\2\\1\end{pmatrix},\quad \boldsymbol{p}_2=\frac{\boldsymbol{\xi}_2}{\|\boldsymbol{\xi}_2\|}=\frac{1}{3}\begin{pmatrix}2\\-1\\-2\end{pmatrix},\quad \boldsymbol{p}_3=\frac{\boldsymbol{\xi}_3}{\|\boldsymbol{\xi}_3\|}=\frac{1}{3}\begin{pmatrix}1\\-2\\2\end{pmatrix}.$$

令
$$\boldsymbol{P}=(\boldsymbol{p}_1,\boldsymbol{p}_2,\boldsymbol{p}_3)=\frac{1}{3}\begin{pmatrix}2&2&1\\2&-1&-2\\1&-2&2\end{pmatrix},$$

则 $\boldsymbol{P}$ 为正交矩阵,且 $\boldsymbol{P}^{-1}\boldsymbol{A}\boldsymbol{P}=\boldsymbol{\Lambda}=\begin{pmatrix}-1&0&0\\0&2&0\\0&0&5\end{pmatrix}$.

(2) 因为 $|\lambda\boldsymbol{E}-\boldsymbol{A}|=\begin{vmatrix}\lambda-2&-2&2\\-2&\lambda-5&4\\2&4&\lambda-5\end{vmatrix}=(\lambda-1)^2(\lambda-10)$.

解得 $\boldsymbol{A}$ 的特征值为 $\lambda_1=\lambda_2=1$, $\lambda_3=10$.

当 $\lambda_1=\lambda_2=1$ 时,解 $(\boldsymbol{E}-\boldsymbol{A})\boldsymbol{x}=\boldsymbol{0}$.

$$\boldsymbol{E}-\boldsymbol{A}=\begin{pmatrix}-1&-2&2\\-2&-4&4\\2&4&-4\end{pmatrix}\rightarrow\begin{pmatrix}1&2&-2\\0&0&0\\0&0&0\end{pmatrix}.$$

得同解方程组 $x_1=-2x_2+2x_3$,其基础解系 $\boldsymbol{\xi}_1=\begin{pmatrix}-2\\1\\0\end{pmatrix}$, $\boldsymbol{\xi}_2=\begin{pmatrix}2\\0\\1\end{pmatrix}$.

当 $\lambda_3=10$ 时,解 $(10\boldsymbol{E}-\boldsymbol{A})\boldsymbol{x}=\boldsymbol{0}$.

$$10\boldsymbol{E}-\boldsymbol{A}=\begin{pmatrix}8&-2&2\\-2&5&4\\2&4&9\end{pmatrix}\to\begin{pmatrix}2&-5&-4\\0&1&1\\0&0&0\end{pmatrix}\to\begin{pmatrix}2&0&1\\0&1&1\\0&0&0\end{pmatrix}.$$

得同解方程组$\begin{cases}2x_1=-x_3,\\x_2=-x_3,\end{cases}$其基础解系 $\xi_3=\begin{pmatrix}1\\2\\-2\end{pmatrix}$.

将属于同一特征值的特征向量正交化和单位化,

$$\boldsymbol{\beta}_1=\boldsymbol{\xi}_1,\quad \boldsymbol{\beta}_2=\boldsymbol{\xi}_2-\frac{(\boldsymbol{\xi}_2,\boldsymbol{\beta}_1)}{(\boldsymbol{\beta}_1,\boldsymbol{\beta}_1)}\boldsymbol{\beta}_1=\begin{pmatrix}2\\0\\1\end{pmatrix}-\frac{-4}{5}\begin{pmatrix}-2\\1\\0\end{pmatrix}=\frac{1}{5}\begin{pmatrix}2\\4\\5\end{pmatrix}.$$

取$\bar{\boldsymbol{\beta}}_2=\begin{pmatrix}2\\4\\5\end{pmatrix}$,单位化得

$$\boldsymbol{p}_1=\frac{1}{\sqrt{5}}\begin{pmatrix}-2\\1\\0\end{pmatrix},\quad \boldsymbol{p}_2=\frac{1}{3\sqrt{5}}\begin{pmatrix}2\\4\\5\end{pmatrix},\quad \boldsymbol{p}_3=\frac{1}{3}\begin{pmatrix}1\\2\\-2\end{pmatrix}.$$

$$\boldsymbol{P}=(\boldsymbol{p}_1,\boldsymbol{p}_2,\boldsymbol{p}_3)=\begin{pmatrix}-\frac{2}{\sqrt{5}}&\frac{2}{3\sqrt{5}}&\frac{1}{3}\\\frac{1}{\sqrt{5}}&\frac{4}{3\sqrt{5}}&\frac{2}{3}\\0&\frac{5}{3\sqrt{5}}&-\frac{2}{3}\end{pmatrix},$$

则 $\boldsymbol{P}^{-1}\boldsymbol{A}\boldsymbol{P}=\begin{pmatrix}1&0&0\\0&1&0\\0&0&10\end{pmatrix}$.

说明 在(2)题中,当 $\lambda=1$ 时,解$(\boldsymbol{E}-\boldsymbol{A})\boldsymbol{x}=\boldsymbol{0}$,其同解方程组为 $x_1+2x_2-2x_3=0$. 可取线性无关的特征向量

$$\boldsymbol{\xi}_1=\begin{pmatrix}2\\1\\2\end{pmatrix},\quad \boldsymbol{\xi}_2=\begin{pmatrix}-2\\2\\1\end{pmatrix},$$

$\boldsymbol{\xi}_1$ 与 $\boldsymbol{\xi}_2$ 正交,只需要单位化,则 $\boldsymbol{P}=\frac{1}{3}\begin{pmatrix}2&-2&1\\1&2&2\\2&1&-2\end{pmatrix}$.

例 3 已知三阶实对称矩阵 $\boldsymbol{A}$ 的特征值分别为 $\lambda_1,\lambda_2,\lambda_3$,已知 $\lambda_1=2,\lambda_2=3$,相应的特征向量分别为 $\boldsymbol{x}_1=\begin{pmatrix}-1\\1\\0\end{pmatrix},\boldsymbol{x}_2=\begin{pmatrix}1\\1\\1\end{pmatrix}$,且 $R(\boldsymbol{A})=2$,求 λ_3 的值及矩阵 $\boldsymbol{A}$.

解 因为 $R(\boldsymbol{A})=2$, $\boldsymbol{A}$ 有三个不同的特征值,而 $|\boldsymbol{A}|=\lambda_1\lambda_2\lambda_3=0$,所以 $\lambda_3=0$.

设 $\boldsymbol{A}$ 取 $\lambda_3=0$ 对应的特征向量为 $\boldsymbol{x}_3=\begin{pmatrix}x_1\\x_2\\x_3\end{pmatrix}$.

$\boldsymbol{x}_1,\boldsymbol{x}_2,\boldsymbol{x}_3$ 两两正交,有

$$\begin{cases}-x_1+x_2=0,\\x_1+x_2+x_3=0,\end{cases}\quad 解得\quad \boldsymbol{x}_3=\begin{pmatrix}1\\1\\-2\end{pmatrix}.$$

令 $\boldsymbol{C}=\begin{pmatrix}-1&1&1\\1&1&1\\0&1&-2\end{pmatrix}$,使 $\boldsymbol{C}^{-1}\boldsymbol{AC}=\boldsymbol{\Lambda}=\begin{pmatrix}2&0&0\\0&3&0\\0&0&0\end{pmatrix}$.

则有

$$\boldsymbol{A}=\boldsymbol{C\Lambda C}^{-1}=\begin{pmatrix}-1&1&1\\1&1&1\\0&1&-2\end{pmatrix}\begin{pmatrix}2&&\\&3&\\&&0\end{pmatrix}\frac{1}{6}\begin{pmatrix}-3&3&0\\2&2&2\\1&1&-2\end{pmatrix}=\begin{pmatrix}2&0&1\\0&2&1\\1&1&1\end{pmatrix}.$$

习 题 4.4

1. 求正交矩阵 $\boldsymbol{P}$,使得 $\boldsymbol{P}^{-1}\boldsymbol{AP}$ 为对角阵,其中 $\boldsymbol{A}$ 分别为下列矩阵:

(1) $\boldsymbol{A}=\begin{pmatrix}1&2&2\\2&1&2\\2&2&1\end{pmatrix}$;　　(2) $\boldsymbol{A}=\begin{pmatrix}3&-2&0\\-2&2&-2\\0&-2&1\end{pmatrix}$;

(3) $\boldsymbol{A}=\begin{pmatrix}0&-2&2\\-2&-3&4\\2&4&-3\end{pmatrix}$；　　(4) $\boldsymbol{A}=\begin{pmatrix}1&2&4\\2&-2&2\\4&2&1\end{pmatrix}$.

2. 已知 1，1，−1 是三阶实对称矩阵 $\boldsymbol{A}$ 的 3 个特征值. $\boldsymbol{A}$ 的属于 $\lambda_1=\lambda_2=1$ 的特征向量为 $\boldsymbol{p}_1=\begin{pmatrix}1\\1\\1\end{pmatrix}$，$\boldsymbol{p}_2=\begin{pmatrix}2\\2\\1\end{pmatrix}$. 求矩阵 $\boldsymbol{A}$.

3. 设三阶对称矩阵 $\boldsymbol{A}$ 的特征值 $\lambda_1=1$，$\lambda_2=0$，$\lambda_3=-1$，对应的特征向量为

$$\boldsymbol{p}_1=\begin{pmatrix}1\\2\\2\end{pmatrix},\ \boldsymbol{p}_2=\begin{pmatrix}2\\-2\\1\end{pmatrix},\ \boldsymbol{p}_3=\begin{pmatrix}-2\\-1\\2\end{pmatrix},$$

求 $\boldsymbol{A}$.

4. 设三阶实对称方阵 $\boldsymbol{A}$ 的特征值为 6，3，3，与特征值 6 对应的特征向量为 $\boldsymbol{\alpha}_1=(1,1,1)^T$，求矩阵 $\boldsymbol{A}$.

5. 已知 $\boldsymbol{A}$ 为三阶实对称矩阵，$R(\boldsymbol{A})=2$，且 $\boldsymbol{A}\begin{pmatrix}1&1\\0&0\\-1&1\end{pmatrix}=\begin{pmatrix}-1&1\\0&0\\1&1\end{pmatrix}$. 求(1) $\boldsymbol{A}$ 的所有特征值与特征向量；(2) 矩阵 $\boldsymbol{A}$.

6. 如果 $\boldsymbol{A}$ 为 n 阶实对称矩阵，$\boldsymbol{B}$ 为 n 阶正交矩阵，求证 $\boldsymbol{B}^{-1}\boldsymbol{AB}$ 为 n 阶实对称矩阵.

§4.5　二次型及其矩阵表示

二次型起源于解析几何中化二次曲线为标准形的问题. 这类问题不但在数学上，而且在工程实践中均有广泛应用.

一、问题的引出

在平面解析几何中，我们知道标准方程 $Ax^2+By^2=1$；

$x^2+y^2=R^2$ 的图形为圆；

$\dfrac{x^2}{a^2}+\dfrac{y^2}{b^2}=1$ 的图形为椭圆；

$\dfrac{x^2}{a^2}-\dfrac{y^2}{b^2}=1$ 的图形为双曲线.

但对于一般二次曲线 $ax^2+bxy+cy^2=d$ 的图形是什么，就看不出来了.

例如　二次曲线 $x^2+xy+y^2=1$ 引入坐标变换

$$\begin{cases} x = \dfrac{x'}{\sqrt{2}} - \dfrac{y'}{\sqrt{2}}, \\ y = \dfrac{x'}{\sqrt{2}} + \dfrac{y'}{\sqrt{2}}, \end{cases}$$

得 $3x'^2 + y'^2 = 2$ 为椭圆方程.

可见，对于一般二次曲线 $ax^2 + bxy + cy^2 = d$，只要适当选择角度 θ，作旋转变换

$$\begin{cases} x = x'\cos\theta - y'\sin\theta, \\ y = x'\sin\theta + y'\cos\theta, \end{cases}$$

就可将曲线方程化为标准方程：$Ax'^2 + By'^2 = D$ 为二次齐次式(只含平方项)的图形.

二次曲面也有此类的问题. 在数学的其他分支以及物理、力学和工程技术中也有类似的问题，且其变量个数往往不止两个，下面作一般讨论.

二、基本概念

定义 1 含有 n 个变量 $x_1, x_2, \cdots, x_n$ 的二次齐次多项式

$$\begin{aligned} f(x_1, x_2, \cdots, x_n) &= a_{11}x_1^2 + 2a_{12}x_1x_2 + 2a_{13}x_1x_3 + \cdots + 2a_{1n}x_1x_n + \\ &\quad a_{22}x_2^2 + 2a_{23}x_2x_3 + \cdots + 2a_{2n}x_2x_n + \cdots + \\ &\quad a_{n-1,n-1}x_{n-1}^2 + 2a_{n-1,n}x_{n-1}x_n + a_{nn}x_n^2 \\ &= \sum_{i=1}^{n} a_{ii}x_i^2 + 2\sum_{1\leqslant i<j\leqslant n} a_{ij}x_ix_j \end{aligned} \tag{1}$$

称为 ***n* 元二次型(或二次齐次式)**.

若式(1)中交叉项 $x_ix_j\,(i \neq j)$ 的系数全部为零，即

$$a_{ij} = 0 \quad (i, j = 1, 2, \cdots, n;\ i \neq j),$$

$$f(x_1, x_2, \cdots, x_n) = a_{11}x_1^2 + a_{22}x_2^2 + \cdots + a_{nn}x_n^2 \tag{2}$$

称为 $x_1, x_2, \cdots, x_n$ 的**标准二次型(或二次型的标准形)**.

注意 式(1)中，每一项中变量的方次之和均为 2.

例如，$f(x_1, x_2, x_3) = x_1^2 + x_1x_2 + 3x_3^2$ 是二次型；

$f(x_1, x_2, x_3) = x_1^2 + \sqrt{x_1x_2} + 4x_2$ 不是二次型.

三、二次型的矩阵与二次型的秩

下面为了讨论化二次型为标准形的方法，引入矩阵这个工具.

例 1 将二次型 $f(x_1, x_2, x_3) = x_1^2 + 2x_2^2 + 5x_3^2 + 2x_1x_2 + 2x_1x_3 + 6x_2x_3$ 用矩阵表示.

解 $f(x_1, x_2, x_3)$

$$= x_1^2 + x_1x_2 + x_1x_3 + x_2x_1 + 2x_2^2 + 3x_2x_3 + x_3x_1 + 3x_3x_2 + 5x_3^2$$
$$= x_1(x_1 + x_2 + x_3) + x_2(x_1 + 2x_2 + 3x_3) + x_3(x_1 + 3x_2 + 5x_3)$$
$$= (x_1,\ x_2,\ x_3)\begin{pmatrix} x_1 + x_2 + x_3 \\ x_1 + 2x_2 + 3x_3 \\ x_1 + 3x_2 + 5x_3 \end{pmatrix} = (x_1,\ x_2,\ x_3)\begin{pmatrix} 1 & 1 & 1 \\ 1 & 2 & 3 \\ 1 & 3 & 5 \end{pmatrix}\begin{pmatrix} x_1 \\ x_2 \\ x_3 \end{pmatrix}$$
$$= \boldsymbol{x}^{\mathrm{T}}\boldsymbol{A}\boldsymbol{x}.$$

其中，$\boldsymbol{x} = \begin{pmatrix} x_1 \\ x_2 \\ x_3 \end{pmatrix}$，$\boldsymbol{A} = \begin{pmatrix} 1 & 1 & 1 \\ 1 & 2 & 3 \\ 1 & 3 & 5 \end{pmatrix}$. 可见二次型可以用矩阵表示.

给出了二次型 $f(x_1,\ x_2,\ x_3)$，可得到对称矩阵

$$\boldsymbol{A} = \begin{pmatrix} 1 & 1 & 1 \\ 1 & 2 & 3 \\ 1 & 3 & 5 \end{pmatrix}.$$

反之，若给了一个对称矩阵 $\boldsymbol{A} = \begin{pmatrix} 1 & 1 & 1 \\ 1 & 2 & 3 \\ 1 & 3 & 5 \end{pmatrix}$，也可得出一个二次型

$$f(x_1,\ x_2,\ x_3) = x_1^2 + 2x_2^2 + 5x_3^2 + 2x_1x_2 + 2x_1x_3 + 6x_2x_3.$$

所以二次型

$$f(x_1,\ x_2,\ x_3) = x_1^2 + 2x_2^2 + 5x_3^2 + 2x_1x_2 + 2x_1x_3 + 6x_2x_3$$

与对称矩阵

$$\boldsymbol{A} = \begin{pmatrix} 1 & 1 & 1 \\ 1 & 2 & 3 \\ 1 & 3 & 5 \end{pmatrix}$$

一一对应，$\boldsymbol{x}^{\mathrm{T}}\boldsymbol{A}\boldsymbol{x}$ 为 $f(x_1,\ x_2,\ x_3)$的**矩阵表达式**.

现在推广到一般由式(1)所示的 n 个变量的二次型，可写成

$$f(x_1,\ x_2,\ \cdots,\ x_n) = (x_1,\ x_2,\ \cdots,\ x_n)\begin{pmatrix} a_{11} & a_{12} & \cdots & a_{1n} \\ a_{21} & a_{22} & \cdots & a_{2n} \\ \vdots & \vdots & & \vdots \\ a_{n1} & a_{n2} & \cdots & a_{nn} \end{pmatrix}\begin{pmatrix} x_1 \\ x_2 \\ \vdots \\ x_n \end{pmatrix} = \boldsymbol{x}^{\mathrm{T}}\boldsymbol{A}\boldsymbol{x}. \qquad (3)$$

其中，$x=\begin{pmatrix}x_1\\x_2\\\vdots\\x_n\end{pmatrix}$，$A=\begin{pmatrix}a_{11}&a_{12}&\cdots&a_{1n}\\a_{21}&a_{22}&\cdots&a_{2n}\\\vdots&\vdots&&\vdots\\a_{n1}&a_{n2}&\cdots&a_{nn}\end{pmatrix}$，且 $a_{ij}=a_{ji}$，于是 $f(x_1, x_2, \cdots, x_n)$ 与对称矩阵 $\boldsymbol{A}$ 一一对应.

称式(3)为二次型 $f(x_1, x_2, \cdots, x_n)$ 的**矩阵表达式**；称 $\boldsymbol{A}$ 为二次型 $f(x_1, x_2, \cdots, x_n)$ 的**矩阵**；$\boldsymbol{A}$ 的秩为**二次型的秩**.

说明 对称矩阵 $\boldsymbol{A}$ 的写法如下：

(1) $\boldsymbol{A}$ 一定是方阵.

(2) 矩阵 $\boldsymbol{A}$ 对角线上的元素 a_{ii} 恰好是 $x_i^2 (i=1, 2, \cdots, n)$ 的系数.

(3) x_ix_j 的系数的一半分给 a_{ij}，一半分给 a_{ji}，可保证 $a_{ij}=a_{ji} (i\neq j; i, j=1, 2, \cdots, n)$. $\boldsymbol{x}^{\mathrm{T}}\boldsymbol{A}\boldsymbol{x}$ 是 $f(x_1, x_2, \cdots, x_n)$ 的矩阵表达式.

例 2 将二次型写成矩阵形式，并求它们的秩.

(1) $f_1(x_1, x_2, x_3)=x_1^2+4x_2^2+x_3^2-4x_1x_2-8x_1x_3-4x_2x_3$；

(2) $f_2(x_1, x_2, x_3, x_4)=x_1x_2+4x_1x_3-6x_2x_3+9x_3x_4$；

(3) $f_3(x_1, x_2, x_3, x_4)=x_1^2-x_2^2-x_3^2+x_4^2$.

解 (1) $f_1(x_1, x_2, x_3)=(x_1, x_2, x_3)\begin{pmatrix}1&-2&-4\\-2&4&-2\\-4&-2&1\end{pmatrix}\begin{pmatrix}x_1\\x_2\\x_3\end{pmatrix}=\boldsymbol{x}^{\mathrm{T}}\boldsymbol{A}\boldsymbol{x}$.

因为

$$\boldsymbol{A}=\begin{pmatrix}1&-2&-4\\-2&4&-2\\-4&-2&1\end{pmatrix}\to\begin{pmatrix}1&-2&-4\\0&0&-10\\0&-10&5\end{pmatrix}\to\begin{pmatrix}1&-2&-4\\0&-2&1\\0&0&1\end{pmatrix}.$$

所以 $R(\boldsymbol{A})=3$，故二次型 f_1 的秩为 3.

(2) $f_2(x_1, x_2, x_3, x_4)=(x_1, x_2, x_3, x_4)\begin{pmatrix}0&\frac{1}{2}&2&0\\\frac{1}{2}&0&-3&0\\2&-3&0&\frac{9}{2}\\0&0&\frac{9}{2}&0\end{pmatrix}\begin{pmatrix}x_1\\x_2\\x_3\\x_4\end{pmatrix}$

$$= \boldsymbol{x}^{\mathrm{T}}\boldsymbol{A}\boldsymbol{x}.$$

因为 $R(\boldsymbol{A})=4$,故二次型 f_2 的秩为 4.

(3) $$f_3(x_1, x_2, x_3, x_4) = (x_1, x_2, x_3, x_4)\begin{pmatrix} 1 & & & \\ & -1 & & \\ & & -1 & \\ & & & 1 \end{pmatrix}\begin{pmatrix} x_1 \\ x_2 \\ x_3 \\ x_4 \end{pmatrix}$$

$$= \boldsymbol{x}^{\mathrm{T}}\boldsymbol{A}\boldsymbol{x}.$$

因为 $R(\boldsymbol{A})=4$,故二次型的 f_3 的秩为 4.

由 $f_3(x_1, x_2, x_3, x_4)$可知,标准二次型(平方和形式)的对称矩阵是对角矩阵,其秩就是主对角线上不为零的元素的个数.也就是说,标准二次型的秩就是其平方项的项数.此结论很重要,表明由标准二次型可直接看出二次型的秩.

习　题　4.5

1. 写出二次型的矩阵表达式,并求它们的秩.

(1) $f(x_1, x_2, x_3) = x_1^2 + 2x_1x_2 + 4x_1x_3 + 3x_2^2 + x_2x_3 + 7x_3^2$;

(2) $f(x_1, x_2, x_3, x_4) = 4x_1x_2 + 4x_1x_3 + x_1x_4$;

(3) $f(x_1, x_2, x_3) = 3x_1^2 + x_2^2 + 5x_3^2 + 4x_1x_2 - 8x_1x_3 - 4x_2x_3$.

2. 写出对称矩阵所对应的二次型.

(1) $\boldsymbol{A} = \begin{pmatrix} 1 & -1 & 0 \\ -1 & 2 & 1 \\ 0 & 1 & 3 \end{pmatrix}$;　　(2) $\boldsymbol{A} = \begin{pmatrix} 3 & 2 & -4 \\ 2 & 1 & -2 \\ -4 & -2 & 5 \end{pmatrix}$;

(3) $\boldsymbol{A} = \begin{pmatrix} 2 & -1 & 3 & 0 \\ -1 & 0 & 2 & -\frac{3}{2} \\ 3 & 2 & 0 & 0 \\ 0 & -\frac{3}{2} & 0 & \sqrt{3} \end{pmatrix}$.

§4.6　化实二次型为标准形

上一节讲过,一般二次曲线 $ax^2+bxy+by^2=d$ 经过旋转变换

$$\begin{cases} x = x'\cos\theta - y'\sin\theta, \\ y = x'\sin\theta + y'\cos\theta, \end{cases} \tag{1}$$

即
$$\begin{pmatrix} x \\ y \end{pmatrix} = \begin{pmatrix} \cos\theta & -\sin\theta \\ \sin\theta & \cos\theta \end{pmatrix} \begin{pmatrix} x' \\ y' \end{pmatrix}.$$

可以化为标准形 $Ax'^2 + By'^2 = D$. 其系数矩阵

$$\begin{pmatrix} \cos\theta & -\sin\theta \\ \sin\theta & \cos\theta \end{pmatrix}$$

是满秩的,则方程组(1)是满秩线性变换.

一、一个二次型的满秩线性变换

下面讨论的是如何通过满秩线性变换

$$\begin{cases} x_1 = c_{11}y_1 + c_{12}y_2 + \cdots + c_{1n}y_n; \\ x_2 = c_{21}y_1 + c_{22}y_2 + \cdots + c_{2n}y_n; \\ \vdots \\ x_n = c_{n1}y_1 + c_{n2}y_2 + \cdots + c_{nn}y_n \end{cases} \tag{2}$$

使二次型 $f(x_1, x_2, \cdots, x_n)$经过变换后化为只含平方项的标准形.

若记 $\boldsymbol{x} = \begin{pmatrix} x_1 \\ x_2 \\ \vdots \\ x_n \end{pmatrix}$, $\boldsymbol{C} = \begin{pmatrix} c_{11} & c_{12} & \cdots & c_{1n} \\ c_{21} & c_{22} & \cdots & c_{2n} \\ \vdots & \vdots & & \vdots \\ c_{n1} & c_{n2} & \cdots & c_{nn} \end{pmatrix}$, $\boldsymbol{y} = \begin{pmatrix} y_1 \\ y_2 \\ \vdots \\ y_n \end{pmatrix}$. 则有 $\boldsymbol{x}=\boldsymbol{C}\boldsymbol{y}$ 后仍为二次型,这是因为

$$f = \boldsymbol{x}^{\mathrm{T}}\boldsymbol{A}\boldsymbol{x} = (\boldsymbol{C}\boldsymbol{y})^{\mathrm{T}}\boldsymbol{A}(\boldsymbol{C}\boldsymbol{y}) = \boldsymbol{y}^{\mathrm{T}}(\boldsymbol{C}^{\mathrm{T}}\boldsymbol{A}\boldsymbol{C})\boldsymbol{y} = \boldsymbol{y}^{\mathrm{T}}\boldsymbol{\Lambda}\boldsymbol{y}.$$

其中 $\boldsymbol{\Lambda} = \boldsymbol{C}^{\mathrm{T}}\boldsymbol{A}\boldsymbol{C}$.

$$f = \boldsymbol{y}^{\mathrm{T}}\boldsymbol{\Lambda}\boldsymbol{y} = k_1y_1^2 + k_2y_2^2 + \cdots + k_ny_n^2, \tag{3}$$

称式(3)为二次型的标准形.

即
$$f = (y_1, y_2, \cdots, y_n) \begin{pmatrix} k_1 & 0 & \cdots & 0 \\ 0 & k_2 & \cdots & 0 \\ \vdots & \vdots & & \vdots \\ 0 & 0 & \cdots & k_n \end{pmatrix} \begin{pmatrix} y_1 \\ y_2 \\ \vdots \\ y_n \end{pmatrix}.$$

定理 1 如果二次型 $f = \boldsymbol{x}^{\mathrm{T}}\boldsymbol{A}\boldsymbol{x}$,经过满秩线性变换后,化为标准形 $f = \boldsymbol{y}^{\mathrm{T}}\boldsymbol{\Lambda}\boldsymbol{y}$,

则标准形式中所含平方项的个数等于二次型 f 的秩.

证明　设 $\boldsymbol{x}^{\mathrm{T}}\boldsymbol{A}\boldsymbol{x}$ 的秩 $R(\boldsymbol{A})=r$，又设 $\boldsymbol{x}^{\mathrm{T}}\boldsymbol{A}\boldsymbol{x}$ 经过满秩线性变换 $\boldsymbol{x}=\boldsymbol{C}\boldsymbol{y}$，化为标准形为

$$k_1y_1^2+k_2y_2^2+\cdots+k_my_m^2,$$

其中 $k_i\neq 0$，$i=1, 2, \cdots, m$，这个标准形的矩阵为

$$\boldsymbol{\Lambda}=\begin{pmatrix} k_1 & & & & & & \\ & k_2 & & & & & \\ & & \ddots & & & & \\ & & & k_m & & & \\ & & & & 0 & & \\ & & & & & \ddots & \\ & & & & & & 0 \end{pmatrix}.$$

$\boldsymbol{\Lambda}$ 中对角线上不为零的元素个数为

$$m=R(\boldsymbol{\Lambda})=R(\boldsymbol{C}^{\mathrm{T}}\boldsymbol{A}\boldsymbol{C})=R(\boldsymbol{A})=r.$$

此定理表明:二次型的标准形虽不唯一,但标准形所含平方项的项数唯一.

二、用正交变换法化二次型为标准形

如果在满秩线性变换 $\boldsymbol{x}=\boldsymbol{C}\boldsymbol{y}$ 中，$\boldsymbol{C}$ 是正交矩阵，则称它是**正交线性变换矩阵**，简称**正交线性变换**. 由于 $\boldsymbol{A}$ 为 n 阶实对称矩阵，则必存在正交矩阵 $\boldsymbol{P}$，使得

$$\boldsymbol{P}^{-1}\boldsymbol{A}\boldsymbol{P}=\boldsymbol{P}^{\mathrm{T}}\boldsymbol{A}\boldsymbol{P}=\boldsymbol{\Lambda}=\mathrm{diag}(\lambda_1, \lambda_2, \cdots, \lambda_n).$$

其中 $\lambda_1, \lambda_2, \cdots, \lambda_n$ 为 $\boldsymbol{A}$ 的特征值.

故对于任意的一个正交变换 $\boldsymbol{x}=\boldsymbol{P}\boldsymbol{y}$ 使得

$$\begin{aligned} f=\boldsymbol{x}^{\mathrm{T}}\boldsymbol{A}\boldsymbol{x} &= \boldsymbol{y}^{\mathrm{T}}(\boldsymbol{P}^{\mathrm{T}}\boldsymbol{A}\boldsymbol{P})\boldsymbol{y}=\boldsymbol{y}^{\mathrm{T}}\boldsymbol{\Lambda}\boldsymbol{y} \\ &= (y_1, y_2, \cdots, y_n)\begin{pmatrix} \lambda_1 & & & \\ & \lambda_2 & & \\ & & \ddots & \\ & & & \lambda_n \end{pmatrix}\begin{pmatrix} y_1 \\ y_2 \\ \vdots \\ y_n \end{pmatrix} \\ &= \lambda_1y_1^2+\lambda_2y_2^2+\cdots+\lambda_ny_n^2. \end{aligned}$$

其中，$\boldsymbol{P}$ 的列向量是 $\boldsymbol{A}$ 的相应于特征值的 n 个两两正交的单位特征向量.

定理 2(主轴定理)　对二次型 $f=\boldsymbol{x}^{\mathrm{T}}\boldsymbol{A}\boldsymbol{x}$，存在正交变换 $\boldsymbol{x}=\boldsymbol{P}\boldsymbol{y}$，使

$$f = \lambda_1 y_1^2 + \lambda_2 y_2^2 + \cdots + \lambda_n y_n^2.$$

其中 $\lambda_1, \lambda_2, \cdots, \lambda_n$ 为 $\boldsymbol{A}$ 的特征值；$\boldsymbol{P}$ 的列向量是 $\boldsymbol{A}$ 的对应于特征值的 n 个两两正交的单位特征向量.

例 1 用正交变换化二次型 $f(x_1, x_2, x_3) = x_1^2 + x_2^2 + 2x_3^2 + 2x_1x_3 + 2x_2x_3$ 为标准形，并求出所用的正交矩阵 $\boldsymbol{P}$.

解 第一步，写出二次型 f 的矩阵

$$\boldsymbol{A} = \begin{pmatrix} 1 & 0 & 1 \\ 0 & 1 & 1 \\ 1 & 1 & 2 \end{pmatrix}.$$

第二步，求 $\boldsymbol{A}$ 的特征值.

$$|\lambda \boldsymbol{E} - \boldsymbol{A}| = \begin{vmatrix} \lambda-1 & 0 & -1 \\ 0 & \lambda-1 & -1 \\ -1 & -1 & \lambda-2 \end{vmatrix} = (\lambda-1)\begin{vmatrix} \lambda-1 & -1 \\ -1 & \lambda-2 \end{vmatrix} - \begin{vmatrix} 0 & -1 \\ \lambda-1 & -1 \end{vmatrix}$$
$$= \lambda(\lambda-1)(\lambda-3) = 0.$$

得特征值 $\lambda_1 = 0,\ \lambda_2 = 1,\ \lambda_3 = 3$.

第三步，求特征向量.

对于 $\lambda_1 = 0$，解 $(0 \cdot \boldsymbol{E} - \boldsymbol{A})\boldsymbol{x} = \boldsymbol{0}$，得基础解系(即特征向量) $\boldsymbol{\xi}_1 = (1,\ 1,\ -1)^{\mathrm{T}}$.

对于 $\lambda_2 = 1$，解 $(\boldsymbol{E} - \boldsymbol{A})\boldsymbol{x} = \boldsymbol{0}$，得到基础解系 $\boldsymbol{\xi}_2 = (1,\ -1,\ 0)^{\mathrm{T}}$.

对于 $\lambda_3 = 3$，解 $(3\boldsymbol{E} - \boldsymbol{A})\boldsymbol{x} = \boldsymbol{0}$，得到基础解系 $\boldsymbol{\xi}_3 = (1,\ 1,\ 2)^{\mathrm{T}}$.

第四步，每个基础解系单位化.

由于 $\boldsymbol{\xi}_1, \boldsymbol{\xi}_2, \boldsymbol{\xi}_3$ 属于 $\boldsymbol{A}$ 的三个不同特征值 $\lambda_1, \lambda_2, \lambda_3$ 的特征向量，所以它们必然正交，故只要对它们单位化.

有 $$\boldsymbol{p}_1 = \frac{1}{\sqrt{3}}\begin{pmatrix} 1 \\ 1 \\ -1 \end{pmatrix},\quad \boldsymbol{p}_2 = \frac{1}{\sqrt{2}}\begin{pmatrix} 1 \\ -1 \\ 0 \end{pmatrix},\quad \boldsymbol{p}_3 = \frac{1}{\sqrt{6}}\begin{pmatrix} 1 \\ 1 \\ 2 \end{pmatrix}.$$

于是所得正交矩阵为

$$\boldsymbol{P} = (\boldsymbol{p}_1,\ \boldsymbol{p}_2,\ \boldsymbol{p}_3) = \begin{pmatrix} \frac{1}{\sqrt{3}} & \frac{1}{\sqrt{2}} & \frac{1}{\sqrt{6}} \\ \frac{1}{\sqrt{3}} & \frac{-1}{\sqrt{2}} & \frac{1}{\sqrt{6}} \\ -\frac{1}{\sqrt{3}} & 0 & \frac{2}{\sqrt{6}} \end{pmatrix},\quad \boldsymbol{P}^{-1}\boldsymbol{A}\boldsymbol{P} = \boldsymbol{\Lambda} = \begin{pmatrix} 0 & 0 & 0 \\ 0 & 1 & 0 \\ 0 & 0 & 3 \end{pmatrix}.$$

即二次型在新变量下的标准形为

$$f = \boldsymbol{x}^{\mathrm{T}}\boldsymbol{A}\boldsymbol{x} = y_2^2 + 3y_3^2.$$

说明 (1) $\boldsymbol{P}$ 的列向量顺序应和 $\boldsymbol{\Lambda}$ 的主对角元素的顺序一致，若取 $\boldsymbol{P} = (\boldsymbol{p}_2,\ \boldsymbol{p}_1,\ \boldsymbol{p}_3)$，则 $\boldsymbol{P}^{-1}\boldsymbol{A}\boldsymbol{P} = \boldsymbol{\Lambda} = \begin{pmatrix} 1 & 0 & 0 \\ 0 & 0 & 0 \\ 0 & 0 & 3 \end{pmatrix}$. 即 $f = y_1^2 + 3y_3^2$.

(2) 一个二次型经正交变换化为标准形，所取正交变换不唯一，标准形也不唯一.

例 2 已知二次型 $f(x_1,\ x_2,\ x_3) = (1-a)x_1^2 + (1-a)x_2^2 + 2x_3^2 + 2(1+a)x_1x_2$ 的秩为 2. 求

(1) a 的值；

(2) 正交变换 $\boldsymbol{x} = \boldsymbol{P}\boldsymbol{y}$，将 $f(x_1,\ x_2,\ x_3)$ 化成标准形.

解 (1) 二次型 $f(x_1,\ x_2,\ x_3)$ 的矩阵为 $\boldsymbol{A} = \begin{pmatrix} 1-a & 1+a & 0 \\ 1+a & 1-a & 0 \\ 0 & 0 & 2 \end{pmatrix}$，由于二次型的秩为 2，所以 $R(\boldsymbol{A}) = 2$，则

$$|\boldsymbol{A}| = \begin{vmatrix} 1-a & 1+a & 0 \\ 1+a & 1-a & 0 \\ 0 & 0 & 2 \end{vmatrix} = 2[(1-a)^2 - (1+a)^2] = -8a = 0,\ a = 0.$$

(2) 由于 $\boldsymbol{A} = \begin{pmatrix} 1 & 1 & 0 \\ 1 & 1 & 0 \\ 0 & 0 & 2 \end{pmatrix}$，其特征方程为

$$|\lambda\boldsymbol{E} - \boldsymbol{A}| = \begin{vmatrix} \lambda-1 & -1 & 0 \\ -1 & \lambda-1 & 0 \\ 0 & 0 & \lambda-2 \end{vmatrix} = \lambda(\lambda-2)^2 = 0,$$

得 $\boldsymbol{A}$ 的特征值为 $\lambda_1=\lambda_2=2,\ \lambda_3=0$.

当 $\lambda_1 = \lambda_2 = 2$ 时，解方程 $(2\boldsymbol{E}-\boldsymbol{A})\boldsymbol{x} = \boldsymbol{0}$，

$$2\boldsymbol{E} - \boldsymbol{A} = \begin{pmatrix} 1 & -1 & 0 \\ -1 & 1 & 0 \\ 0 & 0 & 0 \end{pmatrix} \to \begin{pmatrix} 1 & -1 & 0 \\ 0 & 0 & 0 \\ 0 & 0 & 0 \end{pmatrix},$$

得同解方程组$\begin{cases} x_1 = x_2, \\ x_3 = x_3, \end{cases}$特征向量 $\boldsymbol{\xi}_1 = \begin{pmatrix} 1 \\ 1 \\ 0 \end{pmatrix}$, $\boldsymbol{\xi}_2 = \begin{pmatrix} 0 \\ 0 \\ 1 \end{pmatrix}$.

当 $\lambda_3 = 0$ 时,解方程 $-\boldsymbol{A}\boldsymbol{x} = \boldsymbol{0}$,

$$-\boldsymbol{A} = \begin{pmatrix} -1 & -1 & 0 \\ -1 & -1 & 0 \\ 0 & 0 & -2 \end{pmatrix} \to \begin{pmatrix} 1 & 1 & 0 \\ 0 & 0 & 1 \\ 0 & 0 & 0 \end{pmatrix},$$

得同解方程组$\begin{cases} x_1 = -x_2, \\ x_3 = 0, \end{cases}$特征向量 $\boldsymbol{\xi}_3 = \begin{pmatrix} -1 \\ 1 \\ 0 \end{pmatrix}$.

$\boldsymbol{\xi}_1$, $\boldsymbol{\xi}_2$, $\boldsymbol{\xi}_3$ 是正交向量组,将其单位化得

$$\boldsymbol{p}_1 = \frac{1}{\sqrt{2}}\begin{pmatrix} 1 \\ 1 \\ 0 \end{pmatrix}, \quad \boldsymbol{p}_2 = \begin{pmatrix} 0 \\ 0 \\ 1 \end{pmatrix}, \quad \boldsymbol{p}_3 = \frac{1}{\sqrt{2}}\begin{pmatrix} -1 \\ 1 \\ 0 \end{pmatrix}.$$

得正交矩阵 $\boldsymbol{P} = \frac{1}{\sqrt{2}}\begin{pmatrix} 1 & 0 & -1 \\ 1 & 0 & 1 \\ 0 & \sqrt{2} & 0 \end{pmatrix}$.

令 $\boldsymbol{x} = \boldsymbol{P}\boldsymbol{y}$,有 $f(x_1, x_2, x_3) = 2y_1^2 + 2y_2^2$.

例 3 用正交变换化二次型 $f(x_1, x_2, x_3) = x_1^2 + 4x_2^2 + x_3^2 - 4x_1x_2 - 8x_1x_3 - 4x_2x_3$ 为标准形,并求出所用的正交矩阵 $\boldsymbol{P}$.

解 $f(x_1, x_2, x_3)$的矩阵是

$$\boldsymbol{A} = \begin{pmatrix} 1 & -2 & -4 \\ -2 & 4 & -2 \\ -4 & -2 & 1 \end{pmatrix}.$$

$$|\lambda\boldsymbol{E} - \boldsymbol{A}| = \begin{vmatrix} \lambda-1 & 2 & 4 \\ 2 & \lambda-4 & 2 \\ 4 & 2 & \lambda-1 \end{vmatrix} = \begin{vmatrix} \lambda-1 & 2 & 4 \\ 2 & \lambda-4 & 2 \\ 0 & 10-2\lambda & \lambda-5 \end{vmatrix}$$
$$= (\lambda+4)(\lambda-5)^2 = 0.$$

得 $\boldsymbol{A}$ 的特征值为 $\lambda_1 = -4$, $\lambda_2 = \lambda_3 = 5$.

对于 $\lambda_1 = -4$ 时,解方程组 $(-4\boldsymbol{E} - \boldsymbol{A})\boldsymbol{x} = \boldsymbol{0}$. 得基础解系 $\boldsymbol{\xi}_1 = (2, 1, 2)^{\mathrm{T}}$.

对于 $\lambda_2=\lambda_3=5$,解方程组 $(5\boldsymbol{E}-\boldsymbol{A})\boldsymbol{x}=\boldsymbol{0}$. 得同解方程 $2x_1+x_2+2x_3=0$,即 $x_2=-2x_1-2x_3$.

取自由未知量 (x_1, x_3) 为 $\begin{pmatrix}1\\0\end{pmatrix}$, $\begin{pmatrix}1\\-1\end{pmatrix}$. 得到一个基础解系 $\boldsymbol{\xi}_2=(1, -2, 0)^{\mathrm{T}}$, $\boldsymbol{\xi}_3=(1, 0, -1)^{\mathrm{T}}$.

由于 $\lambda_1=-4$ 是单根,故不必正交化,只要单位化即可. 即

$$\boldsymbol{p}_1=\frac{1}{3}\begin{pmatrix}2\\1\\2\end{pmatrix}.$$

由于 $\lambda=5$ 是二重根,故先正交化(施密特正交化):

$$\boldsymbol{\beta}_1=\boldsymbol{\xi}_2=\begin{pmatrix}1\\-2\\0\end{pmatrix},$$

$$\boldsymbol{\beta}_2=\boldsymbol{\xi}_3-\frac{(\boldsymbol{\xi}_3, \boldsymbol{\beta}_1)}{(\boldsymbol{\beta}_1, \boldsymbol{\beta}_1)}\boldsymbol{\beta}_1=\begin{pmatrix}1\\0\\-1\end{pmatrix}-\frac{1}{5}\begin{pmatrix}1\\-2\\0\end{pmatrix}=\frac{1}{5}\begin{pmatrix}4\\2\\-5\end{pmatrix}=\frac{1}{5}\bar{\boldsymbol{\beta}}_2.$$

再单位化 $$\boldsymbol{p}_2=\frac{1}{\sqrt{5}}\begin{pmatrix}1\\-2\\0\end{pmatrix},\quad \boldsymbol{p}_3=\frac{1}{3\sqrt{5}}\begin{pmatrix}4\\2\\-5\end{pmatrix}.$$

所求正交矩阵

$$\boldsymbol{P}=(\boldsymbol{p}_1, \boldsymbol{p}_2, \boldsymbol{p}_3)=\begin{pmatrix}\frac{2}{3} & \frac{1}{\sqrt{5}} & \frac{4}{3\sqrt{5}}\\ \frac{1}{3} & \frac{-2}{\sqrt{5}} & \frac{2}{3\sqrt{5}}\\ \frac{2}{3} & 0 & -\frac{\sqrt{5}}{3}\end{pmatrix},\quad \boldsymbol{P}^{-1}\boldsymbol{A}\boldsymbol{P}=\boldsymbol{\Lambda}=\begin{pmatrix}-4 & 0 & 0\\ 0 & 5 & 0\\ 0 & 0 & 5\end{pmatrix}.$$

得 $$f=-4y_1^2+5y_2^2+5y_3^2. \tag{4}$$

例 4 设实二次型 $f(x_1, x_2, x_3)=2x_1^2+ax_2^2-4x_1x_2-4x_2x_3$ 经正交变换 $\boldsymbol{x}=\boldsymbol{P}\boldsymbol{y}$,化为标准形 $f=y_1^2+by_2^2+4y_3^2$. 求(1)参数 a, b;(2)所用的正交矩阵 $\boldsymbol{P}$.

解 (1) f 的矩阵 $\boldsymbol{A}$ 的特征值为 1, b, 4.

$$\boldsymbol{A}=\begin{vmatrix}2 & -2 & 0\\ -2 & a & -2\\ 0 & -2 & 0\end{vmatrix}.$$

即存在可逆正交矩阵 $\boldsymbol{P}$,有

$$\boldsymbol{P}^{-1}\boldsymbol{A}\boldsymbol{P}=\boldsymbol{\Lambda}=\begin{vmatrix}1 & & \\ & b & \\ & & 4\end{vmatrix}.$$

根据特征值的性质,有

$$\begin{cases}\sum\limits_{i=1}^{3}a_{ii}=\sum\limits_{i=1}^{3}\lambda_i,\\ |\boldsymbol{A}|=|\boldsymbol{\Lambda}|,\end{cases}\quad\text{即}\quad\begin{cases}2+a=5+b,\\ -8=4b.\end{cases}$$

解得 $a=1$, $b=-2$.

则
$$\boldsymbol{A}=\begin{pmatrix}2 & -2 & 0\\ -2 & 1 & -2\\ 0 & -2 & 0\end{pmatrix}.$$

(2) 求所用的正交矩阵

$$|\lambda\boldsymbol{E}-\boldsymbol{A}|=\begin{pmatrix}\lambda-2 & 2 & 0\\ 2 & \lambda-1 & 2\\ 0 & 2 & \lambda\end{pmatrix}=(\lambda-2)\begin{vmatrix}\lambda-1 & 2\\ 2 & \lambda\end{vmatrix}-2\begin{vmatrix}2 & 0\\ 2 & \lambda\end{vmatrix}$$
$$=(\lambda-2)(\lambda^2-\lambda-4)-4\lambda$$
$$=\lambda^3-3\lambda^2-6\lambda+8=(\lambda-1)(\lambda+2)(\lambda-4).$$

得特征值 $\lambda_1=1$, $\lambda_2=-2$, $\lambda_3=4$.

当 $\lambda=1$ 时,解 $(\boldsymbol{E}-\boldsymbol{A})\boldsymbol{x}=\boldsymbol{0}$.

$$\boldsymbol{E}-\boldsymbol{A}=\begin{pmatrix}-1 & 2 & 0\\ 2 & 0 & 2\\ 0 & 2 & 1\end{pmatrix}\to\begin{pmatrix}1 & -2 & 0\\ 0 & 4 & 2\\ 0 & 0 & 0\end{pmatrix}\to\begin{pmatrix}1 & -2 & 0\\ 0 & 2 & 1\\ 0 & 0 & 0\end{pmatrix}.$$

得同解方程组 $\begin{cases}x_1=2x_2,\\ x_3=-2x_2.\end{cases}$ 令 $x_2=1$,得基础解系 $\boldsymbol{\xi}_1=\begin{pmatrix}2\\ 1\\ -2\end{pmatrix}$.

当 $\lambda=-2$ 时,解 $(-2\boldsymbol{E}-\boldsymbol{A})\boldsymbol{x}=\boldsymbol{0}$.

$$-2\boldsymbol{E}-\boldsymbol{A}=\begin{pmatrix}-4&2&0\\2&-3&2\\0&2&-2\end{pmatrix}\to\begin{pmatrix}-2&1&0\\0&-2&2\\0&0&0\end{pmatrix}\to\begin{pmatrix}-2&1&0\\0&-1&1\\0&0&0\end{pmatrix}.$$

得同解方程组 $\begin{cases}2x_1=x_2,\\x_3=x_2.\end{cases}$ 取 $x_2=2$,得基础解系 $\boldsymbol{\xi}_2=\begin{pmatrix}1\\2\\2\end{pmatrix}$.

当 $\lambda=4$ 时,解 $(4\boldsymbol{E}-\boldsymbol{A})\boldsymbol{x}=\boldsymbol{0}$.

$$4\boldsymbol{E}-\boldsymbol{A}=\begin{pmatrix}2&2&0\\2&3&2\\0&2&4\end{pmatrix}\to\begin{pmatrix}1&1&0\\0&1&2\\0&0&0\end{pmatrix}\to\begin{pmatrix}1&0&-2\\0&1&2\\0&0&0\end{pmatrix}.$$

得同解方程组 $\begin{cases}x_1=2x_3,\\x_2=-2x_3.\end{cases}$ 取 $x_3=1$,得基础解系 $\boldsymbol{\xi}_3=\begin{pmatrix}2\\-2\\1\end{pmatrix}$.

将三个基础解系(特征向量) $\boldsymbol{\xi}_1$, $\boldsymbol{\xi}_2$, $\boldsymbol{\xi}_3$ 单位化得

$$\boldsymbol{p}_1=\frac{\boldsymbol{\xi}_1}{\|\boldsymbol{\xi}_1\|}=\frac{1}{3}\begin{pmatrix}2\\1\\-2\end{pmatrix},\quad \boldsymbol{p}_2=\frac{\boldsymbol{\xi}_2}{\|\boldsymbol{\xi}_2\|}=\frac{1}{3}\begin{pmatrix}1\\2\\2\end{pmatrix},\quad \boldsymbol{p}_3=\frac{\boldsymbol{\xi}_3}{\|\boldsymbol{\xi}_3\|}=\frac{1}{3}\begin{pmatrix}2\\-2\\1\end{pmatrix}.$$

所用的正交矩阵为 $\boldsymbol{P}=(\boldsymbol{p}_1,\ \boldsymbol{p}_2,\ \boldsymbol{p}_3)=\frac{1}{3}\begin{pmatrix}2&1&2\\1&2&-2\\-2&2&1\end{pmatrix}$.

例 5 设 $\boldsymbol{A}=\begin{pmatrix}0&-1&4\\-1&3&a\\4&a&0\end{pmatrix}$,正交矩阵 $\boldsymbol{P}$,使得 $\boldsymbol{P}^{\mathrm{T}}\boldsymbol{A}\boldsymbol{P}$ 为对角矩阵,若 $\boldsymbol{P}$ 的第一列为 $\frac{1}{\sqrt{6}}\begin{pmatrix}1\\2\\1\end{pmatrix}$,求 a, λ_1 的值.

解 由题意可知, $\boldsymbol{\eta}_1=\frac{1}{\sqrt{6}}\begin{pmatrix}1\\2\\1\end{pmatrix}$ 是矩阵 $\boldsymbol{A}$ 的特征向量,假设 $\boldsymbol{\eta}_1$ 对应的特征值为

λ_1，则有 $\boldsymbol{A\eta}_1=\lambda_1\boldsymbol{\eta}_1$，即 $\begin{pmatrix}0 & -1 & 4\\ -1 & 3 & a\\ 4 & a & 0\end{pmatrix}\dfrac{1}{\sqrt{6}}\begin{pmatrix}1\\2\\1\end{pmatrix}=\dfrac{\lambda_1}{\sqrt{6}}\begin{pmatrix}1\\2\\1\end{pmatrix}$，即 $\begin{pmatrix}2\\a+5\\2a+4\end{pmatrix}=\begin{pmatrix}\lambda_1\\2\lambda_1\\\lambda_1\end{pmatrix}$，$\lambda_1=2,\ a=-1$.

三、用配方法化二次型为标准形

由于二次型的形式多种多样，不妨设它含有一个交叉项 x_ix_j，这又可以分成两种情形通过例子来讨论.

1. 同时含有平方项 x_i^2 与交叉项 x_ix_j 的情形

例 6　用配方法将 $f(x_1,x_2,x_3)=x_1^2+4x_2^2+x_3^2-4x_1x_2-8x_1x_3-4x_2x_3$ 经可逆线性变换化为标准形(本节例 3).

解　$f(x_1,x_2,x_3)$

$$=(x_1-2x_2-4x_3)^2-15\left[x_3^2+\frac{4}{3}x_2x_3+\left(\frac{2}{3}x_2\right)^2\right]+\frac{20}{3}x_2^2$$

$$=(x_1-2x_2-4x_3)^2-15\left(\frac{2}{3}x_2+x_3\right)^2+\frac{20}{3}x_2^2.$$

令 $\begin{cases}y_1=x_1-2x_2-4x_3,\\ y_2=\dfrac{2}{3}x_2+x_3,\\ y_3=x_2,\end{cases}$ 即 $\begin{pmatrix}y_1\\y_2\\y_3\end{pmatrix}=\begin{pmatrix}1 & -2 & -4\\ 0 & 2/3 & 1\\ 0 & 1 & 0\end{pmatrix}\begin{pmatrix}x_1\\x_2\\x_3\end{pmatrix}$.

二次型的标准形为 $f=y_1^2-15y_2^2+\dfrac{20}{3}y_3^2$.　　(5)

所求的可逆线性变换为

$\begin{cases}x_1=y_1+4y_2-\dfrac{2}{3}y_3,\\ x_2=y_3,\\ x_3=y_2-\dfrac{2}{3}y_3,\end{cases}$ 即 $\begin{pmatrix}x_1\\x_2\\x_3\end{pmatrix}=\begin{pmatrix}1 & 4 & -\dfrac{2}{3}\\ 0 & 0 & 1\\ 0 & 1 & -\dfrac{2}{3}\end{pmatrix}\begin{pmatrix}y_1\\y_2\\y_3\end{pmatrix}$.　故 $\boldsymbol{x}=\boldsymbol{Cy}$.

2. 仅含有交叉项 $x_ix_j(i\neq j)$ 的情形

例 7　用配方法化二次型 $f(x_1,x_2,x_3)=2x_1x_2+4x_1x_3$ 为标准形，并求出所作的可逆线性变换.

解　令 $\begin{cases}x_1=y_1+y_2,\\ x_2=y_1-y_2,\\ x_3=y_3.\end{cases}$

$$
\begin{aligned}
f(x_1, x_2, x_3) &= 2y_1^2 - 2y_2^2 + 4y_1y_3 + 4y_2y_3 \\
&= 2(y_1^2 + 2y_1y_3 + y_3^2) - 2y_2^2 + 4y_2y_3 - 2y_3^2 \\
&= 2(y_1 + y_3)^2 - 2(y_2 - y_3)^2.
\end{aligned}
$$

令$\begin{cases} z_1 = y_1 + y_3, \\ z_2 = y_2 - y_3, \\ z_3 = y_3, \end{cases}$ 则 $\begin{cases} y_1 = z_1 - z_3, \\ y_2 = z_2 + z_3, \\ y_3 = z_3. \end{cases}$ 则二次型的标准线为 $f = 2z_1^2 - 2z_2^2$.

$$
\begin{pmatrix} x_1 \\ x_2 \\ x_3 \end{pmatrix} = \begin{pmatrix} 1 & 1 & 0 \\ 1 & -1 & 0 \\ 0 & 0 & 1 \end{pmatrix} \begin{pmatrix} y_1 \\ y_2 \\ y_3 \end{pmatrix}, \quad \begin{pmatrix} y_1 \\ y_2 \\ y_3 \end{pmatrix} = \begin{pmatrix} 1 & 0 & -1 \\ 0 & 1 & 1 \\ 0 & 0 & 1 \end{pmatrix} \begin{pmatrix} z_1 \\ z_2 \\ z_3 \end{pmatrix}.
$$

$$
\begin{pmatrix} x_1 \\ x_2 \\ x_3 \end{pmatrix} = \begin{pmatrix} 1 & 1 & 0 \\ 1 & -1 & 0 \\ 0 & 0 & 1 \end{pmatrix} \begin{pmatrix} 1 & 0 & -1 \\ 0 & 1 & 1 \\ 0 & 0 & 1 \end{pmatrix} \begin{pmatrix} z_1 \\ z_2 \\ z_3 \end{pmatrix} = \begin{pmatrix} 1 & 1 & 0 \\ 1 & -1 & -2 \\ 0 & 0 & 1 \end{pmatrix} \begin{pmatrix} z_1 \\ z_2 \\ z_3 \end{pmatrix}.
$$

所用的可逆线性变换为$\begin{cases} x_1 = z_1 + z_2, \\ x_2 = z_1 - z_2 - 2z_3, \\ x_3 = \qquad\qquad z_3, \end{cases}$即 $\boldsymbol{x} = \boldsymbol{C}\boldsymbol{z}$.

配方法小结 消去二次型 $f(x_1, x_2, \cdots, x_n)$中的交叉项.

(1) 若二次型中含有 x_i 的平方项,先把含有 x_i 的项集中,然后按 x_i 配成平方项,再对其余变量继续使用“集中配方”,直到都配成平方项为止;

(2) 若二次型中不含有平方项,则先作式(*)类型的线性变换化成含有平方项的二次型,再按含有平方项的情形进行配方;

(3) 二次型通过满秩线性变换化为标准形,其满秩线性变换不唯一,其标准形也不唯一,做题时,可设二次型的标准形为

$$
f(x_1, x_2, \cdots, x_n) = d_1y_1^2 + \cdots + d_ty_t^2 - d_{t+1}y_{t+1}^2 \cdots - d_sy_s^2,
$$

令

$$
z_i = \sqrt{d_i}y_i \quad (i = 1, 2, \cdots, s),
$$

上式变为

$$
f(x_1, x_2, \cdots, x_n) = z_1^2 + z_2^2 + \cdots + z_t^2 - z_{t+1}^2 \cdots - z_s^2. \tag{6}
$$

则称式(6)为实二次型 $f(x_1, x_2, \cdots, x_n)$的规范形,其平方项系数为 1, -1, 0.

如本节例 3 中, $f(x_1, x_2, x_3) = x_1^2 + 4x_2^2 + x_3^2 - 4x_1x_2 - 8x_1x_3 - 4x_2x_3$.

经正交变换
$$\begin{pmatrix} x_1 \\ x_2 \\ x_3 \end{pmatrix} = \begin{pmatrix} \frac{2}{3} & \frac{1}{\sqrt{5}} & \frac{4}{3\sqrt{5}} \\ \frac{1}{3} & -\frac{2}{\sqrt{5}} & \frac{2}{3\sqrt{5}} \\ \frac{2}{3} & 0 & -\frac{\sqrt{5}}{3} \end{pmatrix} \begin{pmatrix} y_1 \\ y_2 \\ y_3 \end{pmatrix}.$$

化成的标准形为
$$f(x_1, x_2, x_3) = g_1(y_1, y_2, y_3) = -4y_1^2 + 5y_2^2 + 5y_3^2. \tag{7}$$

用配方法，得可逆线性变换
$$\begin{pmatrix} x_1 \\ x_2 \\ x_3 \end{pmatrix} = \begin{pmatrix} 1 & 4 & -\frac{2}{3} \\ 0 & 0 & 1 \\ 0 & 1 & -\frac{2}{3} \end{pmatrix} \begin{pmatrix} y_1 \\ y_2 \\ y_3 \end{pmatrix}.$$

化成的标准形为
$$f(x_1, x_2, x_3) = g_2(y_1, y_2, y_3) = y_1^2 - 15y_2^2 + \frac{20}{3}y_3^2. \tag{8}$$

只要找到一个满秩线性变换，化二次型为某一个标准形即可. 因此，不同的做法可得到不同的答案. 既然一个二次型的标准形不唯一，满秩线性变换也不唯一，那么一个二次型的标准形有什么共同特点呢？

对式(4)、式(5)可作可逆线性变换
$$(1)\begin{cases} z_1 = \sqrt{5}y_2, \\ z_2 = 2y_1, \\ z_3 = \sqrt{5}y_3, \end{cases} \quad (2)\begin{cases} z_1 = y_1, \\ z_2 = \sqrt{15}y_2, \\ z_3 = \sqrt{\frac{20}{3}}y_3. \end{cases}$$
$$f = z_1^2 - z_2^2 + z_3^2. \tag{9}$$

称式(9)为二次型的规范形.

定理 3(惯性定理) 任何实二次型可以经过一个适当的可逆线性变换化成标准形，且标准形中的正系数、负系数、零系数的个数是唯一的. 二次型的标准形中正系数的项数 p 称为二次型的**正惯性指数**，负系数的项数 $r-p$ 称为**负惯性指数**.

由惯性定理知，二次型的规范形是唯一的.

$$f(x_1, x_2, \cdots, x_n) = z_1^2 + \cdots + z_p^2 - z_{p+1}^2 - \cdots - z_r^2.$$

其中 r 为 f 的**秩**. 惯性定理告诉我们，一个实二次型 $f(x_1, x_2, \cdots, x_n)$ 虽然经过不同的满秩线性变换可以化为不同的标准形，但在这些标准形中正平方项的项数是相同的，负平方项的项数也是相同的.

需要说明的是，本节所以强调满秩线性变换，是因为对二次型 f 施行满秩线性变换不改变二次型 f 的秩，所以 f 的标准形由它的秩唯一确定，也就是说 f 的标准形的项数、正系数、负系数的个数都是定数.

例 8 二次型 $f(x_1, x_2, x_3) = x_1^2 + 3x_2^2 + x_3^2 + 2x_1x_2 + 2x_1x_3 + 2x_2x_3$，求 f 的正惯性指数.

解 对二次型进行配方得

$$\begin{aligned} f(x_1, x_2, x_3) &= (x_1 + x_2 + x_3)^2 - x_2^2 - x_3^2 - 2x_2x_3 + 3x_2^2 + x_3^2 + 2x_2x_3 \\ &= (x_1 + x_2 + x_3)^2 + 2x_2^2, \end{aligned}$$

令 $\begin{cases} x_1 + x_2 + x_3 = y_1, \\ x_2 = y_2, \end{cases}$ 得标准型 $y_1^2 + 2y_2^2$，则 f 的正惯性指数为 2.

四、正定二次型

定义 设实二次型 $f(x_1, x_2, \cdots, x_n) = \boldsymbol{x}^{\mathrm{T}}\boldsymbol{A}\boldsymbol{x}$，其中 $\boldsymbol{A}$ 为实对称矩阵，如果对于任意非零向量 $\boldsymbol{x} = (x_1, x_2, \cdots, x_n)^{\mathrm{T}}$ 都有 $f(x_1, x_2, \cdots, x_n) = \boldsymbol{x}^{\mathrm{T}}\boldsymbol{A}\boldsymbol{x} > 0$ $(\geqslant 0)$，则称 $f(x_1, x_2, \cdots, x_n)$ 为**正定(半正定)二次型**，称相应的系数矩阵 $\boldsymbol{A}$ 为**正定(半正定)矩阵**；

如果都有 $f(x_1, x_2, \cdots, x_n) = \boldsymbol{x}^{\mathrm{T}}\boldsymbol{A}\boldsymbol{x} < 0 (\leqslant 0)$，则称 $f(x_1, x_2, \cdots, x_n)$ 为负定(半负定)二次型，称相应的系数矩阵 $\boldsymbol{A}$ 为**负定(半负定)矩阵**.

这两种二次型统称为**定号二次型**.

推论 1 实二次型 $f(x_1, x_2, \cdots, x_n) = \boldsymbol{x}^{\mathrm{T}}\boldsymbol{A}\boldsymbol{x}$ 正定(负定)的充分必要条件为其标准形中 n 个系数为正实数(负实数).

推论 2 二次型 $f(x_1, x_2, \cdots, x_n)$ 中对应系数矩阵 $\boldsymbol{A}$ 正定(负定)的充分必要条件为 $\boldsymbol{A}$ 的 n 个特征值全为正数(负数).

例 9 试用特征值判定下列二次型的正定性.

(1) $f(x_1, x_2, x_3) = 2x_1^2 + 4x_2^2 + 5x_3^2 - 4x_1x_3$；

(2) $f(x_1, x_2, x_3) = 2x_1^2 + x_2^2 - 4x_1x_2 - 4x_2x_3$；

(3) $f(x_1, x_2, x_3) = -x_1^2 - x_2^2 - 3x_3^2 - 2x_1x_3 - 2x_2x_3$.

解 (1) f 的实对称矩阵为

$$A=\begin{pmatrix}2&0&-2\\0&4&0\\-2&0&5\end{pmatrix}.$$

特征方程

$$|\lambda E-A|=\begin{vmatrix}\lambda-2&0&2\\0&\lambda-4&0\\2&0&\lambda-5\end{vmatrix}=(\lambda-4)(\lambda-1)(\lambda-6)=0.$$

所以特征值为 $\lambda_1=4$，$\lambda_2=1$，$\lambda_3=6$ 均大于零，故 $f(x_1, x_2, x_3)$ 为正定.

(2) f 的实对称矩阵为

$$A=\begin{pmatrix}2&-2&0\\-2&1&-2\\0&-2&0\end{pmatrix}.$$

特征方程

$$|\lambda E-A|=\begin{vmatrix}\lambda-2&2&0\\2&\lambda-1&2\\0&2&\lambda\end{vmatrix}=(\lambda-1)(\lambda-4)(\lambda+2)=0.$$

所以特征值 $\lambda_1=1$，$\lambda_2=4$，$\lambda_3=-2$ 有正有负，故 $f(x_1, x_2, x_3)$ 为不定.

(3) $f(x_1, x_2, x_3)$的实对称矩阵

$$A=\begin{pmatrix}-1&0&-1\\0&-1&-1\\-1&-1&-3\end{pmatrix}.$$

特征方程

$$\begin{aligned}|\lambda E-A|&=\begin{vmatrix}\lambda+1&0&1\\0&\lambda+1&1\\1&1&\lambda+3\end{vmatrix}=(\lambda+1)(\lambda^2+4\lambda+1)\\&=(\lambda+1)\left(\lambda-\frac{-4+\sqrt{16-4}}{2}\right)\left(\lambda-\frac{-4-\sqrt{16-4}}{2}\right)\\&=(\lambda+1)[\lambda-(-2+\sqrt{3})][\lambda-(-2-\sqrt{3})]=0.\end{aligned}$$

所以，特征值 $\lambda_1=-1<0$，$\lambda_2=-2+\sqrt{3}<0$，$\lambda_3=-2-\sqrt{3}<0$，故 $f(x_1, x_2,$

x_3)为负定.

定理 4 实对称矩阵 $\boldsymbol{A}=(a_{ij})_{n\times n}$ 为正定的充分必要条件是它的**顺序主子行列式**都大于 0,即

$$a_{11}>0,\quad \begin{vmatrix} a_{11} & a_{12} \\ a_{21} & a_{22} \end{vmatrix}>0,\quad \begin{vmatrix} a_{11} & a_{12} & a_{13} \\ a_{21} & a_{22} & a_{23} \\ a_{31} & a_{32} & a_{33} \end{vmatrix}>0,\ \cdots,\ \begin{vmatrix} a_{11} & a_{12} & \cdots & a_{1n} \\ a_{21} & a_{22} & \cdots & a_{2n} \\ \vdots & \vdots & & \vdots \\ a_{n1} & a_{n2} & \cdots & a_{nn} \end{vmatrix}>0.$$

$\boldsymbol{A}$ 为负定的充分必要条件是奇数阶顺序主子式为负,偶数阶顺序主子式为正,即

$$(-1)^k \begin{vmatrix} a_{11} & a_{12} & \cdots & a_{1k} \\ a_{21} & a_{22} & \cdots & a_{2k} \\ \vdots & \vdots & & \vdots \\ a_{k1} & a_{k2} & \cdots & a_{kk} \end{vmatrix}>0 \quad (k=1,\ 2,\ \cdots,\ n).$$

例 10 判断下列二次型是正定的或是负定的.

(1) $f(x_1,\ x_2,\ x_3)=5x_1^2+4x_2^2+6x_3^2-4x_1x_2-4x_1x_3$;

(2) $f(x_1,\ x_2,\ x_3)=x_1^2+x_2^2+7x_3^2+6x_1x_3+2x_2x_3$.

解 (1) 二次型的矩阵

$$\boldsymbol{A}=\begin{pmatrix} 5 & -2 & -2 \\ -2 & 4 & 0 \\ -2 & 0 & 6 \end{pmatrix}.$$

由于它的顺序主子行列式

$$5>0,\quad \begin{vmatrix} 5 & -2 \\ -2 & 4 \end{vmatrix}>0,\quad \begin{vmatrix} 5 & -2 & -2 \\ -2 & 4 & 0 \\ -2 & 0 & 6 \end{vmatrix}>0.$$

故 $\boldsymbol{A}$ 正定,所对应的二次型也是正定的.

(2) 二次型的矩阵

$$\boldsymbol{A}=\begin{pmatrix} 1 & 0 & 3 \\ 0 & 1 & 1 \\ 3 & 1 & 7 \end{pmatrix}.$$

由于它的顺序主子行列式

$$1>0,\quad \begin{vmatrix}1&0\\0&1\end{vmatrix}>0,\quad \begin{vmatrix}1&0&3\\0&1&1\\3&1&7\end{vmatrix}<0.$$

故给出的二次型既不是正定的，也不是负定的.

例 11 求使二次型为正定的所有实数 λ 的值.

$$f(x_1,x_2,x_3)=x_1^2+x_2^2+5x_2^2+2\lambda x_1x_2-2x_1x_3+4x_2x_3.$$

解 二次型的矩阵

$$\boldsymbol{A}=\begin{pmatrix}1&\lambda&-1\\\lambda&1&2\\-1&2&5\end{pmatrix}.$$

要使二次型为正定只需使其顺序主子行列式为正，即

$$1>0,\ \begin{vmatrix}1&\lambda\\\lambda&1\end{vmatrix}=1-\lambda^2>0,\quad 得-1<\lambda<1.$$

$$\begin{vmatrix}1&\lambda&-1\\\lambda&1&2\\-1&2&5\end{vmatrix}=\begin{vmatrix}1&\lambda&-1\\0&1-\lambda^2&2+\lambda\\0&2+\lambda&4\end{vmatrix}=-5\lambda\left(\lambda+\frac{4}{5}\right)>0.$$

由 $\lambda\left(\lambda+\frac{4}{5}\right)<0$，得 $-\frac{4}{5}<\lambda<0$. 因此，当 $-\frac{4}{5}<\lambda<0$ 时，二次型为正定二次型.

例 12 设 $\boldsymbol{A}$ 是 n 阶正定矩阵，$\boldsymbol{E}$ 是 n 阶单位矩阵，证明 $\boldsymbol{A}+\boldsymbol{E}$ 的行列式大于 1.

证明 设 $\boldsymbol{A}$ 有 n 个特征值为 λ_i, $i=1,2,\cdots,n$，则 $\boldsymbol{A}+\boldsymbol{E}$ 的所有特征值为 λ_i+1, $i=1,2,\cdots,n$.

由于 $\boldsymbol{A}$ 是 n 阶正定矩阵，所以 $\lambda_i>0$, $i=1,2,\cdots,n$.

则有 $\lambda_i+1>1$, $i=1,2,\cdots,n$，故 $|\boldsymbol{A}+\boldsymbol{E}|=\prod_{i=1}^{n}(\lambda_i+1)>1$.

习 题 4.6

1. 用正交变换法化二次型为标准形，并求出相应的正交变换.

(1) $f(x_1, x_2, x_3) = 2x_1^2 + 3x_2^2 + 4x_2x_3 + 3x_3^2$；

(2) $f(x_1, x_2, x_3) = 2x_1^2 + x_2^2 - 4x_1x_2 - 4x_2x_3$；

(3) $f(x_1, x_2, x_3) = 3x_1^2 + 6x_2^2 + 3x_3^2 - 4x_1x_2 - 8x_1x_3 - 4x_2x_3$.

2. 用配方法化二次型为标准形,并求出相应的满秩线性变换.

(1) $f = x_1^2 - x_3^2 + 2x_1x_2 + 2x_2x_3$；

(2) $f = 2x_1x_2 - 2x_3x_4$；

(3) $f = x_1^2 + 2x_2^2 - x_3^2 + 4x_1x_2 - 4x_1x_3 - 4x_2x_3$.

3. 判断二次型是正定的还是负定的.

(1) $f(x_1, x_2, x_3) = 3x_1^2 + x_2^2 + 8x_3^2 + 2x_1x_2 - 4x_2x_3$；

(2) $f(x_1, x_2, x_3) = x_1^2 + x_2^2 + x_3^2 + 2x_1x_2 + 4x_1x_3 + 4x_2x_3$.

4. 求 λ 的值,使二次型为正定的.

(1) $f(x_1, x_2, x_3) = 5x_1^2 + x_2^2 + \lambda x_3^2 + 4x_1x_2 - 2x_1x_3 - 2x_2x_3$；

(2) $f(x_1, x_2, x_3) = \lambda(x_1^2 + x_2^2 + x_3^2) + 2x_1x_2 - 2x_2x_3 + 2x_1x_3$.

5. 设二次型 $f(x_1, x_2, x_3) = \boldsymbol{x}^{\mathrm{T}}\boldsymbol{A}\boldsymbol{x}$ 中 $\boldsymbol{A} = \begin{pmatrix} 1 & -2 & -4 \\ -2 & a & -2 \\ -4 & -2 & 1 \end{pmatrix}$,经正交变换 $\boldsymbol{x}=\boldsymbol{P}\boldsymbol{y}$ 化为标准形 $5y_1^2 - 4y_2^2 + by_3^2$,求 a, b 和正交矩阵 $\boldsymbol{P}$.

6. 已知二次型 $f(x_1, x_2, x_3) = 2x_1^2 + 3x_2^2 + 3x_3^3 + 2ax_2x_3$ $(a>0)$经正交变换化为标准形 $f = y_1^2 + 2y_2^2 + 5y_3^2$,求 a 及所用的正交变换矩阵 $\boldsymbol{P}$.

自测题四

1. 把向量组 $\boldsymbol{\alpha}_1 = \begin{pmatrix} 1 \\ 1 \\ 1 \end{pmatrix}$, $\boldsymbol{\alpha}_2 = \begin{pmatrix} -1 \\ 0 \\ -1 \end{pmatrix}$, $\boldsymbol{\alpha}_3 = \begin{pmatrix} -1 \\ 2 \\ 3 \end{pmatrix}$ 正交化、单位化.

2. 写出下列二次型的矩阵表达式,并求出它们的秩.

(1) $f_1(x_1, x_2, x_3) = 2x_1^2 - 3x_2^2 + x_3^2 - 2x_1x_2 + x_1x_3 + 6x_2x_3$；

(2) $f_2(x_1, x_2, x_3) = x_1x_2 - x_2x_3$.

3. 写出下列对称矩阵对应的二次型.

(1) $\boldsymbol{A} = \begin{pmatrix} 1 & 0 & 1 \\ 0 & -1 & 0 \\ 1 & 0 & 1 \end{pmatrix}$； (2) $\boldsymbol{A} = \begin{pmatrix} 1 & 2 & 3 \\ 2 & 2 & 1 \\ 3 & 1 & 3 \end{pmatrix}$.

4. 用配方法化实二次型为标准形,并写出所作的满秩线性变换.

(1) $f_1(x_1, x_2, x_3) = x_1^2 - 3x_2^2 + x_3^2 - 2x_1x_2 + x_1x_3 + 6x_2x_3$；

(2) $f_2(x_1, x_2, x_3, x_4) = x_1x_2 - x_3x_4$.

5. 设对称矩阵

$$A=\begin{pmatrix}1 & -2 & 2\\ -2 & -2 & 4\\ 2 & 4 & -2\end{pmatrix},$$

求正交阵 $\boldsymbol{P}$，使 $\boldsymbol{P}^{-1}\boldsymbol{A}\boldsymbol{P}=\boldsymbol{\Lambda}$ 为对角阵.

6. 将实二次型经正交变换化成标准形，并求正交变换矩阵 $\boldsymbol{P}$.

(1) $f(x_1, x_2, x_3)=x_1^2+x_2^2+6x_3^2+4x_1x_2+6x_1x_3+6x_2x_3$；

(2) $f(x_1, x_2, x_3)=x_1^2+x_2^2-2x_3^2-4x_1x_2+2x_1x_3+2x_2x_3$；

(3) $f(x_1, x_2, x_3)=8x_1^2-7x_2^2+8x_3^2+8x_1x_2-2x_1x_3+8x_2x_3$.

7. 判定二次型的正定性.

(1) $f(x, y, z)=-5x^2-6y^2-4z^2+4xy+4xz$；

(2) $f(x_1, x_2, x_3, x_4)=x_1^2+3x_2^2+9x_3^2+19x_4^2-2x_1x_2+4x_1x_3+2x_1x_4-6x_2x_4-12x_3x_4$.

8. 已知三阶方阵 $\boldsymbol{A}$ 的特征值为 1, 2, 3，求 $|\boldsymbol{A}^3+3\boldsymbol{A}^2-5\boldsymbol{A}|$.

9. 设 $\boldsymbol{A}$ 为三阶方阵，已知方阵 $\boldsymbol{E}-\boldsymbol{A}$, $\boldsymbol{E}+\boldsymbol{A}$, $3\boldsymbol{E}-\boldsymbol{A}$ 都不可逆，问 $\boldsymbol{A}$ 是否相似于对角阵？为什么？

10. 设 $\boldsymbol{A}$ 为三阶方阵，有 3 个不同的特征值 $\lambda_1, \lambda_2, \lambda_3$ 对应的特征向量 $\boldsymbol{\alpha}_1, \boldsymbol{\alpha}_2, \boldsymbol{\alpha}_3$，令 $\boldsymbol{\beta}=\boldsymbol{\alpha}_1+\boldsymbol{\alpha}_2+\boldsymbol{\alpha}_3$，证明 $\boldsymbol{\beta}$, $\boldsymbol{A}\boldsymbol{\beta}$, $\boldsymbol{A}^2\boldsymbol{\beta}$ 线性无关.

11. 设 $\boldsymbol{A}$ 为 n 阶正交矩阵，(1)向量 $\boldsymbol{\alpha}\in R^n$，求证 $\|\boldsymbol{A}\boldsymbol{\alpha}\|=\|\boldsymbol{\alpha}\|$，(2)向量组 $\boldsymbol{\alpha}_1, \boldsymbol{\alpha}_2, \cdots, \boldsymbol{\alpha}_n$ 为 $\mathbf{R}^n$ 的一组正交基，求证 $\boldsymbol{A}\boldsymbol{\alpha}_1, \boldsymbol{A}\boldsymbol{\alpha}_2, \cdots, \boldsymbol{A}\boldsymbol{\alpha}_n$ 也是 $\mathbf{R}^n$ 的一组正交基.

习 题 答 案

习　题　1.1

1. (1) 5；　(2) 24；　(3) 8；　(4) $x^4 - y^4$.

2. (1) $x_1 = -\frac{c}{a}$，$x_2 = -\frac{c}{b}$；　(2) $x_1 = 3$，$x_2 = -1$，$x_3 = 2$.

习　题　1.2

1. (1) -8；　(2) -3；　(3) 33；　(4) $a(b-a)^3$；　(5) $(a+b+c)^3$；
(6) $4abcdef$；　(7) 62；　(8) 0；　(9) -480；　(10) -12.　4. $x = 1, 2, 3$.

习　题　1.3

1. (1) -726；　(2) -70；　(3) 432；　(4) 160；　(5) -9；　(6) x^2y^2.
2. (1) 1，2，3；　(2) ± 1，± 3.　3. -3
4. (1) 0；(2) 64.

习　题　1.4

1. (1) $x_1 = 2$，$x_2 = 3$，$x_3 = 4$；　(2) $x_1 = 1$，$x_2 = 0$，$x_3 = 0$；
(3) $x_1 = -1$，$x_2 = -1$，$x_3 = 0$，$x_4 = 1$.
2. (1) $\lambda = 1$ 或 $\lambda = -2$；　(2) $\lambda = 0$ 或 $\lambda = 2$ 或 $\lambda = 3$.

自 测 题 一

1. (1) -60；　(2) $b^2(b^2 - 4a^2)$；　(3) 18；　(4) -10.　2. -2.
3. (1) $x = a$，$y = b$，$z = c$；　(2) $x_1 = \frac{73}{139}$，$x_2 = \frac{185}{139}$，$x_3 = \frac{579}{139}$，$x_4 = -\frac{142}{139}$.
4. $k = 1$ 或 $k = 3$.　5. $k \neq 2$.

习　题　2.1

1. $a = 2$，$b = 1$，$c = 3$，$d = -1$.

2. (1) $\boldsymbol{A}^{\mathrm{T}} = \begin{pmatrix} 4 & 1 & 5 \\ 0 & 3 & 7 \\ 1 & 0 & 6 \end{pmatrix}$；　(2) $\boldsymbol{B}^{\mathrm{T}} = \begin{pmatrix} 1 & 6 & 7 \\ 7 & 9 & 7 \\ 8 & 4 & 5 \\ 2 & 5 & 3 \end{pmatrix}$；　(3) $\boldsymbol{\alpha}^{\mathrm{T}} = \begin{pmatrix} 2 \\ 0 \\ -1 \\ 8 \end{pmatrix}$；

(4) $\boldsymbol{\beta}^{\mathrm{T}}=(8, 2, -3, 4)$.

3. (1) 是； (2) 不是.

4. (1) $\boldsymbol{A}$ 为非奇异矩阵； (2) $\boldsymbol{B}$ 为奇异矩阵； (3) $\boldsymbol{C}$ 不是方阵，则不存在奇异不奇异的问题.

习 题 2.2

1. $2\boldsymbol{A}+\boldsymbol{B}=\begin{pmatrix}7 & -1 & 9\\ 6 & 12 & 10\end{pmatrix}$, $\boldsymbol{A}-\boldsymbol{B}=\begin{pmatrix}-1 & -8 & 6\\ -3 & 6 & 2\end{pmatrix}$,

$\boldsymbol{A}\boldsymbol{B}^{\mathrm{T}}=\begin{pmatrix}-14 & 18\\ 29 & 12\end{pmatrix}$, $\boldsymbol{A}^{\mathrm{T}}\boldsymbol{B}=\begin{pmatrix}10 & 10 & 0\\ 15 & -15 & 15\\ 31 & 25 & 3\end{pmatrix}$.

2. $\boldsymbol{X}=\begin{pmatrix}4 & \frac{3}{2} & -1\\ -1 & \frac{5}{2} & 1\\ \frac{7}{2} & \frac{11}{2} & \frac{5}{2}\end{pmatrix}$.

3. (1) $\begin{pmatrix}8 & 23\\ 19 & 19\\ 2 & 6\end{pmatrix}$； (2) 22； (3) $\begin{pmatrix}2 & 1 & 1\\ 3 & 1 & 2\\ 11 & 6 & 5\end{pmatrix}$； (4) $\begin{pmatrix}19 & 24 & 17\\ 2 & 7 & 6\\ 12 & 25 & 20\end{pmatrix}$；

(5) $\begin{pmatrix}a_1^2 & a_1a_2 & a_1a_3 & a_1a_4\\ a_2a_1 & a_2^2 & a_2a_3 & a_2a_4\\ a_3a_1 & a_3a_2 & a_3^2 & a_3a_4\\ a_4a_1 & a_4a_2 & a_4a_3 & a_4^2\end{pmatrix}$； (6) $\begin{pmatrix}\cos 2t & -\sin 2t\\ \sin 2t & \cos 2t\end{pmatrix}$；

(7) $a_{11}x^2+a_{22}y^2+a_{33}z^2+2a_{12}xy+2a_{13}xz+2a_{23}yz$.

4. $\boldsymbol{AB}=\boldsymbol{BA}$. 5. $\boldsymbol{AB}-\boldsymbol{AC}=\boldsymbol{A}(\boldsymbol{B}-\boldsymbol{C})=\boldsymbol{AE}=\boldsymbol{A}$. 6. 72.

7. **证明** $\boldsymbol{A}^{\mathrm{T}}=\boldsymbol{A}$, $\boldsymbol{A}^2=\boldsymbol{AA}^{\mathrm{T}}=\boldsymbol{O}$，比较两边 (i, j) 元素得，即 $\boldsymbol{A}=\boldsymbol{O}$. $a_{i1}^2+a_{i2}^2+\cdots+a_{in}^2=0$，则 $a_{ij}=0(i, j=1, \cdots, n)$.

9. $\boldsymbol{E}$. 10. $\begin{cases}x_1= 7z_1+12z_2+6z_3,\\ x_2= z_1+6z_2-14z_3,\\ x_3=-3z_1+z_2-20z_3.\end{cases}$ 12. $\begin{pmatrix}0 & 0\\ 0 & 0\end{pmatrix}$.

习 题 2.3

1. (1) 原式 $=\begin{pmatrix}\boldsymbol{D}_{21} & \boldsymbol{D}_{22}\\ \boldsymbol{D}_{11} & \boldsymbol{D}_{12}\end{pmatrix}=\left(\begin{array}{cc:cc}3 & 1 & 1 & 1\\ 3 & 2 & 1 & 2\\ \hdashline 1 & 1 & 1 & 1\\ 1 & 2 & 1 & 1\end{array}\right)$；

(2) 原式$=\begin{pmatrix} D_{21} & D_{22} \\ D_{21}+D_{11} & D_{22}+D_{12} \end{pmatrix}=\left(\begin{array}{cc:cc} 3 & 1 & 1 & 1 \\ 3 & 2 & 1 & 2 \\ \hdashline 4 & 2 & 2 & 2 \\ 4 & 4 & 2 & 3 \end{array}\right)$；

(3) 原式$=\begin{pmatrix} CD_{11} & CD_{12} \\ D_{21} & D_{22} \end{pmatrix}=\left(\begin{array}{cc:cc} 2 & 2 & 2 & 2 \\ 2 & 4 & 2 & 2 \\ \hdashline 3 & 1 & 1 & 1 \\ 3 & 2 & 1 & 2 \end{array}\right)$；

(4) 原式$=\begin{pmatrix} D_{11}A+D_{12}B & D_{12}C \\ D_{21}A+D_{22}B & D_{22}C \end{pmatrix}=\left(\begin{array}{cc:cc} 1 & 2 & 2 & 2 \\ 2 & 2 & 2 & 2 \\ \hdashline 1 & 4 & 2 & 2 \\ 1 & 5 & 2 & 4 \end{array}\right)$.

2. $AB=\begin{pmatrix} 1 & 0 & 1 & 0 \\ 0 & 1 & 0 & 1 \\ 0 & 2 & 3 & 3 \\ 0 & 0 & 3 & 1 \end{pmatrix}$.　　3. $A^4=\begin{pmatrix} 625 & 0 & 0 & 0 \\ 0 & 625 & 0 & 0 \\ 0 & 0 & 16 & 64 \\ 0 & 0 & 0 & 16 \end{pmatrix}$，$|A|^6=10^{12}$.

4. -12.

习　题　2.4

1. $\begin{pmatrix} 3 & 1 & 2 & -1 \\ 1 & 2 & 1 & 2 \\ 2 & 1 & 2 & -1 \end{pmatrix}$；$\begin{pmatrix} 1 & 2 & 1 & 2 \\ -6 & -2 & -4 & 2 \\ 2 & 1 & 2 & -1 \end{pmatrix}$；$\begin{pmatrix} 1 & 2 & 1 & 2 \\ 3 & 1 & 2 & -1 \\ 5 & 7 & 5 & 5 \end{pmatrix}$.

2. $E(1,3)AE[2,3(k)]$.

3. (1) $\begin{pmatrix} 1 & -2 & 3 & -1 \\ 0 & 1 & 1 & -2 \\ 0 & 0 & 7 & -10 \end{pmatrix}$，$\begin{pmatrix} 1 & 0 & 0 & \frac{15}{7} \\ 0 & 1 & 0 & -\frac{4}{7} \\ 0 & 0 & 1 & -\frac{10}{7} \end{pmatrix}$；

(2) $\begin{pmatrix} 1 & 5 & -1 & -1 & -1 \\ 0 & -7 & 2 & 4 & 4 \\ 0 & 0 & 0 & 0 & 0 \\ 0 & 0 & 0 & 0 & 0 \end{pmatrix}$，$\begin{pmatrix} 1 & \frac{3}{2} & 0 & 1 & 1 \\ 0 & -\frac{7}{2} & 1 & 2 & 2 \\ 0 & 0 & 0 & 0 & 0 \\ 0 & 0 & 0 & 0 & 0 \end{pmatrix}$.

4. (1) $\boldsymbol{B}=\begin{pmatrix}1&3&3&8\\0&1&7&8\\0&0&0&0\end{pmatrix}$； (2) $\boldsymbol{B}=\begin{pmatrix}1&0&0\\0&1&0\\0&-1&1\end{pmatrix}\begin{pmatrix}1&0&0\\0&1&0\\2&0&1\end{pmatrix}\begin{pmatrix}0&1&0\\1&0&0\\0&0&1\end{pmatrix}\boldsymbol{A}$.

习 题 2.5

1. (1) $R(\boldsymbol{A})=3$； (2) $R(\boldsymbol{B})=3$. 2. (1) $R(\boldsymbol{A})=3$； (2) $R(\boldsymbol{B})=3$.
3. (1) 是； (2) 不是. 4. 3，2，2. 5. $a=5$，$b=1$.

习 题 2.6

1. (1) $\boldsymbol{A}^{-1}=\begin{pmatrix}-3&2\\2&-1\end{pmatrix}$； (2) $\boldsymbol{A}^{-1}=\begin{pmatrix}1&0&-1\\0&1&0\\0&0&1\end{pmatrix}$； (3) $\frac{1}{2}\begin{pmatrix}d&-b&0\\-c&a&0\\0&0&1\end{pmatrix}$.

2. (1) $\boldsymbol{A}^{-1}=\frac{1}{10}\begin{pmatrix}5&1&1\\5&5&-5\\-5&1&1\end{pmatrix}$；(2) $\boldsymbol{A}^{-1}=\begin{pmatrix}1&-4&-3\\1&-5&-3\\-1&6&4\end{pmatrix}$；(3) $\boldsymbol{A}$不可逆.

3. (1) $\boldsymbol{X}=\begin{pmatrix}6&4&5\\2&1&2\\3&3&3\end{pmatrix}$； (2) $\boldsymbol{X}=\frac{1}{7}\begin{pmatrix}-5&2&-6\\-19&9&8\end{pmatrix}$；

(3) $\boldsymbol{X}=\boldsymbol{A}^{-1}\boldsymbol{C}\boldsymbol{B}^{-1}=\begin{pmatrix}0&1\\1&0\end{pmatrix}\begin{pmatrix}1&2&3\\4&5&6\end{pmatrix}\frac{1}{3}\begin{pmatrix}0&1&1\\0&1&-2\\-3&2&-1\end{pmatrix}=\begin{pmatrix}-6&7&-4\\-3&3&-2\end{pmatrix}$.

4. $\boldsymbol{X}=(\boldsymbol{A}+\boldsymbol{B}-\boldsymbol{E})^{-1}=\begin{pmatrix}1&0&0\\0&\frac{1}{2}&0\\0&0&\frac{1}{3}\end{pmatrix}$. 5. -2.

6. $$|(3A)^{-1}-2A^*|=\left|\frac{1}{3}A^{-1}-2|A|A^{-1}\right|=\left|-\frac{2}{3}A^{-1}\right|$$
$$=\left(-\frac{2}{3}\right)^3|A^{-1}|=-\frac{8}{27}\cdot\frac{1}{|A|}=-\frac{16}{27}.$$

7. $\boldsymbol{X}=(\boldsymbol{A}^*-\boldsymbol{E})^{-1}\boldsymbol{A}^{-1}=(\boldsymbol{A}\boldsymbol{A}^*-\boldsymbol{A})^{-1}=(|\boldsymbol{A}|\boldsymbol{E}-\boldsymbol{A})^{-1}=(8\boldsymbol{E}-\boldsymbol{A})^{-1}=\frac{1}{6}\begin{pmatrix}1&1&1\\0&1&1\\0&0&1\end{pmatrix}$.

8. $\boldsymbol{A}^{11}=\frac{1}{3}\begin{pmatrix}1+2^{13}&4+2^{13}\\-1-2^{11}&-4-2^{11}\end{pmatrix}$. 9. $\boldsymbol{A}=\frac{1}{2}\begin{vmatrix}4&0&0\\-2&2&0\\1&-1&2\end{vmatrix}$. 10. $4\begin{pmatrix}1&1&1\\1&1&1\\1&1&1\end{pmatrix}$.

自测题二

1. $\begin{pmatrix} -7 & 2 & 9 \\ 1 & 0 & 1 \\ 1 & 6 & 12 \end{pmatrix}$，$\begin{pmatrix} 29 & 5 & 8 \\ 5 & 9 & 0 \\ 8 & 0 & 5 \end{pmatrix}$.

2. $R(\boldsymbol{A}_1)=3$，$\boldsymbol{A}_1$ 可逆，$R(\boldsymbol{A}_2)=3<4$，$\boldsymbol{A}_2$ 不可逆.

3. $\boldsymbol{A}^{-1}=\begin{pmatrix} -3 & 4 & 0 & 0 & 0 \\ 1 & -1 & 0 & 0 & 0 \\ 0 & 0 & \frac{5}{2} & -\frac{1}{2} & 0 \\ 0 & 0 & -\frac{3}{2} & \frac{1}{2} & 0 \\ 0 & 0 & 0 & 0 & \frac{1}{8} \end{pmatrix}$，$\boldsymbol{A}^{-1}\boldsymbol{B}^{\mathrm{T}}=\begin{pmatrix} -3 & -6 & 1 \\ 1 & 2 & 0 \\ \frac{7}{2} & \frac{3}{2} & 0 \\ -\frac{3}{2} & -\frac{1}{2} & 0 \\ 0 & 0 & \frac{1}{8} \end{pmatrix}$.

4. $\boldsymbol{A}=-\frac{1}{37}\begin{pmatrix} 10 & -7 \\ -11 & 4 \end{pmatrix}$，$\boldsymbol{B}^{-1}=\begin{pmatrix} 7 & -3 & -3 \\ -1 & 0 & 1 \\ -1 & 0 & 1 \end{pmatrix}$.　　5. $\begin{pmatrix} x_1 \\ x_2 \\ x_3 \end{pmatrix}=\begin{pmatrix} -6 \\ \frac{13}{2} \\ -2 \end{pmatrix}$.

6. (1) $\boldsymbol{X}=\frac{1}{2}\begin{pmatrix} -6 & 14 & -1 \\ 1 & -7 & 6 \end{pmatrix}$；　(2) $\boldsymbol{X}=\begin{pmatrix} 1 & 8 & -3 \\ -1 & 5 & 2 \\ 1 & 2 & 0 \end{pmatrix}$；　(3) $\boldsymbol{X}=\begin{pmatrix} 6 & 3 & 0 \\ -2 & 6 & 0 \\ 0 & 0 & 12 \end{pmatrix}$.

7. $\boldsymbol{A}^{-1}=\frac{1}{2}(\boldsymbol{E}-\boldsymbol{A})$，$(\boldsymbol{A}-2\boldsymbol{E})^{-1}=-\frac{1}{4}(\boldsymbol{A}+\boldsymbol{E})$.

8. $(\boldsymbol{A}-2\boldsymbol{E})^{-1}=\boldsymbol{A}^2+2\boldsymbol{A}+4\boldsymbol{E}$，$(\boldsymbol{A}-\boldsymbol{E})^{-1}=\frac{1}{8}(\boldsymbol{A}^2+\boldsymbol{A}+\boldsymbol{E})$.

9. (1) $|(4\boldsymbol{A})^{-1}|=\frac{1}{128}$，$|(\boldsymbol{A}^{-1})^*|=|\boldsymbol{A}^{-1}|^2=\frac{1}{|\boldsymbol{A}|^2}=\frac{1}{128^2}$，$|\boldsymbol{A}^*-(3\boldsymbol{A})^{-1}|=$ $\left|\frac{5}{3}\boldsymbol{A}^{-1}\right|=\frac{125}{54}$；　(2) $|\boldsymbol{A}+\boldsymbol{B}|=12$.

10. $\boldsymbol{X}=\begin{pmatrix} 2 & -4 & 0 & 0 \\ -2 & -2 & 0 & 0 \\ 0 & 0 & 2 & 2 \\ 0 & 0 & -1 & 2 \end{pmatrix}$.　11. 提示：$R(\boldsymbol{A})\leqslant 3$，$R(\boldsymbol{B})\leqslant 3$，$R(\boldsymbol{AB})\leqslant 3$.

习　题　3.1

1. $(4,2,1,2)^{\mathrm{T}}$，$-7(1,3,-1,-2)^{\mathrm{T}}$.　2. $(1,2,3,4)^{\mathrm{T}}$.

3. (1) $x_1=-\frac{3}{2}$，$x_2=5$，$x_3=3$；　(2) $x_1=\frac{2}{3}$，$x_2=-\frac{2}{3}$，$x_3=\frac{1}{3}$，$x_4=-\frac{1}{3}$.

习 题 3.2

1. (1) 不正确. 只须存在一组不全为零的数 k_1, k_2, k_3 使得 $k_1\boldsymbol{\alpha}_1 + k_2\boldsymbol{\alpha}_2 + k_3\boldsymbol{\alpha}_3 = \mathbf{0}$;

(2) 正确;

(3) 不正确, $\boldsymbol{\alpha}_1$ 不定可由 $\boldsymbol{\alpha}_2, \boldsymbol{\alpha}_3$ 线性表示, 如 $\boldsymbol{\alpha}_1 = \begin{pmatrix}1\\1\\1\end{pmatrix}, \boldsymbol{\alpha}_2 = \begin{pmatrix}0\\1\\2\end{pmatrix}, \boldsymbol{\alpha}_3 = \begin{pmatrix}0\\2\\4\end{pmatrix}$, 则 $\boldsymbol{\alpha}_1$ 不能由 $\boldsymbol{\alpha}_2, \boldsymbol{\alpha}_3$ 线性表示;

(4) 正确, 因为 $\boldsymbol{\alpha}_1, \boldsymbol{\alpha}_1, \boldsymbol{\alpha}_3$ 线性相关.

2. (1) $\boldsymbol{\beta} = \boldsymbol{\alpha}_1 + 2\boldsymbol{\alpha}_2 - 4\boldsymbol{\alpha}_3 + 3\boldsymbol{\alpha}_4$; (2) $\boldsymbol{\beta} = \dfrac{1}{4}(5\boldsymbol{\alpha}_1 + \boldsymbol{\alpha}_2 - \boldsymbol{\alpha}_3 - \boldsymbol{\alpha}_4)$.

3. $\boldsymbol{\beta}$ 不可由 $\boldsymbol{\alpha}_1, \boldsymbol{\alpha}_2, \boldsymbol{\alpha}_3, \boldsymbol{\alpha}_4$ 线性表示.

4. (1) $a = -1, b \neq 0$; (2) $a \neq -1$, b 任取值, $\boldsymbol{\beta} = \dfrac{1}{a+1}[-2b\boldsymbol{\alpha}_1 + (a+b+1)\boldsymbol{\alpha}_2 + b\boldsymbol{\alpha}_3]$.

当 $a = -1, b = 0$ 时方程组有无穷多解.

$\boldsymbol{\beta} = (-2k_1 + k_2)\boldsymbol{\alpha}_1 + (1 + k_1 - 2k_2)\boldsymbol{\alpha}_2 + k_1\boldsymbol{\alpha}_3 + k_2\boldsymbol{\alpha}_4,\ k_1, k_2 \in \mathbf{R}$.

5. (1) 秩为 4, 线性无关; (2) 秩为 3, 线性相关.

6. (1) $k \neq 5$ 时, $\boldsymbol{\alpha}_1, \boldsymbol{\alpha}_2, \boldsymbol{\alpha}_3$ 线性无关; (2) $k = 5$ 时, $\boldsymbol{\alpha}_1, \boldsymbol{\alpha}_2, \boldsymbol{\alpha}_3$ 线性相关.

7. (1) 线性相关; (2) 线性无关. 8. $2a - 3b \neq 0$.

9. $\boldsymbol{B} = (\boldsymbol{\alpha}_1, \boldsymbol{\alpha}_2, \boldsymbol{\alpha}_3)\begin{pmatrix}1 & 1 & 1\\1 & 2 & 3\\1 & 4 & 9\end{pmatrix} = \boldsymbol{AC}$, $|\boldsymbol{B}| = |\boldsymbol{A}||\boldsymbol{C}| = 2$.

习 题 3.3

1. 令 $\boldsymbol{A} = (\boldsymbol{\alpha}_1, \boldsymbol{\alpha}_2, \boldsymbol{\alpha}_3)$, $\boldsymbol{B} = (\boldsymbol{\beta}_1, \boldsymbol{\beta}_2, \boldsymbol{\beta}_3, \boldsymbol{\beta}_4)$, 验证 $R(\boldsymbol{A} \vdots \boldsymbol{B}) = R(\boldsymbol{A}) = R(\boldsymbol{B})$, 因 $R(\boldsymbol{A} \vdots \boldsymbol{B}) = R(\boldsymbol{B} \vdots \boldsymbol{A})$, 两个向量组等价.

2. $a = 2, b = 5$.

3. (1) 最大线性无关组不唯一. 当 $\boldsymbol{\alpha}_1, \boldsymbol{\alpha}_5$ 为最大线性无关组时 $\boldsymbol{\alpha}_2 = -\boldsymbol{\alpha}_1 + 2\boldsymbol{\alpha}_5$, $\boldsymbol{\alpha}_3 = -\boldsymbol{\alpha}_1 - 2\boldsymbol{\alpha}_5$, $\boldsymbol{\alpha}_4 = 3\boldsymbol{\alpha}_1 + \boldsymbol{\alpha}_5$;

(2) $\boldsymbol{\alpha}_1, \boldsymbol{\alpha}_2, \boldsymbol{\alpha}_4$ 为最大线性无关组, $\boldsymbol{\alpha}_3 = 2\boldsymbol{\alpha}_1 - \boldsymbol{\alpha}_2 + 0\boldsymbol{\alpha}_4$.

4. (1) $R(\boldsymbol{\alpha}_1, \boldsymbol{\alpha}_2, \boldsymbol{\alpha}_3) = 2$, $R(\boldsymbol{\alpha}_1, \boldsymbol{\alpha}_2, \boldsymbol{\alpha}_4) = 3$, $\boldsymbol{\alpha}_1, \boldsymbol{\alpha}_2, \boldsymbol{\alpha}_3$ 线性相关, $\boldsymbol{\alpha}_1, \boldsymbol{\alpha}_2, \boldsymbol{\alpha}_4$ 线性无关.

(2) $\boldsymbol{\alpha}_1, \boldsymbol{\alpha}_2, \boldsymbol{\alpha}_4$ 最大无关组为其自身, $\boldsymbol{\alpha}_1, \boldsymbol{\alpha}_2, \boldsymbol{\alpha}_3, \boldsymbol{\alpha}_4, \boldsymbol{\alpha}_5$ 的一个最大线性无关组为 $\boldsymbol{\alpha}_1, \boldsymbol{\alpha}_2, \boldsymbol{\alpha}_4$ 或 $\boldsymbol{\alpha}_1, \boldsymbol{\alpha}_3, \boldsymbol{\alpha}_4$.

习 题 3.4

1. 当 $k=1$ 时, 方程组的一般解为 $\begin{cases} x_1 = -2x_3, \\ x_2 = 0, \end{cases}$ 其中 x_3 为自由未知量, 令 $x_3 = C$,

$\begin{cases} x_1 = -2C, \\ x_2 = 0, \\ x_3 = C; \end{cases}$ 当 $k=3$ 时，一般解为 $\begin{cases} x_1 = -x_2, \\ x_3 = -2x_2, \end{cases}$ 其中 x_2 为自由未知量，

令 $x_2 = -C$， $\begin{cases} x_1 = C, \\ x_2 = -C, \\ x_3 = 2C \end{cases}$ $(C \in \mathbf{R})$.

2. (1) 通解 $\boldsymbol{x} = k_1\boldsymbol{\xi}_1 + k_2\boldsymbol{\xi}_2$，其中一个基础解系 $\boldsymbol{\xi}_1 = \begin{pmatrix} -5 \\ 3 \\ 14 \\ 0 \end{pmatrix}$，$\boldsymbol{\xi}_2 = \begin{pmatrix} 1 \\ -1 \\ 0 \\ 2 \end{pmatrix}$；

(2) 通解 $\boldsymbol{x}=k\boldsymbol{\xi}$，其中一个基础解系 $\boldsymbol{\xi}=\begin{pmatrix} 1 \\ 1 \\ 0 \\ -1 \end{pmatrix}$.

3. $t = 2$，$0\boldsymbol{\alpha}_1 - 2k\boldsymbol{\alpha}_2 + 0\boldsymbol{\alpha}_3 + k\boldsymbol{\alpha}_4 = \mathbf{0}(k \in \mathbf{R}, k \neq 0)$.

习 题 3.5

1. $\begin{pmatrix} 1 & 1 & 1 \\ 1 & -1 & 1 \\ 2 & 1 & -3 \end{pmatrix}\begin{pmatrix} x_1 \\ x_2 \\ x_3 \end{pmatrix} = \begin{pmatrix} 1 \\ 0 \\ 2 \end{pmatrix}$；$x_1\begin{pmatrix} 1 \\ 1 \\ 2 \end{pmatrix} + x_2\begin{pmatrix} 1 \\ -1 \\ 1 \end{pmatrix} + x_3\begin{pmatrix} 1 \\ 1 \\ -3 \end{pmatrix} = \begin{pmatrix} 1 \\ 0 \\ 2 \end{pmatrix}$.

2. 当 $k \neq 1$ 且 $k \neq -2$ 时，方程组有唯一解；当 $k = 1$ 时，方程组有无穷多解；当 $k = -2$ 时，方程组无解.

3. $k\neq1$ 时，方程组有唯一解；当 $k=1$ 时，方程组有无穷多解.

4. 当 $k\neq1$ 且 $k\neq10$ 时有唯一解；当 $k=10$ 时无解；当 $k=1$ 时有无穷多解：

$$\begin{pmatrix} x_1 \\ x_2 \\ x_3 \end{pmatrix} = \begin{pmatrix} 1 \\ 0 \\ 0 \end{pmatrix} + k_1\begin{pmatrix} -2 \\ 1 \\ 0 \end{pmatrix} + k_2\begin{pmatrix} 2 \\ 0 \\ 1 \end{pmatrix}.$$

5. $R(\overline{\boldsymbol{A}}) = 3 \neq R(\boldsymbol{A})$.

6. (1) $\begin{pmatrix} x_1 \\ x_2 \\ x_3 \\ x_4 \end{pmatrix} = \dfrac{1}{7}\begin{pmatrix} 6 \\ -5 \\ 0 \\ 0 \end{pmatrix} + k_1\begin{pmatrix} 1 \\ 5 \\ 7 \\ 0 \end{pmatrix} + k_2\begin{pmatrix} 1 \\ -9 \\ 0 \\ 7 \end{pmatrix}$ 或 $\begin{pmatrix} x_1 \\ x_2 \\ x_3 \\ x_4 \end{pmatrix} = \begin{pmatrix} 1 \\ 0 \\ 1 \\ 0 \end{pmatrix} + k_1\begin{pmatrix} 1 \\ 5 \\ 7 \\ 0 \end{pmatrix} + k_2\begin{pmatrix} 2 \\ 0 \\ 9 \\ 5 \end{pmatrix}$；

(2) $\begin{pmatrix}x_1\\x_2\\x_3\\x_4\end{pmatrix}=\begin{pmatrix}0\\0\\1\\0\end{pmatrix}+k_1\begin{pmatrix}1\\0\\2\\0\end{pmatrix}+k_2\begin{pmatrix}0\\1\\1\\0\end{pmatrix}$； (3) $\begin{pmatrix}x_1\\x_2\\x_3\\x_4\end{pmatrix}=\begin{pmatrix}1\\-2\\0\\0\end{pmatrix}+k_1\begin{pmatrix}-9\\1\\7\\0\end{pmatrix}+k_2\begin{pmatrix}1\\-1\\0\\2\end{pmatrix}$.

7. $a\neq-4$，表示法唯一；$a=-4$ 且 $3b-c\neq1$ 时，不可表示；$a=-4$ 且 $3b-c=1$ 表示法不唯一.

8. $\boldsymbol{x}=\dfrac{\boldsymbol{\alpha}_1+\boldsymbol{\alpha}_2}{2}+k[(\boldsymbol{\alpha}_1+\boldsymbol{\alpha}_2)-(\boldsymbol{\alpha}_2+\boldsymbol{\alpha}_3)]=\dfrac{1}{2}\begin{pmatrix}1\\1\\0\\2\end{pmatrix}+k\begin{pmatrix}0\\1\\-1\\-1\end{pmatrix}$，$k\in\mathbf{R}$；

9. $\begin{pmatrix}x_1\\x_2\\x_3\\x_4\end{pmatrix}=\begin{pmatrix}1\\1\\1\\1\end{pmatrix}+k\begin{pmatrix}1\\-1\\-1\\0\end{pmatrix}$ 或 $\begin{pmatrix}x_1\\x_2\\x_3\\x_4\end{pmatrix}=\begin{pmatrix}0\\2\\2\\1\end{pmatrix}+k\begin{pmatrix}1\\-1\\-1\\0\end{pmatrix}$.

习 题 3.6

1. 可取 $\boldsymbol{\alpha}_1$，$\boldsymbol{\alpha}_2$，维数为 2.　2. $(-2,0,1)$.　3. $(1,0,-1,0)$.

4. $\boldsymbol{P}=\dfrac{1}{2}\begin{pmatrix}7&14&15\\-18&-34&-40\\1&2&3\end{pmatrix}$.　5. $(3,-4,3)$.

自 测 题 三

1. (1) $k\neq\pm1$ 有唯一解，$k=-1$ 无解，$k=1$ 有无穷多解；
   (2) $k\neq0,1$ 有唯一解，$k=0$ 无解，$k=1$ 有无穷多解.

2. (1) 通解 $\begin{pmatrix}x_1\\x_2\\x_3\\x_4\end{pmatrix}=k_1\begin{pmatrix}2\\-5\\7\\0\end{pmatrix}+k_2\begin{pmatrix}-2\\0\\0\\1\end{pmatrix}$，一个基础解系 $\boldsymbol{\xi}_1=\begin{pmatrix}2\\-5\\7\\0\end{pmatrix}$，$\boldsymbol{\xi}_2=\begin{pmatrix}-2\\0\\0\\1\end{pmatrix}$；

   (2) 通解 $\begin{pmatrix}x_1\\x_2\\x_3\\x_4\end{pmatrix}=k_1\begin{pmatrix}-3\\7\\2\\0\end{pmatrix}+k_2\begin{pmatrix}-1\\-2\\0\\1\end{pmatrix}$，一个基础解系 $\boldsymbol{\xi}_1=\begin{pmatrix}-3\\7\\2\\0\end{pmatrix}$，$\boldsymbol{\xi}_2=\begin{pmatrix}-1\\-2\\0\\1\end{pmatrix}$.

3. (1) 通解 $\begin{pmatrix} x_1 \\ x_2 \\ x_3 \\ x_4 \end{pmatrix} = \begin{pmatrix} 1 \\ -1 \\ 0 \\ 0 \end{pmatrix} + k_1 \begin{pmatrix} 3 \\ 3 \\ 2 \\ 0 \end{pmatrix} + k_2 \begin{pmatrix} -3 \\ 7 \\ 0 \\ 4 \end{pmatrix}$； (2) 通解 $\begin{pmatrix} x_1 \\ x_2 \\ x_3 \end{pmatrix} = k_1 \begin{pmatrix} 1 \\ -1 \\ 0 \end{pmatrix} + k_2 \begin{pmatrix} -3 \\ 4 \\ 1 \end{pmatrix}$.

4. (1) $\boldsymbol{\alpha}_1$，$\boldsymbol{\alpha}_2$ 为一个最大线性无关组，$\boldsymbol{\alpha}_3 = \boldsymbol{\alpha}_1 + \boldsymbol{\alpha}_2$；

(2) $\boldsymbol{\alpha}_1$，$\boldsymbol{\alpha}_2$，$\boldsymbol{\alpha}_4$ 为一个最大线性无关组，$\boldsymbol{\alpha}_3 = 2\boldsymbol{\alpha}_1 + \boldsymbol{\alpha}_2 - \boldsymbol{\alpha}_4$.

5. $b = 3$.

6. (1) $b \neq 2$； (2) $b = 2$，且 $a \neq 1$ 时，$\boldsymbol{\beta} = -\boldsymbol{\alpha}_1 + 2\boldsymbol{\alpha}_2$；

(3) $b=2$ 且 $a=1$ 时，$\boldsymbol{\beta} = -(2k+1)\boldsymbol{\alpha}_1 + (k+2)\boldsymbol{\alpha}_2 + k\boldsymbol{\alpha}_3$，$k \in \mathbf{R}$.

8. 当 $b = 3$ 或 $b = 1$ 时，向量组线性相关；当 $b \neq 3$ 且 $b \neq 1$ 时，向量组线性无关.

11. $\begin{pmatrix} x_1 \\ x_2 \\ x_3 \\ x_4 \end{pmatrix} = k \begin{pmatrix} 1 \\ 9 \\ 9 \\ 6 \end{pmatrix} + \begin{pmatrix} 1 \\ 9 \\ 9 \\ 7 \end{pmatrix}$. 12. $\boldsymbol{P} = \begin{pmatrix} 2 & 3 & 4 \\ 0 & -1 & 0 \\ -1 & 0 & -1 \end{pmatrix}$.

习 题 4.1

1. (1) $(\boldsymbol{\alpha}, \boldsymbol{\beta}) = 18$； (2) $\|\boldsymbol{\alpha}\| = 3\sqrt{2}$，$\left(\frac{\sqrt{2}}{6}, \frac{\sqrt{2}}{3}, \frac{\sqrt{2}}{3}, \frac{\sqrt{2}}{2}\right)$.

2. 8. 3. -10. 4. -2，-1.

5. (1) 不是； (2) 是； (3) 不是. 6. $\pm\frac{1}{\sqrt{3}}(1, -1, -1)$.

7. $\frac{1}{\sqrt{3}}\begin{pmatrix} 1 \\ 1 \\ 1 \end{pmatrix}$，$\frac{1}{\sqrt{6}}\begin{pmatrix} -1 \\ 2 \\ -1 \end{pmatrix}$，$\frac{1}{\sqrt{2}}\begin{pmatrix} -1 \\ 0 \\ 1 \end{pmatrix}$.

8. (1) $\boldsymbol{A}$ 不是正交矩阵； (2) $\boldsymbol{B}$ 是正交矩阵，$|\boldsymbol{B}| = 1$.

9. $\boldsymbol{A}^{-1} = \boldsymbol{A}^{\mathrm{T}} = \begin{pmatrix} \frac{1}{\sqrt{2}} & -\frac{1}{2} & \frac{1}{2} \\ -\frac{1}{\sqrt{6}} & \frac{1}{2\sqrt{3}} & \sqrt{\frac{3}{2}} \\ \frac{1}{\sqrt{3}} & \sqrt{\frac{2}{3}} & 0 \end{pmatrix}$.

10. 设 $A = \begin{pmatrix} a_{11} & a_{12} & 0 \\ a_{21} & a_{22} & 0 \\ 0 & 0 & -1 \end{pmatrix}$，$\boldsymbol{x} = \boldsymbol{A}^{-1}\boldsymbol{b} = \boldsymbol{A}^{\mathrm{T}}\boldsymbol{b} = \begin{pmatrix} 0 \\ 0 \\ -1 \end{pmatrix}$.

习　题　4.2

1. (1) $\lambda_1=\lambda_2=2$，特征向量 $k_1(1,\ -2,\ 0)^{\mathrm{T}}+k_2(1,\ 0,\ -1)^{\mathrm{T}}(k_1,\ k_2\in\mathbf{R})$；$\lambda_3=11$，特征向量 $k(2,\ 1,\ 2)^{\mathrm{T}}(k\in\mathbf{R})$；

(2) $\lambda_1=\lambda_2=\lambda_3=2$，特征向量 $k_1(1,\ 0,\ 0)^{\mathrm{T}}+k_2(0,\ -1,\ 1)^{\mathrm{T}}(k_1,\ k_2\in\mathbf{R})$；

(3) $\lambda_1=1$，特征向量 $k_1(-2,\ -1,\ 2)^{\mathrm{T}}$；$\lambda_2=4$，特征向量 $k_2(2,\ -2,\ 1)^{\mathrm{T}}$；$\lambda_3=-2$，特征向量 $k_3(1,\ 2,\ 2)^{\mathrm{T}}(k_1,\ k_2,\ k_3\in\mathbf{R})$；

(4) $\lambda_1=\lambda_2=1$，特征向量 $k_1(1,\ -2,\ 0)^{\mathrm{T}}$；$\lambda_3=-1$，特征向量 $k_3(0,\ 0,\ 1)^{\mathrm{T}}(k_1,\ k_3\in\mathbf{R})$.

2. 由 $\boldsymbol{A}^2=\boldsymbol{E}$ 得 $(\boldsymbol{A}-\boldsymbol{E})(\boldsymbol{A}+\boldsymbol{E})=\boldsymbol{O}$ 于是有 $|\boldsymbol{A}-\boldsymbol{E}|\,|\boldsymbol{A}+\boldsymbol{E}|=0$. 得 $|\boldsymbol{A}-\boldsymbol{E}|=0$ 及 $|\boldsymbol{A}+\boldsymbol{E}|=0$，从而知 $\boldsymbol{A}$ 的特征值为 1 或 -1.

3. $a=-3,\ b=0,\ \lambda=-1$

4. (1) $k\boldsymbol{A}\boldsymbol{x}=k\lambda\boldsymbol{x}$；　　(2) $\boldsymbol{A}^2\boldsymbol{x}=\lambda\boldsymbol{A}\boldsymbol{x}=\lambda^2\boldsymbol{x},\ \boldsymbol{A}^3\boldsymbol{x}=\lambda^2\boldsymbol{A}\boldsymbol{x}=\lambda^3\boldsymbol{x}$.

5. (1) $\boldsymbol{A}\boldsymbol{x}_1=\lambda_1\boldsymbol{x}_1,\ \boldsymbol{A}\boldsymbol{x}_2=\lambda_2\boldsymbol{x}_2,\ \boldsymbol{A}(\boldsymbol{x}_1+\boldsymbol{x}_2)\neq\lambda(\boldsymbol{x}_1+\boldsymbol{x}_2)$；

(2) $\boldsymbol{\beta}=-\boldsymbol{x}_1-2\boldsymbol{x}_2,\ \boldsymbol{A}\boldsymbol{\beta}=-\boldsymbol{A}\boldsymbol{x}_1-2\boldsymbol{A}\boldsymbol{x}_2=-\lambda_1\boldsymbol{x}_1-2\lambda_2\boldsymbol{x}_2=(-6,\ 2,\ 0)^{\mathrm{T}}$.

6. 提示：$f(\boldsymbol{A})=\boldsymbol{A}^2-3\boldsymbol{A}+2\boldsymbol{E}=\boldsymbol{O},\ f(\lambda)=\lambda^2-3\lambda+2=(\lambda-1)(\lambda-2)=0,\ \lambda=1$ 或 $\lambda=2$.

7. 提示：$(\boldsymbol{A}+\boldsymbol{E})^2=\boldsymbol{O}$，则 $|-\boldsymbol{E}-\boldsymbol{A}|=0$，故 $\boldsymbol{A}$ 的特征值为 -1.

8. (1) $|\boldsymbol{A}|=-2$，$\boldsymbol{A}^{-1}$ 的特征值为 $1,\ -1,\ \dfrac{1}{2}$，$\boldsymbol{A}^{\mathrm{T}}$ 的特征值为 $1,\ -1,\ 2$　(2)（提示：$\boldsymbol{B}=\boldsymbol{A}^3-5\boldsymbol{A}^2$ 的特征值为 $\lambda^3-5\lambda^2$，得 $1-5,\ -1-5,\ 8-5\times4$，即为 $-4,\ -6,\ -12$.　(3) 0.

习　题　4.3

1. $x=4,\ y=-5$.

2. (1) $\boldsymbol{C}=\begin{pmatrix}-2&2&1\\1&0&2\\0&1&-2\end{pmatrix},\ \boldsymbol{\Lambda}=\begin{pmatrix}1&0&0\\0&1&0\\0&0&10\end{pmatrix}$；

(2) $\boldsymbol{C}=\begin{pmatrix}-1&0&-1\\3&2&0\\1&1&1\end{pmatrix},\ \boldsymbol{\Lambda}=\begin{pmatrix}0&0&0\\0&2&0\\0&0&3\end{pmatrix}$.

3. (1) 可以对角化 $\boldsymbol{C}=(\boldsymbol{p}_1,\ \boldsymbol{p}_2,\ \boldsymbol{p}_3),\ \boldsymbol{C}^{-1}\boldsymbol{A}\boldsymbol{C}=\begin{pmatrix}1&&\\&3&\\&&3\end{pmatrix}$；　(2) 不可对角化.

4. $|\lambda\boldsymbol{E}-\boldsymbol{A}|=\lambda^2-(a+d)\lambda+(ad-bc)=0$，因为判别式 $\Delta=(a-d)^2+4bc>0$，所以 $\boldsymbol{A}$ 有两个互异的特征值，一定可以对角化.

5. 令 $\boldsymbol{C}=(\boldsymbol{x}_1,\ \boldsymbol{x}_2,\ \boldsymbol{x}_3)$，则 $\boldsymbol{C}$ 可逆，$\boldsymbol{C}^{-1}\boldsymbol{A}\boldsymbol{C}=\boldsymbol{\Lambda}=\mathrm{diag}(1,\ 0,\ -1)$.

$\boldsymbol{A}=\boldsymbol{C}\boldsymbol{\Lambda}\boldsymbol{C}^{-1}=\begin{pmatrix}1&0&0\\2&0&0\\6&-1&-1\end{pmatrix}$，可见 $\lambda_i^5=\lambda_i,\ \boldsymbol{A}^5\boldsymbol{x}=\lambda_i^5\boldsymbol{x}=\lambda\boldsymbol{x}=\boldsymbol{A}\boldsymbol{x}\ (i=1,\ 2,\ 3),\ \boldsymbol{A}^5=\boldsymbol{A}$.

6. 由题意可知,存在可逆矩阵 $\boldsymbol{C}$,使得 $\boldsymbol{C}^{-1}\boldsymbol{AC}=\boldsymbol{B}$. 两边取行列式,得 $|\boldsymbol{C}^{-1}||\boldsymbol{A}||\boldsymbol{C}|=|\boldsymbol{B}|$, $|\boldsymbol{C}^{-1}||\boldsymbol{C}|=1$ 则 $|\boldsymbol{A}|=|\boldsymbol{B}|=12$.

习 题 4.4

1. (1) $\boldsymbol{P}=\begin{pmatrix}-\frac{1}{\sqrt{2}} & -\frac{1}{\sqrt{6}} & \frac{1}{\sqrt{3}}\\ \frac{1}{\sqrt{2}} & -\frac{1}{\sqrt{6}} & \frac{1}{\sqrt{3}}\\ 0 & \frac{2}{\sqrt{6}} & \frac{1}{\sqrt{3}}\end{pmatrix}$, $\boldsymbol{P}^{-1}\boldsymbol{AP}=\begin{pmatrix}-1 & 0 & 0\\ 0 & -1 & 0\\ 0 & 0 & 5\end{pmatrix}$,不唯一;

(2) $\boldsymbol{P}=\frac{1}{3}\begin{pmatrix}2 & 2 & 1\\ 1 & -2 & 2\\ -2 & 1 & 2\end{pmatrix}$, $\boldsymbol{P}^{-1}\boldsymbol{AP}=\begin{pmatrix}2 & 0 & 0\\ 0 & 5 & 0\\ 0 & 0 & -1\end{pmatrix}$,不唯一;

(3) $\boldsymbol{P}=\begin{pmatrix}\frac{2}{\sqrt{5}} & \frac{2\sqrt{5}}{15} & \frac{1}{3}\\ -\frac{1}{\sqrt{5}} & \frac{4\sqrt{5}}{15} & \frac{2}{3}\\ 0 & \frac{\sqrt{5}}{3} & -\frac{2}{3}\end{pmatrix}$, $\boldsymbol{P}^{-1}\boldsymbol{AP}=\begin{pmatrix}1 & 0 & 0\\ 0 & 1 & 0\\ 0 & 0 & -8\end{pmatrix}$,不唯一;

(4) $\boldsymbol{P}=\begin{pmatrix}\frac{1}{\sqrt{5}} & \frac{4\sqrt{5}}{15} & \frac{2}{3}\\ -\frac{2}{\sqrt{5}} & \frac{2\sqrt{5}}{15} & \frac{1}{3}\\ 0 & -\frac{\sqrt{5}}{3} & \frac{2}{3}\end{pmatrix}$, $\boldsymbol{P}^{-1}\boldsymbol{AP}=\begin{pmatrix}-3 & 0 & 0\\ 0 & -3 & 0\\ 0 & 0 & 6\end{pmatrix}$,不唯一.

2. $\boldsymbol{A}=\begin{pmatrix}1 & 2 & -1\\ 1 & 2 & 1\\ 1 & 1 & 0\end{pmatrix}\begin{pmatrix}1 & 0 & 0\\ 0 & 1 & 0\\ 0 & 0 & -1\end{pmatrix}\cdot\frac{1}{2}\begin{pmatrix}-1 & -1 & 4\\ 1 & 1 & -2\\ -1 & 1 & 0\end{pmatrix}=\begin{pmatrix}0 & 1 & 0\\ 1 & 0 & 0\\ 0 & 0 & 1\end{pmatrix}$.

3. $\boldsymbol{A}=\frac{1}{3}\begin{pmatrix}-1 & 0 & 2\\ 0 & 1 & 2\\ 2 & 2 & 0\end{pmatrix}$.　4. $\begin{pmatrix}4 & 1 & 1\\ 1 & 4 & 1\\ 1 & 1 & 4\end{pmatrix}$.

5. $\lambda_1=-1$, $\lambda_2=1$, $\lambda_3=0$, $x_1=\begin{pmatrix}1\\ 0\\ -1\end{pmatrix}$, $x_2=\begin{pmatrix}1\\ 0\\ 1\end{pmatrix}$, $x_3=\begin{pmatrix}0\\ 1\\ 0\end{pmatrix}$, $\boldsymbol{A}=\begin{pmatrix}0 & 0 & 1\\ 0 & 0 & 0\\ 1 & 0 & 0\end{pmatrix}$

6. 因为 $\boldsymbol{A}^{\mathrm{T}}=\boldsymbol{A}$, $\boldsymbol{B}^{-1}=\boldsymbol{B}^{\mathrm{T}}$, 所以 $(\boldsymbol{B}^{-1}\boldsymbol{AB})^{\mathrm{T}}=\boldsymbol{B}^{\mathrm{T}}\boldsymbol{A}^{\mathrm{T}}(\boldsymbol{B}^{-1})^{\mathrm{T}}=\boldsymbol{B}^{\mathrm{T}}\boldsymbol{AB}$.

习 题 4.5

1. (1) $f(x_1, x_2, x_3) = (x_1, x_2, x_3)\begin{pmatrix} 1 & 1 & 2 \\ 1 & 3 & \frac{1}{2} \\ 2 & \frac{1}{2} & 7 \end{pmatrix}\begin{pmatrix} x_1 \\ x_2 \\ x_3 \end{pmatrix}$, $R(\boldsymbol{A}) = 3$;

(2) $f(x_1, x_2, x_3, x_4) = (x_1, x_2, x_3, x_4)\begin{pmatrix} 1 & 2 & 2 & \frac{1}{2} \\ 2 & 0 & 0 & 0 \\ 2 & 0 & 0 & 0 \\ \frac{1}{2} & 0 & 0 & 0 \end{pmatrix}\begin{pmatrix} x_1 \\ x_2 \\ x_3 \\ x_4 \end{pmatrix}$, $R(\boldsymbol{A}) = 2$;

(3) $f(x_1, x_2, x_3) = (x_1, x_2, x_3)\begin{pmatrix} 3 & 2 & -4 \\ 2 & 1 & -2 \\ -4 & -2 & 5 \end{pmatrix}\begin{pmatrix} x_1 \\ x_2 \\ x_3 \end{pmatrix}$, $R(\boldsymbol{A}) = 3$;

2. (1) $f(x_1, x_2, x_3) = x_1^2 + 2x_2^2 + 3x_3^2 - 2x_1x_2 + 2x_2x_3$;

(2) $f(x_1, x_2, x_3) = 3x_1^2 + x_2^2 + 5x_3^2 + 4x_1x_2 - 8x_1x_3 - 4x_2x_3$;

(3) $f(x_1, x_2, x_3, x_4) = 2x_1^2 + \sqrt{3}x_4^2 - 2x_1x_2 + 6x_1x_3 + 4x_2x_3 - 3x_2x_4$.

习 题 4.6

1. (1) $\begin{pmatrix} x_1 \\ x_2 \\ x_3 \end{pmatrix} = \begin{pmatrix} 1 & 0 & 0 \\ 0 & -\frac{1}{\sqrt{2}} & \frac{1}{\sqrt{2}} \\ 0 & \frac{1}{\sqrt{2}} & \frac{1}{\sqrt{2}} \end{pmatrix}\begin{pmatrix} y_1 \\ y_2 \\ y_3 \end{pmatrix}$,得 $f = 2y_1^2 + y_2^2 + 5y_3^2$;

(2) $\begin{pmatrix} x_1 \\ x_2 \\ x_3 \end{pmatrix} = \begin{pmatrix} \frac{2}{3} & \frac{1}{3} & \frac{2}{3} \\ -\frac{2}{3} & \frac{2}{3} & \frac{1}{3} \\ \frac{1}{3} & \frac{2}{3} & -\frac{2}{3} \end{pmatrix}\begin{pmatrix} y_1 \\ y_2 \\ y_3 \end{pmatrix}$,得 $f = 4y_1^2 - 2y_2^2 + y_3^2$;

(3) $\begin{pmatrix} x_1 \\ x_2 \\ x_3 \end{pmatrix} = \begin{pmatrix} \frac{2}{3} & \frac{1}{\sqrt{5}} & -\frac{4\sqrt{5}}{15} \\ \frac{1}{3} & -\frac{2}{\sqrt{5}} & -\frac{2\sqrt{5}}{15} \\ \frac{2}{3} & 0 & \frac{\sqrt{5}}{3} \end{pmatrix}\begin{pmatrix} y_1 \\ y_2 \\ y_3 \end{pmatrix}$,得 $f = -2y_1^2 + 7y_2^2 + 7y_3^2$.

2. (1) 令$\begin{cases}x_1=y_1-y_2-y_3,\\x_2=y_2+y_3,\\x_3=y_3,\end{cases}$ 得 $f=y_1^2-y_2^2$；(注:所求满秩变换不唯一,以下同样.)

(2) 令$\begin{cases}x_1=y_1-y_2,\\x_2=y_1+y_2,\\x_3=y_3-y_4,\\x_4=y_3+y_4,\end{cases}$ 得 $f=2y_1^2-2y_2^2-2y_3^2+2y_4^2$.

(3) 令$\begin{cases}x_1=y_1-2y_2,\\x_2=y_2+y_3,\\x_3=y_3,\end{cases}$ 得 $f=y_1^2-2y_2^2-3y_3^2$.

3. (1) 正定；　(2) 不是正定也不是负定.

4. (1) $\lambda>2$;　(2) $\lambda>2$.　5. $a=4$, $b=5$, $\boldsymbol{P}=\frac{1}{3\sqrt{2}}\begin{pmatrix}3 & 2\sqrt{2} & 1\\0 & \sqrt{2} & -4\\-3 & 2\sqrt{2} & 1\end{pmatrix}$.

6. $a=2$, $\boldsymbol{P}=\frac{1}{\sqrt{2}}\begin{pmatrix}0 & \sqrt{2} & 0\\1 & 0 & 1\\-1 & 0 & 1\end{pmatrix}$.

自 测 题 四

1. $\frac{1}{\sqrt{6}}\begin{pmatrix}1\\2\\-1\end{pmatrix}$, $\frac{1}{\sqrt{3}}\begin{pmatrix}-1\\1\\1\end{pmatrix}$, $\frac{1}{\sqrt{2}}\begin{pmatrix}1\\0\\1\end{pmatrix}$.

2. (1) $(x_1, x_2, x_3)\begin{pmatrix}2 & -1 & \frac{1}{2}\\-1 & -3 & 3\\\frac{1}{2} & 3 & 1\end{pmatrix}\begin{pmatrix}x_1\\x_2\\x_3\end{pmatrix}$, $R(\boldsymbol{A})=3$;

(2) $(x_1, x_2, x_3)\begin{pmatrix}0 & \frac{1}{2} & 0\\\frac{1}{2} & 0 & -\frac{1}{2}\\0 & -\frac{1}{2} & 0\end{pmatrix}\begin{pmatrix}x_1\\x_2\\x_3\end{pmatrix}$, $R(\boldsymbol{A})=2$.

3. (1) $f(x_1, x_2, x_3)=x_1^2-x_2^2+x_3^2+2x_1x_3$;

(2) $f(x_1, x_2, x_3) = x_1^2 + 2x_2^2 + 3x_3^2 + 4x_1x_2 + 6x_1x_3 + 2x_2x_3$.

4. (1) $\begin{pmatrix} y_1 \\ y_2 \\ y_3 \end{pmatrix} = \begin{pmatrix} 1 & -1 & \frac{1}{2} \\ 0 & 1 & -\frac{3}{4} \\ 0 & 0 & 1 \end{pmatrix} \begin{pmatrix} x_1 \\ x_2 \\ x_3 \end{pmatrix}$, $f = y_1^2 - 4y_2^2 + 3y_3^2$;

(2) $\begin{pmatrix} x_1 \\ x_2 \\ x_3 \\ x_4 \end{pmatrix} = \begin{pmatrix} 1 & 1 & 0 & 0 \\ 1 & -1 & 0 & 0 \\ 0 & 0 & 1 & 1 \\ 0 & 0 & 1 & -1 \end{pmatrix} \begin{pmatrix} y_1 \\ y_2 \\ y_3 \\ y_4 \end{pmatrix}$, $f = y_1^2 - y_2^2 - y_3^2 + y_4^2$.

5. $\boldsymbol{P} = \begin{pmatrix} -\frac{2}{\sqrt{5}} & \frac{2}{3\sqrt{5}} & \frac{1}{3} \\ \frac{1}{\sqrt{5}} & \frac{4}{3\sqrt{5}} & \frac{2}{3} \\ 0 & \frac{5}{3\sqrt{5}} & -\frac{1}{3} \end{pmatrix}$, $\boldsymbol{\Lambda} = \begin{pmatrix} 2 & 0 & 0 \\ 0 & 2 & 0 \\ 0 & 0 & -7 \end{pmatrix}$.

6. (1) $\boldsymbol{P} = \frac{1}{\sqrt{6}} \begin{pmatrix} -\sqrt{3} & -\sqrt{2} & 1 \\ \sqrt{3} & -\sqrt{2} & 1 \\ 0 & \sqrt{2} & 2 \end{pmatrix}$, $f = -y_1^2 + 9y_3^2$;

(2) $\boldsymbol{P} = \frac{1}{\sqrt{6}} \begin{pmatrix} \sqrt{2} & 1 & \sqrt{3} \\ \sqrt{2} & 1 & -\sqrt{3} \\ \sqrt{2} & -2 & 0 \end{pmatrix}$, $f = -3y_2^2 + 3y_3^2$;

(3) $\boldsymbol{P} = \begin{pmatrix} \frac{4}{\sqrt{17}} & -\frac{1}{\sqrt{306}} & \frac{1}{3\sqrt{2}} \\ \frac{1}{\sqrt{17}} & \frac{4}{\sqrt{306}} & \frac{4}{3\sqrt{2}} \\ 0 & \frac{17}{\sqrt{306}} & -\frac{1}{3\sqrt{2}} \end{pmatrix}$, $f = 9y_1^2 + 9y_2^2 - 9y_3^2$.

7. (1) 负定；　(2) 正定.　　8. -390.

9. 因为 $|\boldsymbol{E} - \boldsymbol{A}| = |\boldsymbol{E} + \boldsymbol{A}| = |3\boldsymbol{E} - \boldsymbol{A}| = 0$, $\lambda = 1, -1, 3$,所以 $\boldsymbol{\Lambda} = \begin{pmatrix} 1 & 0 & 0 \\ 0 & -1 & 0 \\ 0 & 0 & 3 \end{pmatrix}$.